Umstrittener Untergrund

Annabarbara Friedrich

Umstrittener Untergrund

Eine Fallstudie zu den gesellschaftlichen Auseinandersetzungen um Carbon Capture and Storage (2009–2012)

Annabarbara Friedrich
Hamburg, Deutschland

Diese Dissertation wurde von der Fakultät für Wirtschafts- und Sozialwissenschaften der Universität Hamburg im März 2022 angenommen. Die Autorin war Doktorandin an der Graduate School der Fakultät für Wirtschafts- und Sozialwissenschaften, im Fach Soziologie.

ISBN 978-3-658-39317-5   ISBN 978-3-658-39318-2 (eBook)
https://doi.org/10.1007/978-3-658-39318-2

Die Deutsche Nationalbibliothek verzeichnet diese Publikation in der Deutschen Nationalbibliografie; detaillierte bibliografische Daten sind im Internet über http://dnb.d-nb.de abrufbar.

© Der/die Herausgeber bzw. der/die Autor(en), exklusiv lizenziert an Springer Fachmedien Wiesbaden GmbH, ein Teil von Springer Nature 2022
Das Werk einschließlich aller seiner Teile ist urheberrechtlich geschützt. Jede Verwertung, die nicht ausdrücklich vom Urheberrechtsgesetz zugelassen ist, bedarf der vorherigen Zustimmung des Verlags. Das gilt insbesondere für Vervielfältigungen, Bearbeitungen, Übersetzungen, Mikroverfilmungen und die Einspeicherung und Verarbeitung in elektronischen Systemen.
Die Wiedergabe von allgemein beschreibenden Bezeichnungen, Marken, Unternehmensnamen etc. in diesem Werk bedeutet nicht, dass diese frei durch jedermann benutzt werden dürfen. Die Berechtigung zur Benutzung unterliegt, auch ohne gesonderten Hinweis hierzu, den Regeln des Markenrechts. Die Rechte des jeweiligen Zeicheninhabers sind zu beachten.
Der Verlag, die Autoren und die Herausgeber gehen davon aus, dass die Angaben und Informationen in diesem Werk zum Zeitpunkt der Veröffentlichung vollständig und korrekt sind. Weder der Verlag, noch die Autoren oder die Herausgeber übernehmen, ausdrücklich oder implizit, Gewähr für den Inhalt des Werkes, etwaige Fehler oder Äußerungen. Der Verlag bleibt im Hinblick auf geografische Zuordnungen und Gebietsbezeichnungen in veröffentlichten Karten und Institutionsadressen neutral.

Planung/Lektorat: Stefanie Probst
Springer VS ist ein Imprint der eingetragenen Gesellschaft Springer Fachmedien Wiesbaden GmbH und ist ein Teil von Springer Nature.
Die Anschrift der Gesellschaft ist: Abraham-Lincoln-Str. 46, 65189 Wiesbaden, Germany

No technology is an island unto itself.
(Trevor Pinch)

Vorwort

Mein erster Dank gilt Prof. Dr. Anita Engels. Die Arbeit als Wissenschaftliche Mitarbeiterin an Ihrer Professur hat mir die Möglichkeit gegeben diese Dissertation zu verfassen. Sie hat mir alle Freiheiten gegeben und mich durch Ihre Betreuung dabei unterstützt mit dieser Freiheit umzugehen. Besonderer Dank gilt Ihren konstruktiven Fragen, die mich in meiner akademischen Entscheidungsfähigkeit förderten. Prof. Dr. Sabine Maasen danke ich für ihre kritischen und kreativen Dialogformate via Zoom und Telefon. Diese waren für die finale Strukturierung der Arbeit sehr hilfreich. Zudem möchte ich Prof. Dr. Stefan Aykut für seine erfrischend direkten Fragen und wertvollen Kommentare danken. Prof. Dr. Jürgen Beyer danke ich für seinen nützlichen Hinweis zu möglichen Zwecken und Zielen von Überschriften, insbesondere dem Titel der Arbeit.

Die vorliegende Arbeit entstand im Umfeld der sozialwissenschaftlichen Klimaforschung an der Universität Hamburg. Sie profitiert enorm von meiner Teilnahme am Kolloquium zur sozialwissenschaftlichen Klimaforschung, in das ich mich einbringen konnte. Das Kolloquium zeichnet sich durch die seltene Kombination von Expertise im Themenfeld Klimagovernance und hoher soziologischer Fachkompetenz aus. Die regelmäßigen Diskussionen meiner Ergebnisse haben mir zahlreiche neue Perspektiven auf mein Thema eröffnet. Daher gilt mein großer Dank den Teilnehmer*innen für Ihre Fragen und Kommentare.

Das frisch gegründete Frauennetzwerk an der Fakultät für Wirtschafts- und Sozialwissenschaften, das von Frau Dr. Svenja Ahlhaus ins Leben gerufen wurde, motivierte mich das letzte Jahr. Hier entstanden während des pandemiebedingten Lockdowns digitale Büroräume mit akademischen Mitstreiterinnen der Universität Hamburg. Lea Eileen Pöhls danke ich für unsere morgendlichen Treffen um 8.30 Uhr und das Nutzen des „Feiertageffekts". Dank auch an unsere von und für Doktoranden betriebene Schreibgruppe. Diese entstand als eine Weiterführung des inspirierenden Schreibcoachings von Prof. Dr. Almut Peukert.

Danke für all die fachlichen und freundschaftlichen Dialoge per E-Mail, am Telefon und in der – vorpandemisch – viel aufgesuchten Ponybar, Dr. Simon Dombrowski. Danke für lebendige Fachdebatten, Sarah Pritz und Iris Hilbrich. Dank auch für den spezifischen Fachaustausch über (netto-)negative Emissionen und NETs, Felix Schenuit und Dr. Terese Thoni. Alice Röttger danke ich für unseren fachlichen Austausch über den Fracking-Diskurs und ihren Hinweis zur Veröffentlichung des Evaluierungsberichts zum KSpG im Dezember 2018. Für die Gespräche zwischen Tür und Angel, in unseren Büros im „Pferdestall" und in Lüneburg, danke ich meiner ehemaligen Büronachbarin Dr. Angela Pohlmann. Vanessa Sembiring möchte ich für die kleinen Gespräche über unsere Bildschirme hinweg danken, von Feminismus bis Postkolonialismus, die mich neben meinem spezifischen Thema immer wieder an die Bandbreite unseres Faches erinnerten. Meiner Cousine Dr. Angela Fiedler danke ich für ihre Kommentare zur Übersetzung der Zusammenfassung.

Danke an meine Hamburger Freundinnen, Jule Fiege, Debora Finis und Vivien Bedranowski, dafür, dass sie mit mir an freien Wochenenden die Hamburger Museen- und Seenlandschaft erkundeten oder für Gespräche jenseits der Dissertation da waren. Nachdem ich 2016 mit zwei Koffern und einem Stadtplan in Hamburg ankam, blicke ich 2021 mit Respekt und Dank auf die fachlich und menschlich bereichernde Zeit zurück.

Hamburg   Annabarbara Friedrich
August 2021

Zusammenfassung

In Hinblick auf die aktuellen Ratschläge aus der internationalen Klimapolitik und -forschung umfassen die diskutierten Maßnahmen gegen den Klimawandel nicht nur die Minderung und die Anpassung, sondern auch Technologien zur Kohlenstoffentnahme und Senken. Ein Beispiel für eine Technologie zur nachträglichen Entnahme von Treibhausgasen ist Carbon Capture and Storage. Diese Formen der Kompensation oder „negativen Emissionen" sollen zwar einen Beitrag zum Klimaschutz auf globaler Ebene leisten, bergen aber Risiken mit ungewollten ökologischen und sozialen Folgen. Spannungen und andere Konflikte spiegeln sich in den früheren gesellschaftlichen Debatten um die Umsetzung der CCS-Technologie im deutschen Fall wider, der als (gescheiterter) Fall der Umsetzung der Kohlendioxidabscheidungstechnologie gilt. Das Ziel der Untersuchung ist es, seine spezifische gesellschaftliche Einbettung zu verstehen. Dies gehe ich mit drei Fragen an. Die erste Frage dient als eine breite, allumfassende Frage: 1) Wie gestaltet sich das Verhältnis von Technik und Gesellschaft in den Auseinandersetzungen um CCS? 2) Wie verortet sich das Technologie-Set in der Klimagovernance? 3) Welche Sinnzuschreibungen (meanings) sozialer Interessengruppen (social interest groups) liegen vor? Die Studie kontextualisiert daher zunächst das Technologie-Set innerhalb der Klima- und Umweltpolitik. Vor diesem Hintergrund ist es von besonderer soziologischer Relevanz, die verschiedenen gesellschaftlichen Interessengruppen und ihre Bedeutungszuschreibungen bezüglich der Technologie zu reflektieren. Im empirischen Teil wird eine Fallstudie durchgeführt, die sich auf die gesellschaftlichen Debatten entlang des Gesetzgebungsprozesses des KSpG (2009–2012) konzentriert, der eine Umsetzung der EU-Richtlinie (2009/31/EG) ist. Als empirisches Material werden Dokumente von kollektiv organisierten gesellschaftlichen Interessengruppen auf Bundesebene (Umweltorganisationen, Wirtschafts- und Energieverbände,

Gewerkschaften) verwendet. Eine Dokumentenanalyse dient der Untersuchung der interpretativen Flexibilität der gesellschaftlichen Interessengruppen. Der theoretische Teil bezieht sich auf die Wissenschafts- und Technologieforschung, vor allem auf den Ansatz „Social Construction of Technology" (SCOT), der sowohl eine Mesoebenenanalyse gesellschaftlicher Interaktionen als auch die Demonstrationsphase der Technologie im gewählten Fall unterstreicht. Die Studie erklärt, wie Technologien auf der gesellschaftlichen Mesoebene verhandelt werden und nicht alleine eine Frage der (fehlenden) Akzeptanz sind. Die Studie zeigt, dass die organisierte gesellschaftliche Auseinandersetzung mit der Technologie entlang dreier interpretativer Bedeutungen hinsichtlich Energiepolitik, antizipierter Zukunftspläne, Umweltethik und -nutzen strukturiert ist. Das Fallbeispiel erklärt die Politisierung des Technologievorhabens und impliziert, dass Technik ein soziales Phänomen ist. Es ist eine Debatte über die gesellschaftliche, energiepolitische und ökologische Tragweite und Bedeutungszuschreibung der geplanten Demonstration eines mehrteiligen Technologie-Sets. Letzteres ist für die aktuelle Debatte um Carbon Dioxide Removal Technologien von Relevanz, weil sie ähnlich gelagerte Konfliktpotentiale beinhaltet.

Schlüsselwörter: Kohlenstoffabscheidung und -speicherung · Carbon Removal Practices · negative Emissionen · gesellschaftliche Interessengruppen · Bedeutungen · interpretative Flexibilität · Dokumentenanalyse · Wissenschafts- und Technologiestudien.

Summary

With respect to current advice from international climate policy and research, the measures against climate change discussed, include not only mitigation and adaptation, but also carbon removal technologies or sinks. One example of a subsequent technology of carbon dioxide removal is carbon capture and storage. While these forms of compensation or "negative emissions" aim to make a contribution to climate protection on a global level, they involve risks with unintended ecological and social consequences. Tensions and other conflicts are mirrored by the early societal debates regarding the implementation of carbon capture and storage in the German case, which is considered to be a (failed) case of implementation of carbon dioxide removal technology. The aim of this research is to understand its specific societal embeddedness. I will tackle this with three questions. The first question serves as a broad, all-encompassing question: 1) How can the relation between technology and society be described? 2) How is the technology contextualized within climate policies? 3) What are the different interpretations that the societal interest groups formulate? Hence, the study firstly contextualises the technological set within climate and environmental policy. Taking this into consideration, it is of particular sociological relevance to reflect on the different social interest groups and their attributions of meaning regarding the technology. Thus, the empirical part employs a case study focusing on the societal debates along the legislative process of the KSpG (2009–2012), which is an implementation of the EU (2009/31/EG) regulation. Documents of collectively organised social interest groups at federal level (environmental organisations, economic associations, trade unions) serve as empirical material. A document analysis serves to analyse *the interpretative flexibility* of *social interest groups*. The theoretical part refers to science and technology studies, mainly "social construction of technology" which underlines both a meso-level analysis of societal interactions as well as the demonstration phase of the technology in the chosen case. The study explains how technologies are negotiated on the societal meso-level and that they are not only a matter of (lacking) acceptance. The study shows that organized societal engagement with the technology is structured by three interpretative meanings: energy politics, anticipated plans, environmental usability, and ethics. The case study explains the politicization of a technological conflict and implies that technology is a social phenomenon. More specifically, this case study deals with a dispute regarding the attributions of meaning and scope of the societal, energy-political, and ecological consequences of a planned technology demonstration. The latter is relevant for the current debates on Carbon Dioxide Removal Technologies since it includes similar conflict potential.

Keywords: carbon capture and storage · carbon removal practices · negative emissions · societal interest groups · meanings · interpretative flexibility · document analysis · science and technology studies

Inhaltsverzeichnis

1 **Die CCS-Debatte zwischen „toter Technologie" und „Wunderwaffe"** 1
   1.1 Der Untersuchungsfall 4
   1.2 Untersuchungsziele und –fragen Verhältnis von Technik und Gesellschaft 13
   1.3 Beitrag für die sozialwissenschaftliche Klimaforschung 19

2 **Theorie: Gesellschaft als Bezugskontext von Technik** 23
   2.1 Soziale Konstruktion von Technik in soziotechnischen Systemen 26
   2.2 Theoretisierungen von (Zivil-)gesellschaft im Technikkontext 42
   2.3 Forschungsstand zu CCS: Akzeptanzforschung vs. Technikkritik 46

3 **Forschungsdesign und -methoden: Qualitative Fallstudie** 63
   3.1 Wissenschaftstheoretischer Standpunkt und Forschungsethik 65
   3.2 Qualitative Fallstudie mit mehrteiligem Vorgehen 68
   3.3 Empirische Datenauswahl und -auswertung 72

4 **Kontextualisierende Verortung: CCS in der EU-Klimapolitik** 85
   4.1 Von der EU-Richtlinie zum KSpG: Akteure, Dokumente, Prozesse 85
   4.2 Einordnung in die Debatte um Carbon Dioxide Removal 90
   4.3 Zwischenfazit 100

5 (Zivil-)gesellschaftliche Deutungsrahmen als Technologiebezug 103
  5.1 Umwelt- und Naturschutzorganisationen 108
  5.2 Wirtschafts- und Energieverbände 133
  5.3 Gewerkschaften 168
  5.4 Diskussion: CCS als Energiepolitik, Zukunftsplanung, Umweltnutzung 181

6 Fazit und Ausblick: CCS im Spannungsfeld der Interessen 189
  6.1 Politisierung einer nachgeschalteten Technologie. Umwelt als Senke? 190
  6.2 Anschlussüberlegungen zu Theorie, Methode, Fall 197

Literaturverzeichnis 207

Abkürzungsverzeichnis

AöW	Allianz der öffentlichen Wasserwirtschaft e. V.
BBU	Bundesverband Bürgerinitiativen Umweltschutz e. V.
BECCS	Bioenergie und Carbon Capture and Storage
BGR	Bundesanstalt für Geowissenschaften und Rohstoffe
BMBF	Bundesministerium für Bildung und Forschung
BMU	Bundesministerium für Umwelt, Naturschutz und nukleare Sicherheit
BMWi	Bundesministerium für Wirtschaft und Energie
BUND	Bund für Umwelt und Naturschutz Deutschland
BVG	Geothermische Vereinigung – Bundesverband Geothermie e. V.
CCS	Carbon Capture and Storage
CCU	Carbon Capture Use
CCUS	Carbon Capture Use and Storage
CDR	Carbon Dioxide Removal
CDM	Clean-Development-Mechanism
DG	Generaldirektion der EU-Kommission (General-Directorate)
DIP	Dokumentations- und Informationssystem für Parlamentarische Vorgänge
DUH	Deutsche Umwelthilfe
ENGO	Environmental Non Governmental Organization
GDV	Gesamtverband der Deutschen Versicherungswirtschaft e. V.
GGO	Gemeinsame Geschäftsordnung der Bundesministerien
IPCC	Intergovernmental Panel on Climate Change
KSG	Klimaschutzgesetz
KSpG	Kohlendioxid-Speicherungsgesetz (Gesetz zur Demonstration der dauerhaften Speicherung von Kohlendioxid)

KWK	Kraft-Wärme-Kopplungs-Anlagen
LTS	Large Technological Systems
NABU	Naturschutzbund Deutschland
NET	Negative Emission Technologies (Negative Emissionstechnologien)
pTA	Partizipative Technikfolgenabschätzung
REDD+	Reducing Emissions from Deforestation and Forest Degradation
SR1.5	Sonderbericht des IPCC zu 1,5 °C Erderwärmung
SST	Social Shaping of Technology
STS	Science and Technology Studies (Wissenschafts- und Technikforschung)
TA	Technikfolgenabschätzung
TAB	Büro für Technikfolgen-Abschätzung beim Deutschen Bundestag
UBA	Umweltbundesamt
UIG	Umweltinformationsgesetz
UN	United Nations (Vereinte Nationen)
UNFCCC	United Nations Framework Convention on Climate Change
VDMA	Verband Deutscher Maschinen- und Anlagenbau
VKU	Verband kommunaler Unternehmen e. V.
VRB	Vereinigung Rohstoffe und Bergbau e. V.
WEG	Wirtschaftsverband Erdöl- und Erdgasgewinnung e. V. (heute BVEG)
WWF	World Wide Fund for Nature

Die CCS-Debatte zwischen „toter Technologie" und „Wunderwaffe" 1

Was haben Pipelines, Klimaschutzziele und Bürgerproteste mit Symbolen der radioaktiven Strahlung gemeinsam? Sie alle verweisen auf eine hochkontroverse Debatte um die Einführung der Carbon Capture and Storage-Technologie (CCS) in den 2010er Jahren. CCS meint ein dreiteiliges Technologie-Set, mit welchem das Treibhausgas Kohlendioxid nachträglich an großen Punktquellen der Entstehung abgeschieden wird, in Leitungen oder auf Schiffen transportiert und unterirdisch verpresst und gespeichert wird.

Heute gibt es drei Strategien in der Klimapolitik: Mitigation, Adaption und Carbon Removal. Den Einführungsversuch von CCS in Deutschland zwischen 2009 und 2012 nehme ich als Beispiel für die gescheiterte Implementierung einer Removal-Maßnahme. Ich fasse das viel diskutierte Scheitern als Hinweis für gesellschaftliche Auseinandersetzungen auf. Die CCS-Technologie wurde lange Zeit für „tot" erklärt und erhält seit ca. 2018 klimapolitisch und gesellschaftlich neue Aufmerksamkeit, auch mit Bezug zu den Begriffen Klimaneutralität, Netto-null-Emissionen und Carbon Dioxide Removal (CDR). Metaphern wie „Wunderwaffe" und „tote Technologie" illustrieren beispielhaft eine für die Debatte typische Polarisierung im journalistisch-öffentlichen Diskurs.[1]

Diese Untersuchung der frühen CCS-Debatte zeigt, dass der Schlüssel zum Verständnis des als gescheitert bezeichneten, frühen Demonstrationsversuchs in einem Perspektivwechsel liegt. Statt den Blick von der Technologie aus auf die (fehlende) Akzeptanz in der Gesellschaft zu richten, kehrt diese Arbeit die Blickrichtung um und fragt, wie gesellschaftliche Akteure die Technologie deuten. Doch eine einfache Umkehrung würde in ihrer Erklärungsreichweite zu kurz greifen. Um weder technokratisch noch allein gesellschaftszentriert auf den Fall zu

---

[1] Siehe etwa Spiegel Online (2012) oder Seils (2009).

© Der/die Autor(en), exklusiv lizenziert an Springer Fachmedien Wiesbaden GmbH, ein Teil von Springer Nature 2022
A. Friedrich, *Umstrittener Untergrund*,
https://doi.org/10.1007/978-3-658-39318-2_1

schauen, greife ich daher auf epistemischer Ebene auch auf bereits vorhandene soziotechnische Infrastrukturen zurück.

Es gilt zu verstehen, was die Technologie für die beteiligten Akteure bedeutet, statt zu fragen, was die Öffentlichkeit für die Technologieeinführung bedeutet. Das leistet die Arbeit, indem sie einen zentralen Schauplatz der Bundesdebatte beleuchtet. Er dient auch als Hintergrundfolie, um einen erklärenden Beitrag zum späteren Wiederaufleben der Technologie zu leisten, das sich in der aktuellen klimapolitischen Debatte um natürliche und technische Senken[2] zur Erzeugung negativer Emissionen andeutet. In einem neuen klimapolitischen Gewand, nun diskutiert als unvermeidbare Restemissionen der Industrie und nicht als Rettung der Kohleindustrie, verändert sich die Debatte.

Seit langem ist in der sozialwissenschaftlichen Klimawandelforschung bekannt, dass und inwiefern der anthropogene Klimawandel ein politisiertes Handlungsfeld darstellt und als solches analytisch zu fassen ist (Engels und Weingart 1997). Wie sich dies am Beispiel einer spezifischen Technologiedebatte ausgestaltet, untersucht die vorliegende Studie anhand der frühen Debatte um eine CO_2-Entnahmetechnologie. Der Fall zielt auf den Zeitraum ab, in welchem die EU-Richtlinie zur Demonstration von CCS verabschiedet wurde und entsprechend die EU-Mitgliedstaaten zu deren Implementierung aufgefordert waren. Die internationalen Technikexpertendiskurse zu CCS, die bereits seit den 1970er Jahren vornehmlich von Unternehmen der fossilen Energieerzeugung und Regierungen gefördert wurden (Meadowcroft und Langhelle 2009b, 5 f.), sind ein Hinweis darauf, wie alt die Idee der technischen Abscheidung von CO_2 ist.

Mit dem Pariser Abkommen im Jahr 2015 einigten sich die Vertragsstaaten des United Nations Framework on Climate Change Convention (UNFCCC) auf die Begrenzung der Erwärmung auf 2 °C mittlerer, globaler Erderwärmung, wenn möglich 1,5 °C. Vor diesem Hintergrund schreibt der Weltklimarat mit den Berichten von 2014 und 2018 den Maßnahmen zur großskaligen Entnahme von CO_2, auch als negative Emissionen bezeichnet, eine verstärkte Bedeutung zu (Carton et al. 2020). Besonders seit dem Sonderbericht des Intergovernmental Panel on Climate Change (IPCC) zu 1,5 °C werden sie im Kontext industrieller Restemissionen und negativer Emissionen angeführt (Minx et al. 2018). Doch zurück zum ausgewählten Fall, der sich auf das Zeitfenster 2009 bis 2012 beschränkt. Bereits im Jahr 2005 veröffentlichte der Weltklimarat

---

[2] Beispielsweise kommt dies im Bundes-Klimaschutzgesetz (KSG) von 2019 zum Ausdruck, in dem mehrfach auf Senken verwiesen wird. Zur Erzeugung der Netto-Treibhausgasneutralität (KSG § 2, Absatz 9) taucht der Senkenbegriff insbesondere im Zusammenhang mit der Landnutzung, Landnutzungsänderung und Forstwirtschaft (LULUCF) auf.

einen Sonderbericht zur Anwendung von CCS (IPCC 2005). Mit Bezugnahme auf die Ziele der Klimarahmenkonvention der Vereinten Nationen forderte die EU-Richtlinie 2009/31/EG im Jahr 2009 die EU-Mitgliedstaaten auf, sich mit der geologischen Speicherung von Kohlendioxid auseinanderzusetzen. In diesem Zuge war auch Deutschland aufgefordert, sich zum Technologie-Set zur Einspeicherung von Kohlenstoffdioxid zu verhalten. Dies führte im Jahr 2012 zum Gesetz zur Demonstration der dauerhaften Speicherung von Kohlendioxid, das letztendlich eine stark begrenzte Erprobung der Technologie zuließ. Auf der einen Seite lässt sich eine steigende klimapolitische Relevanz von CO_2-Entnahmemaßnahmen beobachten, auf der anderen Seite wurde CCS hierzulande bereits für tot erklärt. Eine solche Gegenüberstellung lässt das Phänomen als ein paradoxes Narrativ erscheinen. Während CCS auf dem Parkett der internationalen Klimapolitik insgesamt verstärkt Bedeutung zugeschrieben wurde und weiterhin wird, fällt dies zusammen mit einem Scheitern auf nationaler Ebene. Vor dem Hintergrund dieses Widerspruchs stellen sich einige Fragen. Wie kann diese Beobachtung eines Auseinanderfallens um die zugeschriebene Bedeutsamkeit der Technologie soziologisch erklärt werden? Wie kann erklärt werden, dass eine Maßnahme, die seitens der internationalen Klimawissenschaft und -politik als Beitrag zum Klimaschutz eingeordnet wurde, in der konkreten Umsetzung auf gesellschaftliche Widerstände stößt, die jedoch selbst größtenteils für Klimaschutz appellieren? Die Fragen werden später als Leit- und Unterfragen der Gesamtuntersuchung zusammengeführt. Mit diesen Fragen vor Augen wird auf divergierende Deutungszuschreibungen eingegangen, die in der Fallstudie zutage treten. Diese lassen sich im Ergebnis unter drei inhaltliche Hauptdeutungsrahmen fassen, wie weiter unten skizziert wird.

Diese Untersuchung beleuchtet den bereits vergangenen Fall einer gescheiterten Implementierung einer CO_2-Entnahmetechnologie und folgt damit dem Kommentar eines Reviewartikels von (Carton et al. 2020). Die Autor*innen schlagen vor, den Blick auf vergangene Praktiken des Carbon Dioxide Removals (CDR) zu lenken, um daraus für die heutige Debatte um Senken und Kompensation Lehren zu ziehen.[3]

---

[3] In der aktuellen Fachdebatte positioniert sich eine Reihe von Sozialwissenschaftler*innen kritisch zu CDR-Maßnahmen (siehe Carton et al. 2020). Ihr Argument lautet, dass CDR-Maßnahmen unter einer weiteren Definition schon lange Teil von klimapolitischen Instrumenten ist. Daher weisen die Autor*innen auf Parallelen und Ergänzungen zur Debatte um negative Emissionen hin. Während neuere Forschung CDR-Maßnahmen als Phänomene der Zukunft untersucht, steuern ältere Untersuchungen CDR- Erfahrungswerte zu bereits vorhandenen oder vergangenen Projekten bei.

Diese Arbeit untersucht die Auseinandersetzungen um CCS in Form einer qualitativen, soziologischen Vorgehensweise, geleitet von folgenden Perspektiven: 1) Wie ist CCS im klimapolitischen Kontext zu verorten? 2) Welche Sinngehalte (meanings) sozialer Interessengruppen (social interest groups) liegen vor? Auf diese Weise wird in der Fallstudie eine Vergleichsebene eingezogen, indem CCS als ein Instrument der Klimapolitik verortet wird und typische inhaltliche gesellschaftliche Deutungsrahmen herausgearbeitet werden. Somit werden Vergleichspunkte geschaffen, die es ermöglichen, den Fall als Implementierungsversuch einer Maßnahme zur technologischen CO_2-Entnahme einzuordnen. Der ausgewählte Fall ist aufgrund der Paradoxien zwischen internationalen Klimaschutzzielen einerseits und Scheitern der Implementierung auf nationaler Ebene andererseits ein analytisch vielversprechender Ausgangspunkt und ein Bezugskontext, der gesellschaftliche Reibungspunkte in der Debatte um nachgeschaltete Technologien erhellen kann. Wie sich der Untersuchungsfall konstituiert, erläutert der folgende Abschnitt.

1.1 Der Untersuchungsfall

Theoretisch folgt die Untersuchung der sozialkonstruktivistischen Tradition der Science and Technology Studies (MacKenzie und Wajcman 2011) und verknüpft hierzu Konzepte, um den Untersuchungsfall zu strukturieren. Dies gründet auf der sozialen Tatsache, dass sich das Technologie-Set in diesem Zeitraum sowohl technisch in der Entwicklung und Demonstrationsphase sowie rechtlich in der Phase eines Gesetzesentwurfs befindet.

Der folgende Abschnitt beschreibt den Untersuchungsfall. Der Aufbau orientiert sich entlang inhaltlicher Ebenen. Das beinhaltet eine Kurzdarstellung des besprochenen Technologie-Sets. Anschließend wird die Kontinuität skizziert, mit der CCS auf der zwischenstaatlichen Ebene des UN-Klimaregimes besprochen und vom Staatenverbund der EU aufgegriffen wurde. Im Kontrast dazu steht das im öffentlichen und fachlichen Diskurs besprochene Scheitern der CCS-Technologie in Deutschland. Die sozialwissenschaftliche Fachliteratur zu CCS in Deutschland bewegt sich vornehmlich zwischen Wahrnehmungs- und Akzeptanzforschung[4] und vereinzelten Beiträgen, die als normative Gesellschafts- und Technikkritik[5] zu fassen sind. Letztere beurteilen die Technologie, erstere

---

[4] Siehe etwa Dütschke et al. 2016; Dütschke et al. 2015; Pietzner und Schumann 2012; Pietzner 2013.

[5] Siehe etwa Krüger (2015) und Berger (2010).

1.1 Der Untersuchungsfall

erfassen und bewerten die individuellen Einstellungen von Bürger*innen zur Technologie oder zu deren Bestandteilen. Hier setzt die Untersuchung ergänzend an. Es wird weder ein Akzeptanzproblem noch eine normative Technik- und Gesellschaftskritik formuliert, sondern der Blick auf die Deutungen in der Gesellschaft gelegt, hier auf die zentral und formal beteiligten korporativen Akteure. Die Deutungsrahmen und Sinngehalte dieser Akteure stehen im Mittelpunkt der wissenschaftstheoretischen Haltung des erklärenden Verstehens, das ich mit Max Weber erarbeite. Vor diesem Hintergrund wird die Forschungslücke der soziologischen Mesoebene eröffnet und die Ausrichtung dieser Arbeit dargelegt. Damit ergänzt und kontrastiert diese Perspektive bisherige Analysen des rechtlichen und politischen Scheiterns der Technologie (Fischer 2015; Ekardt et al. 2011) und füllt eine Lücke, indem der Blick der verstehenden Soziologie auf die (zivil-)gesellschaftlichen Akteure gelenkt wird. Die Untersuchung ist als soziologische Ergänzung für das Fallverständnis zu lesen.

Die sozialwissenschaftliche Forschung zur CCS-Technologie beinhaltet hauptsächlich Studien der Akzeptanzforschung und vereinzelt Beiträge der kritischen Sozialforschung. Die Untersuchung grenzt sich von beiden Bereichen ab. Stattdessen liegt der Fokus auf der empirischen Analyse der Sinnzuschreibungen der Akteure und einer kontextualisierenden Verortung der Maßnahme in der Klimapolitik.

Ich verfolge die These, dass die Auseinandersetzungen sowohl mit gesellschaftlichen Deutungsrahmen als auch mit der soziotechnischen Einbettung von Technologie zu tun haben. Im Vordergrund steht deshalb die soziologische Mesoebene. Um diese Ebene betrachten zu können, nutze ich den SCOT-Ansatz, dem zufolge gesellschaftliche Bezugsgruppen (social interest groups) aktiv Deutungen und Nutzungsvorstellungen (meaning) bezüglich der Technologie prägen. Innerhalb der Deutungen kann es zu flexiblen Interpretationen (interpretative flexibilities) kommen, die hier analysiert werden. Im vorliegenden Fall werden diese später empirisch auf die organisierten Interessengruppen eingegrenzt, weil dadurch ein systematischer Blick auf die Debatte der beteiligten, organisierten (Zivil-)gesellschaft auf Bundesebene gewonnen wird. Es handelt sich konkret um die Umweltorganisationen, Wirtschaftsverbände und Gewerkschaften. Zudem ist anzunehmen, dass auch die Einbettung der CCS-Technologie innerhalb bestehender soziotechnischer Systeme, also der Kontext der Anwendung, einen erklärenden Aspekt darstellt, den ich mit dem LTS-Ansatz untersuche.

1.1.1 CCS-Technologien – Plural statt Singular

Wenn über CCS gesprochen wird, ist eine differenzierte Kontextbetrachtung notwendig, insbesondere in Bezug auf den Anwendungskontext. Bereits vorab sei betont, dass es bei den Auseinandersetzungen um CCS zentral ist, die Gewichtung einer solchen Maßnahme in Relation zu anderen vorgeschlagenen oder bereits eingeführten Instrumenten zu setzen.

In den Berichten des IPCC[6] rücken neben Mitigation und Adaption auch CO_2-Entnahmemaßnahmen in den Vordergrund. Ein Beispiel ist die Forschung, Entwicklung und versuchte Implementierung der mehrteiligen Technologie CCS in Deutschland. CCS-Technologien beinhalten das Abfangen (Carbon Capture) des Treibhausgases Kohlenstoffdioxid, seinen Transport und seine Einspeicherung (Storage) in geologisch für geeignet befundenen Bodenschichten.

Insbesondere im Kontext negativer Emissionen lebt die wissenschaftliche, politische und gesellschaftliche Debatte um CCS aktuell erneut auf. So forderten unter Federführung der außeruniversitären Forschungseinrichtung Acatech im November 2017 diverse Forschungseinrichtungen, Verbände und weitere Akteure eine neue Debatte um CCS in Deutschland (siehe Acatech 2018). Der Bundesminister für Wirtschaft und Energie, Peter Altmaier, lasse diese „unterirdischen Abgasspeicher prüfen", so der Wortlaut eines *Spiegel Online*-Artikels im September 2018 (Berkel 2018).

Doch zunächst sei der Blick auf die zwischenstaatliche Handlungsebene des UN-Klimaregimes gelenkt und auf das Aufgreifen der Ziele in der Klimapolitik der EU. Denn vor dieser Kontrastfolie kann das Untersuchungsbeispiel in Deutschland erläutert werden.

Der im öffentlichen Diskurs häufig als gescheitert bezeichnete Implementierungsversuch des Technologie-Sets sollte als landbezogene Senke dienen. Die frühe CCS-Debatte, die hierzulande mit der Umsetzung der EU-Richtlinie 2009/31/EG stattfand, kann unter heutiger Perspektive als Beispiel einer Removal-Maßnahme dienen.

Diese Untersuchung zielt auf ein Verständnis des Zusammenhangs zwischen internationaler Klimapolitik, einer dort adressierten technologischen Maßnahme

---

[6] Das wissenschaftliche Gremium des internationalen Klimaregimes der Vereinten Nationen wird auch als epistemische Gemeinschaft (epistemic community) des UN-Klimaregimes bezeichnet (Brunnengräber 2011a, S. 22). Diese Bezeichnung verweist bereits auf die Hauptaufgabe des Gremiums: Das Zusammentragen und Auswerten bereits existierender wissenschaftlicher Beiträge zu Entstehung, Minderung und Anpassungsmöglichkeiten des anthropogen erzeugten Klimawandels. Der IPCC stellt bis heute das schlüssigste wissenschaftliche Risk Assessment zur Entstehung des Klimawandels bereit (Engels 2016, 18 f.).

1.1 Der Untersuchungsfall

sowie der gesellschaftlichen Politisierung von deren Umsetzung ab. Vor dem Hintergrund des spezifischen Konfliktverlaufs, der Relevanz von Senken im internationalen Klimaregime, der EU-Richtlinie 2009/31/EG und dem Scheitern im ausgewählten Fall, untersuche ich die Prozessdokumente organisierter (zivil-)gesellschaftlicher Akteure im weiteren Kontext des legislativen Prozesses (2009–2012).

Aus dem Fall ergeben sich Lehren für die gegenwärtige Debatte um technische und sogenannte natürliche Senken, die seit dem IPCC-Sonderbericht zur 1,5 °C-Erwärmung (Special Report 1.5, kurz SR1.5) an Bedeutung gewonnen hat. Grundlegend lassen sich auch hier ähnlich gelagerte Interessenkonflikte um die Nutzung ober- und unterirdischer Flächen vermuten (Umweltnutzung), ebenso wie Zusammenhänge mit zukünftigen energiepolitischen Infrastrukturen. Um diese Konfliktlagen frühzeitig einschätzen zu können, lohnt es sich, sich mit den Stellungnahmen der organisierten Akteure zu befassen, die als Spiegel früher Auseinandersetzungen fungieren. Ähnlich gelagerte Fragen der Flächennutzung lassen sich auch heute stellen, etwa mit Bezug zu bestehenden Kompensationsprojekten im globalen Süden (Carton et al. 2020) im Rahmen des jetzt auslaufenden Clean Development Mechanismus (CDM[7]). Somit kann der hier behandelte Fall sowohl mit Blick auf eine lange Tradition des CDR in den Mechanismen des Klimaregimes gesehen werden als auch als Beispiel für die frühe Einführung einer CDR-Maßnahme in der EU. Letztere Einordnung beleuchtet den Fall stärker als frühen Vorläufer der aktuell anlaufenden Debatte um die Notwendigkeit von Senken zum Erreichen der Klimaneutralität in der EU. Die aktuell neu aufgespannte Debatte um Senken verlief bislang unter dem Dach des freiwilligen Kohlenstoffmarktes oder Voluntary Offsettings.[8] Im Offsetting stehen Veränderungen an, ausgelöst durch das Pariser Abkommen, das Kreibich und Hermwille (2020, 9 f.) als neues Paradigma der Klimapolitikinhalte deuten. Carton et al. (2020) hingegen verstehen die neue Aufmerksamkeit um Removal-Maßnahmen als Zementierung einer Geschichte von CDR-Praktiken in der Klimapolitik und verweisen auf die sozialwissenschaftliche Forschung dazu.

Ist die CCS-Debatte hierzulande als Vorläufer dieses Trends einzuordnen? Während die CCS-Technologie, die neuerdings insbesondere im Zusammenhang mit weiteren CDR-Technologien auf internationaler Ebene als Kontinuum

---

[7] Näheres zum CDM unter www.dehst.de/DE/Klimaschutzprojekte-Seeverkehr/Projektmechanismen/Mechanismus-fuer-umweltvertraegliche-Entwicklung-CDM/mechanismus-fuer-umweltvertraegliche-entwicklung-cdm-node.html, zuletzt geprüft am 05. 05. 2021.
[8] Siehe beispielsweise die Besprechung einer Broschüre des Umweltbundesamtes: Doda et al. 2021.

auftritt, wirkt das ausgewählte Fallbeispiel zunächst als diskontinuierliches Phänomen. Hier zeichnet sich bereits ein erster Verweis dahingehend ab, dass die lange Zeitplanung des internationalen Klimaregimes – und die integrierten CDR-Maßnahmen – aus der Perspektive der organisierten Interessengruppen weniger als Kontinuum erscheint, sondern eher als Ad-hoc-Maßnahme, auf die es schnell zu reagieren gilt, beispielsweise in einer zeitlich kurz angesetzten Stellungnahme.

1.1.2 Fallbeispiel Deutschland: Eine tote Debatte wird wieder lebendig?

„Kein CO2-Endlager" – dieser Slogan leuchtete um die 2010er Jahre vor neongelbem Hintergrund auf Plakaten und Demonstrationsschildern. Er weist auf eine öffentliche Kontroverse hin, die um die gesetzliche Implementierung von CCS in Deutschland entfachte. In diesem Slogan, der von einigen zivilgesellschaftlichen Akteuren als Schlagwort in der deutschen Debatte um CCS verwendet wurde und teils wird, treten zugleich mehrere Aspekte einer komplexen Debatte zutage. Zum einen verweist allein die direkt an den Anfang gestellte Negierung „Kein" auf die gesellschaftliche Ablehnung des Implementierungsversuchs der infrastrukturellen Großtechnologie. Während der zweite Teil „CO2-Endlager" semantisch auf einen Vergleich zwischen CO_2-Speicherung und radioaktiver Endlagerung hindeutet. Auf diese Weise kommt eine ablehnende Haltung gegenüber CCS zum Ausdruck.

Es erscheint interessant und aufschlussreich, einen vertieften Blick in die Diskussionen um das Technologie-Set zu werfen und zu verstehen, in welchen Kontext die Diskussion um CCS in Deutschland damals fiel und heute fällt. Da Maßnahmen des CDR aktuell an neuer klimapolitischer Bedeutung gewinnen, erscheinen die gesellschaftlichen Deutungsrahmen der alten Debatte als erkenntnisreicher Rückblick. Der Stand der Technologieentwicklung kann in der frühen CCS-Debatte als „manifester soziotechnischer Innovationsprozess" (Böhle 2015, 91) aufgefasst werden. Denn das Technologie-Set ist bereits zu diesem Zeitpunkt mehr als eine Idee. Einzelne technische Komponenten befinden sich in einer Spannbreite zwischen Entwicklungs- und Demonstrationsstadium, ebenso wie bereits in der Implementierung und Anwendung.

Bereits im Jahr 2009 fand der Einsatz von CCS Eingang in die europäische Gesetzgebung, in Form der Richtlinie 2009/31/EG des europäischen Parlaments und des Rates über die geologische Speicherung von Kohlendioxid. Die Länder der EU waren aufgefordert, dieses Gesetz in nationale Gesetzgebung zu übertragen. Das Umweltbundesamt (UBA), welches durch das KSpG mit einer

1.1 Der Untersuchungsfall

Potentialanalyse und -bewertung zu CCS betraut war, resümiert in einem Positionspapier aus dem Jahr 2009: „Damit ist derzeit unklar, ob CCS eine Option zur großtechnischen CO_2-Emissionsminderung und damit eine bedeutende Maßnahme des Klimaschutzes werden kann" (UBA 2009). In Deutschland spiegelte sich die Umsetzung des Gesetzes im Jahr 2012 wider, mit dem „Gesetz zur Demonstration der dauerhaften Speicherung von Kohlendioxid" (Kohlendioxid-Speicherungsgesetz, KSpG). Dieses Gesetz ermöglicht es, vereinfacht zusammengefasst, die Abscheidung und Speicherung von Kohlenstoffdioxid zu erproben. Hinsichtlich der formalen Aspekte ist auf den Umstand zu verweisen, dass es sich beim KSpG um ein Zustimmungsgesetz handelt. Das bedeutet, dass es einer Zustimmung durch den Bundesrat und damit der Ländervertretungen bedarf. Zwar wurde das Gesetz im Jahr 2012 verabschiedet, dennoch erfolgte daraufhin keine Umsetzung von Demonstrationsspeichern. Das wird im (fach-)öffentlichen Diskurs auch als Scheitern bezeichnet. Das wird in diesem Abschnitt näher erklärt.

CCS im fossilen Energiesystem gestaltete sich hierzulande als umstrittener Demonstrationsversuch eines Technologie-Sets. Tatsächlich berührt bereits die Unterscheidung zwischen einer Implementierung und einer Demonstration der Technologie einen zentralen Aspekt der Auseinandersetzungen, weil damit unterschiedliche gesellschaftliche Zwecke verbunden sind. Auch ist es eine Debatte, die technisch-materielle Artefakte und Infrastrukturen sowie gesellschaftliche Normierungen und Gesetzestexte beinhaltet.

Die Gründe, der Prozess sowie die Auswirkungen dieses Scheiterns wurden in der Fachliteratur bislang sowohl auf rechtlicher als auch auf politikwissenschaftlicher Ebene untersucht (Ekardt et al. 2011), hinsichtlich des Konfliktverlaufs und der demokratischen Beteiligungsformen analysiert (Rost 2015)[9], und darüber hinaus mit Ergebnissen der Akzeptanzforschung beleuchtet (z. B. Pietzner und Schumann 2012). In der Fachdebatte bezieht sich „Scheitern" unter anderem auf das politische Scheitern, weil der erste Gesetzesentwurf im Sommer 2009 aufgrund des Widerstands einiger Landesregierungen im Bundesrat nicht verabschiedet wurde (Fischer et al. 2010, S. 41), ebenso wie auf weitere Aspekte in der Gesetzesentwicklung, etwa den Vermittlungsausschuss im Jahr

---

[9] Die Untersuchung von Rost (2015) bezieht sich vornehmlich auf die Entwicklungen in Brandenburg.

2011.[10] Zudem werden im (fach-)öffentlichen Diskurs Bürgerproteste als Begründung angeführt.[11] Das vielfältig diagnostizierte Scheitern deute ich als Hinweis auf gesellschaftliche Auseinandersetzungen um die nachträgliche, ausgleichende (Groß-)Technologie. Wie können die Kontroversen um CCS, jenseits einer Untersuchung unter dem Vorzeichnen (fehlender) Akzeptanz oder einer normativen Kritik der Technologie, soziologisch gefasst werden? Das Erkenntnisinteresse liegt in einem Verstehen der Sinngehalte oder Deutungsrahmen der zentral beteiligten gesellschaftlichen Interessengruppen.

Bis heute reichen die Wurzeln dieser ersten umstrittenen Debatte in die aktuellen Diskussionen hinein. Das zeigt sich etwa in den Formulierungen einiger Akteure aus Forschung, Verbänden und NGOs, die zu einer „neuen" Debatte aufrufen (siehe Acatech 2017), und es wird in der Formulierung der „umstrittenen Technologie" oder in der Erwähnung konkreter Protestaktionen deutlich. Beispielhaft für das Nachwirken der damaligen Auseinandersetzungen auf den heutigen journalistisch-öffentlichen Diskurs steht der bereits zitierte Artikel auf *Spiegel Online* im September 2018: „Unter Slogans wie ‚CO2ntra Endlager' hatten um das Jahr 2010 Tausende Demonstranten gegen Pläne für ‚CO2-Klos' protestiert. RWE und der damalige Eigentümer Vattenfall erprobten in dieser Zeit das Abscheiden des Klimagases in Braunkohlekraftwerken" (Spiegel Online 2018). Der Kontext des Zitats ist die Ankündigung des Bundesministers für Wirtschaft und Energie, die Technologie neu prüfen zu wollen. Doch neben dem journalistisch-öffentlichen Diskurs wird auch in technischen Berichten bis heute auf das Scheitern des Technologie-Sets zurückgeblickt. Reichetseder und Reinecke kommentieren die Situation in einem technischen Bericht, der sich auf aktuelle Speichervorhaben in der Nordsee bezieht:

> „Eine Fortsetzung der CCS Aktivitäten in Deutschland scheiterte aufgrund politischer, medialer und öffentlicher Akzeptanz, die ihren Niederschlag in einer zu restriktiven Umsetzung der CCS-Richtlinie 2009/31/EG in nationales Recht fanden. Hier waren um die gleiche Zeit durch den Forschungsverbund CLEAN (CO2 Large-Scale Enhanced Gas Recovery in the Altmark Natural Gas Field) erhebliche Vorarbeiten für eine Speicherung im Erdgasfeld Salzwedel Peckensen (Kumulativ-Produktion 265 Gm3) geleistet worden […]." (Reichetseder und Reinicke 2018, S. 3)

---

[10] Die Drucksache zur Unterrichtung der Bundesregierung über den Einsatz des Vermittlungsausschusses ist hier einsehbar: dipbt.bundestag.de/dip21/brd/2011/0660-11.pdf, die Beschlussempfehlung des Vermittlungsausschusses hier: dipbt.bundestag.de/dip21/btd/17/101/1710101.pdf, zuletzt geprüft am 08.02.2021.
[11] Siehe etwa die Kommentierung in *Das Parlament* von Sattler (2011).

Das Zitat veranschaulicht das implizierte Verständnis zum Verhältnis von Technik und Gesellschaft, indem die fehlende Befürwortung der Bürger*innen sowie die fehlende Akzeptanz von Medien und Politik angeführt wird. Wie der Fall soziologisch in dieser Arbeit aufgegriffen wird, erläutert der folgende Abschnitt.

1.1.3 Forschungslücke

Die frühe Debatte um CCS bietet Einsichten in einen bereits ausgetragenen Konflikt um Umweltgüter und eine (mögliche) Großtechnologie. Letztere erfuhr eine Politisierung, weil sie von den Gesellschaftsakteuren (kritisch) in Bezug zum fossil-nuklearen Energiesystem gestellt wurde. Diese Polarisierung und Politisierung findet sich auch in den Medien, (Bundes-)Parteien, Behörden, Gremien und Unternehmen wieder. In dieser Arbeit liegt der Fokus jedoch auf der organisierten Gesellschaft.

Die Forschungslücke ergibt sich daraus, dass die bisherige sozialwissenschaftliche Forschung entweder auf die subjektive Ebene der (fehlenden) Akzeptanz rekurriert oder sich um eine normative Beurteilung der Technologie selbst und damit eine Gesellschaftskritik bemüht. Doch weder die eine noch die andere Perspektive kann die gesellschaftlichen Kontroversen um die Demonstration der CCS-Technologie im Gesetzgebungsprozess erklären, allerdings ist das auch nicht der Anspruch dieser Studien. Als Forschungslücke wird die Behandlung der realpolitisch formal sowie informell beteiligten gesellschaftlichen Interessengruppen identifiziert, insbesondere deren inhaltliche Bezugnahmen zum Technologie-Set.

Hier liegt das Forschungsinteresse auf den gesellschaftlichen Deutungsrahmen von Interessengruppen, die auf der Bundesebene der Debatte eine bedeutsame Rolle spielen. Deshalb wählt diese Untersuchung die gesellschaftliche Mesoebene, das (Aus-)Handeln der organisierten Gesellschaftsakteure auf Bundesebene – hier der Umweltorganisationen, Wirtschaftsverbände, Gewerkschaften – und deren prozessgeneriertes Textmaterial als Zugriffspunkt der Analyse. Dies ermöglicht ein deutendes Verstehen der Positionierungen der formal beteiligten Gesellschaftsakteure in der Aushandlung um die Demonstration der CCS-Technologie und die damit verbundenen Sinngehalte. Der Anspruch ist es, einen Beitrag zur Erklärung der Kontroverse zu leisten. Jedoch findet keine Prozessanalyse des Scheiterns statt, zumal dies eine Frage der Perspektive ist und Vorgänge auf verschiedenen Handlungsebenen – zum Beispiel Gesetzgebung oder mediale Repräsentation – beinhaltet und bewertet. Diese Arbeit definiert als Forschungsgegenstand die gesellschaftliche Mesoebene, im Genaueren die Verhandlung des Technologie-Sets durch die organisierten Interessenvertreter*innen, jenseits einer Rahmung von gesellschaftlicher Akzeptanz oder Technik als normativem Problem. So wird deutlich, dass die frühe CCS-Debatte weder allein mit Blick auf die Akzeptanz von Bürger*innen noch mit einem Erklären der rechtlich-institutionellen Ebene erfasst werden kann.

Neben der (in-)formellen Teilhabe lokaler Bürgerinitiativen waren Interessengruppen auf der Bundesebene durch die öffentliche Einladung kollektiver Gesellschaftsakteure in die Debatte eingebunden;[12] letzteres wird konkreter beleuchtet mit einer Analyse der in diesem Zuge entstandenen öffentlichen Prozessdokumente. Dieser Vorgang der Einbindung fußt rechtlich auf der Gemeinsamen Geschäftsordnung der Bundesministerien (GGO) und der im § 47 regulierten „Beteiligung von Ländern, kommunalen Spitzenverbänden, Fachkreisen und Verbänden". Da es im vorliegenden Verfahren weder zu einer Technologieanwendung noch zu einem relevanten Planfeststellungsverfahren kam, ein übliches Format für Öffentlichkeitsbeteiligung bei Umweltbelangen, rücken die frühen Verbändeanhörungen im Kontext des Gesetzgebungsverfahren in den Mittelpunkt der Betrachtung der formalen Einbindung auf Bundesebene.

Hier muss notiert werden, dass Umweltorganisationen (neben Bürgerinitiativen, Sport- und Kulturvereinen) nach der Aarhus-Konvention zur beteiligungsberechtigen Öffentlichkeit im Umweltschutz zählen, jedoch die ebenfalls beteiligten Wirtschaftsverbände nicht unter diese Definition der Öffentlichkeit fallen (im Sinne der öffentlichen Beteiligung am Umweltschutz). Zur Beteiligung der Umweltorganisationen sei vorab gesagt, dass ihnen grundlegend über das internationale Abkommen der Aarhus-Konvention eine Stimme als beteiligungsberechtige Öffentlichkeit bei Umweltschutzangelegenheiten zugesprochen wird (Beyer et al. 2018, 2, 31, 24). Das bedeutet, die Umweltorganisationen verfügen zusätzlich, jenseits ihrer eingeforderten Stellungnahmen während der Verbände- und Expertenanhörung, über eine Legitimation zur Mitsprache. Eine nähere Analyse der realpolitischen Konsequenzen dessen kann hier nicht geleistet werden, jedoch ist der Punkt erwähnenswert, weil es auf die hohe Legitimation zivilgesellschaftlichen Engagements, auch von Umweltorganisationen, auf internationaler Ebene verweist. Auch jenseits dieser formalen Einladungen und dadurch betonten Legitimation bildet das Handeln organisierter Gesellschaftsakteure eine eigene gesellschaftliche Handlungssphäre und somit einen eigenen Einflussbereich, was in der sozial- und politikwissenschaftlichen Literatur unter verschiedenen Gesichtspunkten beleuchtet wird. Die Theoretisierung organisierter

---

[12] Diese Teilhabe wurde seitens der Verbände teils als zeitlich zu stark begrenzte Beteiligungsform gesehen.

Zivilgesellschaft stellt einen eigenen Bereich dar und ist nicht Gegenstand dieser Arbeit. Die Überlegungen zur Systematisierung der Gesellschaftsakteure werden in der operativen Umsetzung des Empirieteils erläutert, indem eigene Abschnitte für Umweltorganisationen,[13] Wirtschafts- und Energieverbände sowie Gewerkschaften erstellt werden. Diese grobe Clusterung spiegelt ein Stück weit die unterschiedlichen beteiligungsrechtlichen Status wider. Zudem spreche ich von gesellschaftlicher und nicht von öffentlicher Beteiligung, um den organisierten Charakter der (zivil-)gesellschaftlichen Akteure zu unterstreichen.

Der folgende Abschnitt erläutert die Zugriffspunkte – Ziele, Fragen, Vorgehen – dieser Untersuchung.

1.2 Untersuchungsziele und -fragen Verhältnis von Technik und Gesellschaft

1.2.1 Untersuchungsziele

Die Arbeit wendet wissenschafts- und techniksoziologische Ansätze auf den Untersuchungsfall an. Die Frage nach dem Verhältnis von Gesellschaft und Technik wird in zwei Schritten beantwortet: Erstens wird auf institutionelle Kontexte eingegangen und zweitens untersucht die Arbeit Perspektiven ausgewählter sozialer Bezugsgruppen.

Diese qualitative Studie untersucht die (zivil-)gesellschaftlichen Auseinandersetzungen um CCS in Deutschland im Kontext ihres rechtlichen und technologischen Implementierungsversuchs (2009–2012). Die gewählte Untersuchungsperspektive liegt auf der soziologischen Mesoebene, das heißt der Ebene der Organisationen. Hier dienen Prozessdokumente organisierter Gesellschaftsakteure als Datenmaterial. Insgesamt wird die Case Study als *ein* Fall einer nachgeschalteten, technisch-regulativen Maßnahme in der Klimaschutzdebatte eingeordnet. Die Untersuchung greift auf Theoriekonzepte der sozialkonstruktivistischen Tradition der Science and Technologie Studies (STS) zurück und kombiniert diese. Einerseits gründet dies auf dem empirischen Ausgangspunkt einer Auseinandersetzung um ein Technologie-Set, das sich in der Entwicklungs- und Demonstrationsphase befindet. Andererseits erlaubt dieser theoretische Ausgangspunkt eine

---

[13] Da nicht alle beteiligten Umweltorganisationen der Rechtsform des Verbands entsprechen – beispielsweise sind WWF und Greenpeace Stiftungen –, spreche ich von Umweltorganisationen. Ergänzend sei angemerkt, dass unter den Verbändeanhörungen im Gesetzgebungsprozess nicht nur NGOs mit der Rechtsform Verband eingeladen werden.

Perspektive auf das Verhältnis von Gesellschaft und Technik. Auf diese Weise wird die Debatte als gesellschaftliche Auseinandersetzung mit technologischer Dimension verortet (Wynne 2006, 2007). Damit eröffnet sich die Blickrichtung auf die aktiven gesellschaftlichen Bezugnahmen zum Technologie-Set. Diese Sinngehalte werden durch die Verwendung ausgewählter Theoriebezüge der sozialkonstruktivistischen Tradition in konkreten Untersuchungskategorien operationalisiert.

Die Vorgehensweise, die Auswahl der Daten und das Analysegerüst der sozialen Interessengruppen, Deutungen und flexiblen Interpretationen (SCOT-Ansatz), kann für ähnlich gelagerte Fälle genutzt werden, beispielsweise für die Stellungnahmen organisierter Gesellschaftsakteure rund um das aktuell ausgehandelte Klimaschutzgesetz (KSG). Für den ersten Referentenentwurf des KSG ist der Vorgang bereits abgeschlossen und alle Stellungnahmen im Rahmen der Verbändeanhörungen sind zentral zusammengeführt und online einsehbar.[14] Dass diese Dokumente überhaupt veröffentlicht sind, geht auf eine Erhöhung der Transparenz im Gesetzgebungsverfahren zurück (Deutscher Bundestag 2018) und ist erst seit 2018 üblich. Hier sei darauf aufmerksam gemacht, dass auch die Vorabveröffentlichung von Gesetzesentwürfen zeitgeschichtlich relativ neu ist und im Trend der staatlichen Verwaltungsmodernisierung und E-Government der 2000er Jahre sowie der damit verbundenen Debatte um bürgerschaftliches Engagement zu verorten ist (Schindler 2002).[15] Für Soziolog*innen stellt das eine Fundgrube an strukturierten Prozessdaten von großen Gesellschaftsakteuren dar, zum Beispiel aus Wirtschaft und Umwelt. Diese können auch als Policy-Dokumente bezeichnet werden, da es sich um Hintergrund-, Positionspapiere und Stellungnahmen im Zusammenhang mit einem Gesetzgebungsverfahren handelt. Zudem können aus den Ergebnissen dieser Untersuchung Lehren für die aktuelle Debatte um technische und natürliche Senken gezogen werden, in klimawissenschaftlichen Fachdebatten auch bekannt unter dem Stichwort Carbon Dioxide Removal. In welchem konkreten Vorgehen dies mündet, wird folgend erläutert.

---

[14] Online unter: www.bmu.de/fileadmin/Daten_BMU/Download_PDF/Glaeserne_Gesetze/19._Lp/ksg/Entwurf/ksg_refe_bf.pdf, zuletzt abgerufen am 06.05.2021.

[15] Mehr zur Modernisierung und Digitalisierung staatlicher Verwaltung siehe Enquete-Kommission „Zukunft des Bürgerschaftlichen Engagements" des Deutschen Bundestages 2002.

1.2.2 Vorgehensweise

Anhand einer rückblickenden[16] Fallstudie im Bereich der problemorientierten sozialwissenschaftlichen Grundlagenforschung soll ein Verständnis für die Zusammenhänge zwischen internationaler Klimagovernance sowie den gesellschaftlichen Auseinandersetzungen beim Implementierungsversuch einer CO_2-Entnahmetechnologie auf Staaten(verbund)ebene geschaffen werden. Bei dem Phänomenbereich handelt es sich um eine nachgeschaltete Technologie, die für große Punktquellen, also stationäre Orte der Emissionsentstehung, des klimaschädlichen Treibhausgases Kohlendioxid diskutiert wird, wie etwa die Kohleverbrennung oder für industrielle Restemissionen. Sollen die gesellschaftlichen Auseinandersetzungen um CCS sozialwissenschaftlich adressiert werden, so ist es unerlässlich, bereits von Beginn an zu differenzieren zwischen verschiedenen Einsatzformen und -zielen, die mit deren Anwendung erfolgten und noch erfolgen. Aktuelle Debatten fokussieren sich besonders auf EU-Ebene um Anwendungskontexte von großen Punktquellen in der Industrie. Die frühen Auseinandersetzungen hierzulande diskutierten die Anwendung insbesondere im Kontext der Kohleindustrie.

CCS fand bereits im Jahr 2009 in Form einer Richtlinie Eingang in die EU, mit der die Mitgliedstaaten aufgefordert waren, sie zur Erprobung von CCS in nationales Recht umzusetzen. Der legislative Prozess und die innerparteilichen Auseinandersetzungen sind dokumentiert, zur Akzeptanz der Bevölkerung wurden Beiträge verfasst, theoretisch-kritische Positionen zur Technologie selbst wurden bezogen. Die Arbeit verwendet die bisherigen Auseinandersetzungen zu CCS in Deutschland als Fallbeispiel und untersucht – auch als Erweiterung zu bisherigen politikwissenschaftlichen Analysen zum Thema[17] – mit qualitativen Methoden die einhergehenden gesellschaftlichen Konfliktthemen. Die Untersuchungsebene definiert sich durch die Analyse einer bestimmten Akteursgruppe. Es handelt sich um die kollektiv organisierten, gesellschaftlichen Akteure auf Bundesebene und deren schriftliche Teilnahme – in Form von Hintergrund- und Positionspapieren sowie Stellungnahmen – im Kontext der Verbändeanhörung und darüber hinaus. Da ich nach der Sinnzuschreibung der sozialen Interessengruppen frage und die Umweltorganisationen, Wirtschaftsverbände und Gewerkschaften

---

[16] Die rückblickende Perspektive bezieht sich auf eine Beschreibung des Gesamtprozesses, mit einer Fokussetzung auf inhaltliche Auseinandersetzungen ausgewählter Subunits. Im Vordergrund steht das Verstehen des Falls und nicht die Zuschreibung von Kausalbeziehungen des politischen Scheiterns.

[17] Siehe etwa die Dissertation „Das Hegemonieprojekt der ökologischen Modernisierung" (Krüger 2015).

als zentral beteiligte gesellschaftliche Gruppen identifiziere, kam es zu dieser Entscheidung. Die Unterteilung in Gruppen diente zunächst dazu, das Material strukturiert zu bearbeiten. Dadurch begegne ich dem Erkenntnisinteresse nach einem Einblick in die gesellschaftlichen Auseinandersetzungen anhand des Materials. Entsprechend liegt der Fokus auf einer Inhalts- und nicht auf einer Prozessanalyse. Es bleibt an dieser Stelle zu fragen: Wofür stehen die Dokumente? Welche Erklärungstragweite haben sie? Diese Policy Paper sind ein zentraler Bestandteil der Debatte auf Bundesebene, sie repräsentieren jedoch nicht den gesamten Diskurs zu CCS in Deutschland. Der Fokus liegt auf der Inhaltsanalyse dieser Dokumentengruppe, nicht auf einer alles umfassenden Diskursanalyse.

Der empirische Teil dieser Arbeit fußt auf theoretischen Ansätzen der sozialkonstruktivistischen Techniksoziologie. Wie sich diese im vorliegenden Fall gestalten, skizziert der folgende Abschnitt und wird ausführlich im Abschnitt 2.1 erklärt.

1.2.3 Theoretische Perspektiven und Operationalisierung

Da für die Untersuchung des vorliegenden Falls eine sozialkonstruktivistisch gefärbte Perspektive erklärungsstark erscheint, wird im Folgenden näher auf diese Theorietradition eingegangen. Grundlegend verortet sich die Gesamtperspektive dieser Arbeit im Feld der Science and Technology Studies (STS) und der zentralen Theorierichtung des Social Constructivism of Technlogy (SCOT) als Perspektive auf die Auseinandersetzungen um CCS. SCOT als Theorie mittlerer Reichweite erfasst die mesosoziologische Handlungsebene. Verknüpft mit dem Ansatz der Large Technological Systems, kurz LTS, gelingt es, den Untersuchungsblickwinkel auf bestehende Infrastrukturen auszuweiten, und so die Wirkmächtigkeit bereits vorhandener soziotechnischer Systeme zu beachten.

Die Inhaltsanalyse bezieht sich auf Dokumente zum rechtlichen Implementierungsprozess von CCS (2009–2012), im Genaueren Prozessdokumente der Wirtschaftsverbände und Umweltorganisationen sowie der Gewerkschaften. An diesem empirischen Material auf Bundesebene werden meanings und interpretative flexibilities der social interest groups inhaltlich analysiert (Pinch 2009; Pinch und Bijker 1984). Dies erfolgt unter Beachtung der relevanten soziotechnischen Systeme (Hughes 1987) oder soziotechnischen Ensembles (Bijker 1995)[18].

---

[18] Bijker ordnet den LTS-Ansatz nach Hughes, ebenso wie den ANT-Ansatz und den SCOT-Ansatz, unter den Dachbegriff des soziotechnischen Ensembles ein. Zudem fasst er auch die

Der folgende Abschnitt erklärt den Zusammenhang zwischen der theoretisch fundierten Untersuchungsfrage, der methodischen Umsetzung sowie der Gesamtstruktur der Dissertation.

1.2.4 Fragestellung

Leitfrage und Unterfragen
Die Leitfrage ergibt sich aus dem theoretischen Teil. Die Unterfragen nehmen Bezug auf diese und beziehen stärker empirische Umstände des Falls ein. Die übergreifende Frage erlaubt ein offenes Herangehen an den Untersuchungsgegenstand und grenzt zugleich den Untersuchungsfokus ein. Die erste Frage zielt auf eine Perspektivöffnung des Verhältnisses von Technik und Gesellschaft im vorliegenden Fallbeispiel ab, statt dieses von vornherein als technokratisch oder gesellschaftszentriert zu deuten. Die Leitfrage ergibt sich aus der Perspektive der sozialkonstruktivistischen Wissenschafts- und Technikforschung und wird durch zwei Unterfragen modifiziert. Auf diese Weise greift die Leitfrage eine größere und theoretisch ältere Frage auf und verknüpft diese mit einem aktuellen Gegenstand:

> Wie gestaltet sich das Verhältnis von Technik und Gesellschaft in den Auseinandersetzungen um CCS?

Die Frage nach dem Verhältnis wird grundlegend so bearbeitet, dass den gesellschaftlichen Bezügen zur Technologie nachgegangen wird. Die Fragerichtung rekurriert auf eine alte theoretische Debatte innerhalb der Wissenschafts- und Technikforschung, die jedoch bis heute diskutiert wird und hier auf einen konkreten empirischen Fall angewandt wird. Die Frage unterteilt sich in zwei Unterfragen, die den Weg zur Beantwortung der Leitfrage ebnen. Sie ergänzen einander und werfen unterschiedliche Perspektiven auf den zu untersuchenden Phänomenbereich. Die Beantwortung der Fragen ist eng miteinander verschränkt und wird in der Diskussion übergreifend reflektiert. Die Unterfragen a) und b) verfolgen konkrete Ziele:

a) *Wie verortet sich das Technologie-Set in der Klimagovernance?* Die erste Unterfrage zielt auf die Analyse der Einbettung von Technik in Gesellschaft

---

Arbeiten von Weingart (1989) unter diesem Terminus und der damit verbundene theoretische Ausrichtung auf.

ab, im Genaueren auf eine kontextualisierende Verortung von CCS im Zusammenhang mit dem klimapolitischen Agenda Setting auf EU-Ebene. In der Beantwortung ziehe ich die Fachliteratur der Klimapolitikforschung heran und beziehe relevante Dokumente zum Gesetzgebungsprozess deskriptiv ein. Diese Unterfrage wird mit dem Verweis auf die institutionelle Einbettung von CCS-Technologien und damit auf ein institutionell vermitteltes Verhältnis von Technik und Gesellschaft beantwortet.

b) Welche Sinngehalte (meanings) sozialer Interessengruppen (social interest groups) liegen vor? Diese Frage zielt auf die Deutungsrahmen der gesellschaftlichen Interessengruppen ab. Empirisch werden Stellungnahmen und Positionspapiere herangezogen. Diese werden theoretisch mit dem SCOT-Ansatz reflektiert (social interest groups und interpretative flexibility). Herausgearbeitet werden die Verständnisse der zentralen, kollektiv organisierten Gesellschaftakteure auf Bundesebene (Umweltorganisationen, Wirtschaftsverbände, Gewerkschaften), die als social interest groups aufgefasst werden. Dazu analysiere ich deren Deutungen hinsichtlich der Nützlichkeit der Technologie anhand ihrer verschriftlichten Stellungnahmen sowie Hintergrund- und Positionspapiere.

Mit diesen Fragen ergibt sich die Gesamtstruktur der Arbeit, die sich, im Anschluss an den Theorieteil (Kapitel 2) und einen Abschnitt, der das Forschungsdesign und die Methode der Arbeit vorstellt (Kapitel 3), in zwei analytische Kapitel unterteilt (Kapitel 4 und 5). Die Frage nach dem Verhältnis von Technik und Gesellschaft wird in zwei Schritten beantwortet: Kapitel 4 bezieht sich auf die institutionelle Ebene, Kapitel 5 befasst sich mit den sozialen Bezugsgruppen. Das erste auf die Empirie bezogene Kapitel 4 adressiert also das Technologie-Set in seiner umwelt- und klimapolitischen Einbettung, die, in Anlehnung an LTS, als Komponente eines soziotechnischen Kontextes zu verstehen ist. Neben der analytischen Bezugnahme auf die Fachliteratur zu Klimagovernance greift dieser Teil analytisch auf relevante politisch-administrative Prozessdokumente zurück. Dieses Kapitel weist einen verortenden, deskriptiv geprägten Bezug zur Empirie auf. Im Gegensatz dazu nimmt Kapitel 5 als zweites Empiriekapitel eine Inhaltsanalyse und detaillierte theoretische Einbettung gesellschaftlicher Stellungnahmen vor. Auf diese Weise beleuchtet es die innergesellschaftlichen Deutungen oder Plausibilitätszuschreibungen.[19] Kapitel 6 zieht

---

[19] Während in der aktuellen sozialwissenschaftlichen Klimaforschung eine epistemische Aufforderung darin besteht, die gesellschaftlichen Plausibilitäten zukünftiger gesellschaftlicher Entwicklungen einzuschätzen (Engels und Marotzke 2020, S. 8–10), wendet diese Untersuchung den Blick zurück auf vergangene, innergesellschaftliche Plausibilitätszuschreibungen hinsichtlich einer Technologie, die im EU-Mehrebenensystem mit einer Richtlinie realisiert wurde.

ein Fazit und formuliert einen Ausblick auf CCS im Spannungsfeld der Interessen zukünftiger Akteure.

1.3 Beitrag für die sozialwissenschaftliche Klimaforschung

1.3.1 Einordnung in die Fachcommunity

Die Ergebnisse meiner Untersuchung adressieren die Gemeinschaft der sozialwissenschaftlichen Klimaforschung (Koehrsen et al. 2020; Reusswig und Engels 2018). Aufgrund der Komplexität des Problemgegenstands des anthropogenen Klimawandels in Wissenschaft, Politik und Gesellschaft handelt es sich um ein eigenständiges Forschungsfeld innerhalb der Sozialwissenschaften, die sozialwissenschaftliche Klima(wandel)forschung (Reusswig und Engels 2018; Beck et al. 2014). Die sozialwissenschaftliche Beschäftigung mit dem Klimawandel ist jedoch schon älter als diese Bezeichnung und lässt sich spätestens mit dem frühen wissens- und wissenschaftssoziologischen Interesse datieren (Weingart et al. 2008). Grundlegend, so führen Reusswig und Engels in ihrer Sammelbesprechung aktueller Forschungsarbeiten zum Klimawandel an, bezieht sich die bisherige soziologische Klimawandelforschung auf die Wissens- und Wissenschaftssoziologie, die Bindestrichsoziologien der Risiko- und Umweltsoziologie sowie teils auf die Wirtschafts-, Organisations-, Stadt- und Konsumsoziologie (Reusswig und Engels 2018). Die vorliegende Monographie verwendet Theorieansätze vornehmlich aus der Wissenschafts- und Techniksoziologie ebenso wie flankierende Textbezüge aus der Umweltsoziologie und -politikwissenschaft.

Durch die Fallstudie, die sich der problemorientierten sozialwissenschaftlichen Grundlagenforschung zuordnet, soll ein Verständnis für die Zusammenhänge zwischen (inter-)nationaler Klimagovernance und den gesellschaftlichen Auseinandersetzungen bei der Implementierung (umstrittener) technologischer Maßnahmen geschaffen werden. Im Genaueren werden technische CO_2-Entnahmetechnologien in den Blick genommen, wobei die frühe Debatte um CCS-Technologien als ein Fall dient. Den Bezugsgegenstand dieser Positionierungen bildet der Gesetzgebungsprozess zur Umsetzung der EU-Richtlinie 2009/31/EG, die auf die nationale Umsetzung der Demonstration des Technologie-Sets, hier CCS, abzielte. Während sie auf theoretischer Ebene die Wissenschafts- und Technikforschung berührt, verweist der Untersuchungsgegenstand auf die soziologische Klimaforschung. Insbesondere kann die Untersuchung auf die aktuelle Debatte um Klimaneutralität und die neu aufkommende Diskussion um CDR und negative Emissionen bezogen werden. Dies leistet die Arbeit, indem der Blick zurückgewendet wird auf einen vergangenen Fall gescheiterter Implementierung einer Technologie zur CO_2-Entnahme. Welche Form der Ergebnisse sind vor dem Hintergrund der Forschungslücke, der Fallauswahl und der Vorgehensweise zu erwarten?

1.3.2 Ausblick auf die Ergebnisse

Insgesamt ordnet die Untersuchung die frühen Auseinandersetzungen um die CO_2-Entnahmetechnologie als eine Form der Politisierung[20] einer technologisch geprägten Expertendebatte ein. Durch die Analyse der klimapolitischen ebenso wie der gesellschaftspolitischen Einbettungen zeigt sich, in welche Interessensphären das Technologie-Set und deren Weiterentwicklung fällt. Die zwei systematischen Zugriffspunkte, die Kontextualisierung in die Klima- und Umweltpolitik (Kapitel 5) und die Inhaltsanalyse der (zivil-)gesellschaftlichen Positionierungen auf Bundesebene (Kapitel 6), erlaubt einen vielschichtigen Blick auf den Phänomenbereich. Das Ergebnis ist, dass die Debatte um CCS weder als Pro-contra-Debatte aufzufassen noch die Technologie selbst als gut oder schlecht zu beurteilen ist. Hingegen handelt es sich bei den Auseinandersetzungen um konfligierende Interessen innerhalb der drei übergeordneten Deutungsrahmen Energiepolitik, divergierende Zukunftspläne, sowie Umweltethik und -nutzung (Untergrund).

Die häufig vorgenommene Darstellung der CCS-Technologie als Pro-Contra-Debatte impliziert, dass zu einem eindeutig definierten Gegenstand in argumentativ entgegengesetzten Lagern konträr Stellung bezogen wird. Im Verlauf der Arbeit entfaltet sich jedoch die Einsicht, dass hier nicht ein eindeutiger Gegenstand verhandelt wird, der entweder akzeptiert oder kritisiert werden kann. Vielmehr mäandert der Gegenstand der Debatten selbst, denn die Nutzungsvorstellungen der mehrteiligen Technologie, die Technologiebestandteile selbst sowie der soziotechnische Kontext erweisen sich als vielschichtig. Bei näherer Analyse zeigt sich weniger eine Pro-Kontra-Strukturierung der Debatte, vielmehr werden unter ‚CCS' jeweils verschiedene Annahmen und Sachverhalte verhandelt. Die Untersuchung zeigt, wie sich die Auseinandersetzung durch übergreifende,

---

[20] Zum epistemischen Verständnis ist zwischen folgenden Begriffen zu unterscheiden: Während sich soziale Bezugsgruppen, Bedeutungszuschreibung und interpretative Flexibilität auf theoretische Ansätze beziehen, verweist der Vermerk auf die Politisierung nicht auf ein Konzept, sondern auf eine empirische Schlussfolgerung.

1.3 Beitrag für die sozialwissenschaftliche Klimaforschung

inhaltliche Deutungsrahmen strukturiert. Die Ergebnisse implizieren, dass sich der Technologiekonflikt als gesellschaftspolitische Debatte erweist. Für die aktuellen Fachdiskussionen für CDR-Maßnahmen beinhaltet das Ergebnis die Einsicht, dass der Fokus – neben der Erforschung technologischer Lösungen – gleichermaßen auf deren jeweilige soziotechnische Einbettung und Plausibilität[21] zu legen ist.

---

[21] Zum Begriff der Plausibilität in der sozialwissenschaftlichen Klimaforschung siehe Engels und Marotzke (2020).

Theorie: Gesellschaft als Bezugskontext von Technik 2

Die Untersuchung kontrastiert die Beiträge zur (fehlenden) Akzeptanz um die Technologie mit einer wissenschafts- und techniksoziologischen Einbettung des Falls. Das empirische Material sind die Dokumente der organisierten Gesellschaftsakteure, die Analyseinstrumente bedienen sich der Science and Technology Studies (STS). Als Theorierichtung wählte ich die konstruktivistische STS-Forschung, weil sie Erklärungsansätze für gesellschaftliche Bezugnahmen zu entstehenden Technologien bietet (SCOT) ebenso wie für die soziotechnische Kontextsetzung (LTS).

Dieses Kapitel erklärt, wie CCS und diesbezügliche Auseinandersetzungen unter einer techniksoziologischen Theoretisierung erfasst werden kann. Neben der Frage, wie die Technologie selbst theoretisiert werden kann, ergibt sich die hauptsächliche Klammer des Theorieteils durch die Kombination zweier Theoriekonzepte, die erklärend ineinandergreifen. Während SCOT die Deutungszuschreibungen der aktiv involvierten gesellschaftlichen Gruppen erfasst, greift LTS die soziotechnische Einbettung der Technologie auf. Auf diese Weise kann erklärt werden, dass das Technologie-Set einerseits gesellschaftlich hergestellt wird, andererseits bereits bestehende Infrastrukturen die Entstehung bedingen und begrenzen.

Das CCS-Technologie-Set trifft im untersuchten Debattenausschnitt auf verschiedene gesellschaftliche Realitäten, stellt jedoch keine Alltagstechnologie dar. Es entsteht in und trifft auf soziotechnische Infrastrukturen, ohne zumindest im analysierten Fall eine Großtechnologie zu sein. Es handelt sich stattdessen um ein mehrteiliges Technologie-Set, dessen Bestandteile sich in unterschiedlichen Anwendungsstadien befinden. Die ausgewählte theoretische Rahmung erfasst die Interdependenz zwischen Technik und Gesellschaft, mit einer Schwerpunksetzung auf die gesellschaftliche Herstellung und Deutung des Technologie-Sets. Der SCOT-Ansatz dient als Analysewerkzeug für die Deutungszuschreibung der

Gesellschaftsakteure, wohingegen der LTS-Ansatz die Wirkmächtigkeit bereits vorhandener Infrastrukturen erfasst und sensibilisiert. Durch diese verknüpfte Perspektive zeigt sich die besprochene Technologiedemonstration sowohl auf ihren gesellschaftlichen Deutungsebenen als auch im Schnittfeld zu bestehenden Infrastrukturen, zum Beispiel zum fossilen Energiesystem.

Das vorliegende Kapitel entwickelt den theoretischen Rahmen für das Forschungsdesign der Untersuchung. Er wird im Anschluss operationalisiert und dient dazu, den Fall analytisch zu konzipieren und zu strukturieren. Bereits hier werden vereinzelte Praxisbezüge zum Untersuchungsfall dargestellt, um die Erklärungskraft der Konzepte am Empiriebezug zu demonstrieren.

Der Theorieteil dient als Analyserahmen und -werkzeug, da auf dieser Grundlage inhaltsanalytische Kategorien entwickelt werden. Hier erfolgt zunächst eine erste Annäherung an die Techniksoziologie. Darauf aufbauend werden konkrete Analysekonzepte der genannten Traditionen operationalisiert. Die Konzepte sind strukturgebend für die Forschungsfragen, die Grundstruktur der Arbeit und teilweise für die deduktive Kategorienbildung.

Die Verbindung verschiedener zentraler Erklärungsansätze gründet auf der sozialkonstruktivistischen Tradition. Zur Erläuterung werden in diesem Kapitel erstens Theoretisierungen zum Verhältnis von Technik und Gesellschaft angeführt (2.1), mit daraus hervorgehenden operationalisierenden Konzepten zu Technik- und Gesellschaftsverständnis und dem Verhältnis dieser zueinander. Zweitens wird der Forschungsstand zu sozialwissenschaftlichen Arbeiten zu CCS vorgestellt (2.2), auf die ich mich größtenteils kritisch und teils affirmativ beziehe.

Eine erste Annäherung: Technologien in Gesellschaft
Es folgt zunächst eine thematische Annäherung in Form einer Sensibilisierung für die Bedeutung von Technik im gesellschaftlichen Alltag, um in Abgrenzung dazu auf großtechnische Infrastrukturen, soziotechnische Systeme (Hughes 1987) oder soziotechnische Ensembles (Bijker 1995) einzugehen. Für diese Hinführung eignet sich ein Zitat von MacKenzie und Wajcmann, Mitbegründer*innen der Theorietradition der Social Shaping of Technology (SST) (Häußling 2010, S. 451), die ebenso wie SCOT in der sozialkonstruktivistischen Tradition steht: „Technology is a vitally important aspect of the human condition. Technologies feed, cloth, and provide shelter for us; they transport, entertain, and heal us; they provide the bases of wealth and of leisure; they also pollute and kill" (MacKenzie und Wajcman 2011, S. 3). Unser Alltag ist von Technik und Technologien durchzogen, begonnen bei Alltagstechniken wie Unterhaltungselektronik über Infrastrukturtechniken wie Bahngleise oder Telefonleitungen bis hin zu technischen Implantaten im Körper. Eine gängige Unterscheidung ist die zwischen

2 Theorie: Gesellschaft als Bezugskontext von Technik

Alltagstechniken, Infrastrukturtechniken und Biotechnik (Lösch 2012, S. 251). Trotz ihrer unterschiedlichen Einsatzorte stellt Lösch eine Gemeinsamkeit hinsichtlich der Bedeutung von Technik und Technologien in unserer Gesellschaft fest:

> „Solchermaßen vielfältige Techniken formieren die Gesellschaft grundlegend. Sie gehören so selbstverständlich zu den Infrastrukturen unserer Gesellschaft, unserem Alltag und unserem Körper, dass wir die technische Konstitution der Gesellschaft und unseres Selbst kaum mehr wahrnehmen – zumindest solange die Technik funktioniert." (Lösch 2012, S. 251)

Lösch verwendet hinsichtlich dieser empfundenen Unsichtbarkeit von Technologien im gesellschaftlichen Alltag auch den Begriff der „Verflüssigung" von Technologien. In der alltäglichen Anwendung und Entwicklung von Technologien „funktionieren" diese. Im Kontrast dazu verdeutlicht sich der Demonstrationscharakter der CCS-Technologie, denn sie ist weder zum jetzigen noch zum damaligen Zeitpunkt im Alltag integriert.

Trägt sie den Charakter einer Großtechnologie? Im Vergleich zu einzelnen Technologien des Alltags werden soziotechnische Systeme oder Ensembles häufig gesondert theoretisiert. Weingart spricht auch von „professionalisierter Technik" und beschreibt deren Abgrenzung zu „trivialisierter Gebrauchstechnik":

> „Professionalisierte Technik im Unterschied zu ‚trivialisierter' ist bei ihrem ‚Einbau' in gegebene Sozialsysteme folgenreicher, weil sie weniger Handlungs- und Interpretationsspielraum im Hinblick auf ihre Verwendung zuläßt. Sie ist ‚härter' gegenüber ihrer sozialen Umwelt als etwa Gebrauchstechniken für den individuellen Konsum. Da dieser Typus von Technik überdies aufgrund seiner Kapitalintensität und seines Gefährdungspotentials zu seiner Projektierung und seiner Implementierung gewöhnlich eines erheblichen staatlichen Engagements bedarf, ist er mit viel höheren Legitimationslasten belegt, als das für ‚trivialisierte' Gebrauchstechniken gilt, die über den Markt in die Gesellschaft eingeführt werden." (Weingart 1989, S. 180)

Während manche Technologien mit Alltagsentscheidungen oder situativen Entscheidungen zusammenhängen und sich auf der Ebene von mikrosoziologischen Interaktionen bewegen, zeichnen sich Technologien im Infrastrukturbereich – besonders in der zentralisierten Energieversorgung – durch Entscheidungsprozesse aus, die langfristiger wirken. Beispielhaft sei hier die verkehrspolitische Entscheidung genannt, die S-Bahn-Schienen in einer Stadt zugunsten einer Straßenverbreiterung abzutragen. Oder die Hinwendung zu einer bestimmten Form der Energieerzeugung, die Elektrizität in das Stromnetz befördert, letzteres verwendet Hughes (1983) als Beispiel für soziotechnische Systeme. Beide

Beispiele – Straßenbau und Stromnetz – wirken im Hintergrund auf Infrastrukturen ein, ohne dass tagtäglich Entscheidungen über die Infrastruktur an sich getroffen werden, vielmehr erfolgen Entscheidungen innerhalb der Infrastruktur. Auf welche vorhandenen Infrastrukturen das CCS-Technologie-Set trifft und wie die organisierten Interessengruppen diese Schnittstelle in der damaligen Auseinandersetzung antizipieren, bewerten und deuten, diskutiert Kapitel 5. Doch zunächst lenkt das folgende Kapitel den Blick auf den grundlegenden Mehrwert der STS-Forschung für den Untersuchungsfall und konkretisiert die ausgewählten Instrumente.

2.1 Soziale Konstruktion von Technik in soziotechnischen Systemen

Als Theorierichtung wählte ich die konstruktivistische STS-Forschung, weil sie dezidiert Erklärungsansätze für gesellschaftliche Bezugnahmen zu entstehenden Technologien bietet (SCOT), ebenso wie für die Kontextsetzung (LTS). Beide Ansätze können im Licht eines sozialkonstruktivistischen Technologieverständnisses aufgefasst werden. Statt ausgehend von einer als gesetzt gegebenen Technologie auf deren (fehlende) Akzeptanz zu blicken, lädt diese Theorieperspektive dazu ein, aus Richtung der Deutungsrahmen organisierter Gesellschaftsakteure auf die Technologie zu blicken. Diese mesosoziologische Analysebrille hilft dabei, sich dem Untersuchungsgegenstand und diesbezüglichen sozialen Interaktionen angemessen zu nähern. Auf epistemischer Ebene zielt dieser Abschnitt (2.1) auf eine kurze Synthese der gewählten sozialkonstruktivistischen Theoretisierungen ab.

„No technology is an island unto itself" (Pinch 2009, S. 47). Dieser Satz fasst den Grund für meine Entscheidung für SCOT und LTS treffend zusammen. Statt Technologien in dualistischer Manier als etwas der Gesellschaft Externes zu verorten, steht hier die soziale Machart von Technologien im Vordergrund. Kurz gesagt zielen die epistemischen Untersuchungsdimensionen sozialkonstruktivistischer Theorien auf die Untersuchung der sozialen Herstellung von gesellschaftlicher Realität.[1] Sozialkonstruktivistische Ansätze in der Wissenschafts- und Technikforschung stehen grundlegend in einer Tradition der Kritik des Technikdeterminismus.

---

[1] Dies ist nicht zu verwechseln mit dem gelegentlich in Theoriedebatten zu findenden Missverständnis, der Sozialkonstruktivismus sei als direkte Realitätsbeschreibung und -reduktion zu lesen.

2.1 Soziale Konstruktion von Technik ...

Im Vordergrund dieser Perspektiven, konkret SCOT, so fasst Häußling (2019, S. 189) zusammen, stehen die sozialen Aushandlungsprozesse zwischen sozialen Interessengruppen. Die Ansätze bewegen sich im Paradigma des (anglo-sächsischen und anglo-amerikanischen) Sozialkonstruktivismus im Technikkontext (Bijker et al. 1987, S. 141), das wiederum als Teil des weitergefassten interpretativen Paradigmas aufzufassen ist.[2] In der Literatur wird auch der Dachbegriff des Social Shaping of Technology (SST) angeführt (Häußling 2019, 200), als Sammelbegriff für diverse Ansätze mit Bezug zu sozialkonstruktivistischen Technikverständnissen. In der englischsprachigen STS-Community wird teilweise der Begriff Social Shaping verwendet (MacKenzie und Wajcman 2011).

Die Theoriebezüge in dieser Arbeit werden als Rahmen genutzt, der jedoch nicht zu voraussetzungsvoll ist und dadurch Raum für die Betrachtung des spezifischen Falls lässt. Die Theoriebezüge strukturieren den Untersuchungsfall insgesamt und beeinflussen die deduktiven, inhaltsanalytischen Codes. Sie sind also epistemische Werkzeuge, die dazu dienen, das Untersuchungsfeld systematisch zu analysieren. Da die gewählten Theoriekonzepte keine Anweisung zur methodologischen Umsetzung beinhalten, wähle ich die vorstrukturierende Inhaltsanalyse, um die Theorie konkret zu operationalisieren. Hauptsächlich nehme ich dies durch die deduktive Kategorienbildung vor, die eindeutige Bezüge zur Theorie vorweist. Es folgt ein Überblick der zwei Ansätze, deren Hintergründe jeweils in den Abschnitten 2.1.1 und 2.1.2 erläutert werden.

Social interest groups, meanings, interpretative flexibilities and closure (SCOT)
Erstens werden Analyseelemente aus dem SCOT-Ansatz (Pinch 2009; Pinch und Bijker 1984) verwendet und flankiert durch Wynne (2006, 2007). Hierbei spielen folgende Konzepte eine Rolle: die sozialen Interessengruppen (social interest groups), die vielfältigen Bedeutungszuschreibungen (meanings) und interpretative Flexibilität (interpretative flexibility). Mit sozialen Interessengruppen sind maßgebliche Akteure oder Akteursgruppen gemeint. Für den vorliegenden Fall wende ich dies für die am CCS-Gesetzgebungsprozess beteiligten gesellschaftlichen Interessenträger*innen an, das heißt die an den Verbändeanhörungen und darüber hinaus aktiv teilnehmenden Umweltorganisationen, Wirtschafts- und Energieverbände und Gewerkschaften.

Die flexiblen Interpretationen fangen die Dimension der verhandelten Nützlichkeit (usefulness of technological artefacts) der Technologie ein (Meyer und

---

[2] Brock et al. (2009) ordnen sozialkonstruktivistische Ansätze grundlegend in das interpretative Paradigma ein, deshalb lässt sich schlussfolgern, dass auch ihre theoretischen Spielarten dort zu verorten sind.

Schulz-Schaefer 2006). Für meine Analyse bedeutet das, die Nutzenzuschreibung der Akteure in den Blick zu nehmen. Diese Perspektive wird ergänzt durch das Verständnis der Kontingenz gesellschaftlicher Technikbezüge, angelehnt an Wynne (2006, 2007): Technologien werden als technische Dimension gesellschaftlicher Auseinandersetzungen aufgefasst, an der interessenorientierte und kollektive Akteure teilnehmen.

Ein weiteres Element im SCOT sind die sozialen Schließungsmechanismen (closure mechanisms). Durch soziale Schließungen (closure) werden bestimmte Deutungen technischer Entwicklungen beendet (Pinch und Bijker 1984). Der Fokus auf die sozialen Interessengruppen und deren soziopolitische Kontexte verweist bereits auf den Untersuchungsschwerpunkt, der ausgehend von den gesellschaftlichen Auseinandersetzungen auf das Technologie-Set blickt.

Soziotechnische Systeme (oder Ensembles): Komponenten und Kontext/Umwelt
SCOT wird ergänzt durch Analyseelemente aus dem LTS-Ansatz nach (Hughes 1986, 1987). LTS unterstützt die für das Fallverständnis notwendige Sensibilisierung für soziotechnische Systeme (Hughes 1986). Soziotechnische Systeme sind als geographische und zeitliche Ausdehnung mit technischer Komplexität und enger sozialer Verknüpfung zu verstehen (Hughes 1986). Sie bestehen aus unterschiedlichen, teils sozial konstruierten Komponenten (components), zum Beispiel aus technischen Artefakten, Ausbildungssystemen und Unternehmen. Ihre Funktion ist es, Lösungen für bestimmte Probleme zu bieten. Sie stehen in einer zweifachen Beziehung zu der Umwelt (environment), von der das soziotechnische System abhängt und umgekehrt. Bijker (1995) verwendet auch den Begriff der soziotechnischen Ensembles (sociotechnical ensembles).

Diese Perspektive wird ergänzt – jedoch nicht operationalisiert – durch das Technologieverständnis nach MacKenzie und Wajcmann (1999), die Technologien als Objektgruppe, Wissensformen und Praktiken auffassen. Es sind also Praktiken der Herstellung und Nutzung, die mit implizitem Technologiewissen verbunden sind. Letzteres dient zur Erklärung und fließt nicht in die deduktiven Untersuchungskategorien ein.

2.1.1 Social Construction of Technology (SCOT)

Technologieentwicklung und soziale Interessen
Eine Annahme aus der Theorie lautet, dass gesellschaftliche Bezugsgruppen aktiv Deutungen und Nutzungsvorstellungen bezüglich der Technologie prägen. Innerhalb der Deutungen kann es zu flexiblen Interpretationen kommen. Wie sich das jeweils ausgestaltet, untersucht die Arbeit.

Grundlegend hilft die SCOT-Perspektive, die sozialen Interaktionen auf Mesoebene zu beleuchten. Das erweist sich im vorliegenden Fall als besonders fruchtbar, weil gerade auf dieser Interaktionsebene die gesellschaftlichen Bezugnahmen stattfinden. Es handelt sich um eine (Groß-)Technologie, die zum damaligen Zeitpunkt demonstriert werden sollte, das bedeutet, die Technologie ist (noch) nicht Bestandteil der sozialen Alltagsrealität von Bürger*innen. Die gesellschaftlichen Akteure in der Debatte auf Bundesebene sind Gruppen, Vereinigungen und Verbände, deshalb ist es analytisch sinnvoll, den Lichtkegel auf diese Bereiche des Geschehens zu werfen.

Die Basis für SCOT ist der Sozialkonstruktivismus.[3] Diese Denkrichtung in der frühen Herausbildung der Techniksoziologie ist stark verbunden mit der Wissenssoziologie und den hier bereits vorherrschenden sozialkonstruktivistischen Bezügen (Tuma und Wilke 2016, S. 20). Während sich klassische wissenschaftshistorische Diskursanalysen ebenso wie die später aufkommenden Laborstudien vor allem auf die Mikroebene mit der Interaktion von Akteuren und Technik beziehen, öffnet der SCOT-Ansatz das Untersuchungsfeld grundlegend im Hinblick auf Technologieentwicklung und Innovationsprozesse (Tuma und Wilke 2016, S. 21). Diese theoretische Blickrichtung nutzt die Arbeit.

Die techniksoziologische Sekundärliteratur unterscheidet, neben den klassischen Untersuchungsebenen Mikro-, Meso- und Makroebene, auch zwischen den Untersuchungskategorien der „Herstellung von Technik" und „Verwendung von Technik" (Häußling 2019: 627). In dieser Einordnung zielt die SCOT-Analyseebene sowohl auf die Mesountersuchungsebene als auch auf die zeitliche Phase der „Herstellung von Technik" ab, denn die im Mittelpunkt der Auseinandersetzungen stehende Technologie befindet sich teils im Entstehungsprozess, sowohl auf einer materiellen als auch auf politischer Ebene. Im aktuellen gesetzlichen Sprachgebrauch im KSpG handelt es sich um die sogenannte Demonstration

---

[3] Auch wenn die Formulierung von SCOT semantisch darauf verweist, bezieht er sich *nicht* explizit auf das im deutschsprachigen Raum einschlägige Werk von Berger und Luckmann (Tuma und Wilke 2016, 21).

einer Technologie, nicht um eine (großflächige) Implementierung. Darüber hinaus erfasst der SCOT-Ansatz Phänomene auf der soziologischen Mesoebene und dadurch den gewählten Untersuchungsbereich. Mit dieser Theorieperspektive kann der Zusammenhang zwischen gesellschaftlichen Zielen und deren Aushandlungen im Kontext der Entwicklung und Implementierung des Technologie-Sets erklärt werden.[4]

Der SCOT-Ansatz im Kontext der Techniksoziologie

> „In SCOT is argued that the key aspect in understanding technological development is to identify social groups that share meaning of particular technologies. It is the *meanings* given to technics and techniques that provide a way of understanding successful, failed, tangential, and niche-market technologies." (Pinch 2009, S. 46)

Neben der hauptsächlichen Analyseschablone der Theorie mittlerer Reichweite, die auf die Identifikation sozialer Interessengruppen und deren Deutungsgebung abzielt, liegt zugleich eine Offenheit des SCOT-Ansatzes für die Beachtung soziotechnischer Systeme vor. „[Thus] an important set of considerations in adressing the relationship between old and new technologies is the infrastructure of the wider sociotechnical system, including other technological artifacts, material constraints, rules, regulations, and costums" (Pinch 2009, S. 48).

Diese gewisse theoretische Nähe zwischen LTS und SCOT wird insbesondere hinsichtlich der Wirkmächtigkeit bereits bestehender Infrastrukturen ersichtlich, auch wenn dies erst in der jüngeren Entwicklung innerhalb des SCOT-Ansatzes explizit hervorgehoben wird (Pinch 2009, S. 56).

---

[4] Der Mesoanalyse wird hier weder eine techniksoziologische Mikroanalyse, die auf Interaktionen fokussiert, noch eine Makrountersuchung gegenübergestellt. Letztere kommt aufgrund der Zeit- und Größenskala der Untersuchung nicht infrage, ebenso die Tatsache, dass es zum aktuellen Zeitpunkt (2021) kein großes technisches System (LTS) nach Hughes (1987) für CO_2-Entnahmen gibt. Ein mikrotheoretischer Ansatz wäre wiederum zu kleinteilig. Theoriegeschichtlich jüngere Ansätze aus dem Bereich der Praxistheorie, wie die Akteur-Netzwerk-Theorie (ANT), fokussieren stärker auf die Interaktionsebene und eignen sich deshalb für Gegenstände, in denen direkte Interaktionen beobachtet werden können. Im Gegensatz hierzu hat das im Mittelpunkt dieser Arbeit stehende Technologie-Set eher den Charakter einer technologischen Infrastruktur, bestehend aus Abscheide-, Transport-, Speicherorten und -technologien, das sich im untersuchten Fallbeispiel zudem im Stadium der Entwicklung bzw. Demonstration befindet. Darüber hinaus bezieht sich das Erkenntnisziel nicht auf eine Untersuchung der Interaktion zwischen Mensch und Technologie, sondern eine ausschnitthafte Untersuchung der in diesem Kontext stattfindenden gesellschaftlichen Auseinandersetzungen auf der meso-, teils makrosoziologischen Ebene.

2.1 Soziale Konstruktion von Technik ...

Dies angemerkt, sei im Folgenden auf die Bedeutsamkeit des SCOT-Ansatzes für die analytische Mesoebene und die soziale Konstruiertheit von Technik eingegangen, die sich pointiert mit den Worten Häußlings zusammenfassen lässt.

„Zentraler Ausgangspunkt bildet die These, dass jede Technik in einem mehr oder weniger kontroversen Zusammenspiel relevanter sozialer Gruppen konstruiert wird [...]. Dabei wird um die Bedeutung einer entstehenden Technik bei diesen verschiedenen Gruppen gerungen, da jeweils differierende Vorstellungen und Erwartungen mit der betreffenden Technik verknüpft werden." (Häußling 2010, S. 635)

Diese Differenzen zeigen sich in den flexiblen Interpretationen.

Entstehungshintergrund und Erklärungskraft des SCOT-Ansatzes
Pinch und Bijker (1984) entwickelten in den frühen 1980er Jahren ein theoretisches Programm, mit dem sie sozialkonstruktivistische Perspektiven für die Analyse techniksoziologischer Phänomene fruchtbar aufbereiten konnten. Pinch verortet den SCOT-Ansatz in einem moderaten sozialkonstruktivistischen Kontext und zieht dadurch indirekt eine Grenze gegenüber dem sogenannten radikalen Sozialkonstruktivismus. „Over time the early emphasis in SCOT on explaining technology in terms of a stable society has been replaced by stressing the ‚mutual construction' or ‚mutual shaping' of technology and society" (Pinch 2009, S. 45). Pinch und Bijker setzen insofern einen epistemischen Meilenstein in der Techniksoziologie, als dass sie Technik- und Wissenschaftssoziologie zu vereinen suchen und der Sozialkonstruktivismus dabei als verbindende theoretische Brücke dient. Denn in der Wissenschaftssoziologie war diese theoretische Tradition bereits Teil des analytischen Repertoires. Ihr einschlägiges, jedoch auch kritisiertes Forschungsprogramm,[5] das sie in ihrem Artikel von 1984 aufbereiten, beruht auf der Analyse und Synthese von drei Literatursträngen – der Wissenschaftssoziologie, dem Wissenschafts-Technikverhältnis und der Technikforschung.

Nach der schematischen Einordnung zwischen Technologieentwicklung und -anwendung ist der SCOT-Ansatz eindeutig dem Bereich der Entwicklung zuzuordnen, so Häußling (2019, 627). Doch im vorliegenden empirischen Fall um CCS-Technologien ist diese Dichotomie so deutlich nicht anzuwenden. Eher wird in den Auseinandersetzungen um CCS seitens der Akteure verhandelt und kritisch Stellung bezogen, inwiefern das Technologie-Set Anwendung finden soll.

---

[5] Diese Kritik nehme ich ernst, erläutere diese später und integriere Kritikpunkte im Anschluss. Zugleich bietet der SCOT-Ansatz für das analytische Gerüst meiner Fallstudie eine fundierte Basis aufgrund der mesosoziologischen Erklärungsreichweite und des Fokus auf die Einführung von Technologien.

Deshalb ist bei dem hier zu untersuchenden Kontext nicht pauschal zwischen der Phase der Entwicklung von Technik und der Verwendung von Technik zu unterscheiden.

Die drei zentralen Konzepte: Soziale Interessengruppen, interpretative Flexibilität und Schließungsmechanismen
SCOT lässt sich weniger als geschlossener theoretischer Ansatz, sondern vielmehr als heuristischer Baukasten verstehen (Häußling 2019, S. 203; Pinch und Bijker 1984, S. 419). Er bietet sich in Kombination mit weiteren, insbesondere sozialkonstruktivistisch beeinflussten Konzepten an. Diese Möglichkeit wird auch im Theorieteil dieser Arbeit genutzt.

Ein zentraler Theoriebaustein des SCOT-Ansatzes sind die relevanten sozialen Bezugsgruppen (relevant social groups), teils auch als soziopolitische Kontextualisierung übersetzt (Lösch 2012, S. 254). Die Originalformulierung nach Pinch und Bijker lautet:

„The use of the concept ‚relevant social group' is quite straightforward. The term is used to denote institutions and organizations (such as the military or some specific industrial company), as well as organized or unorganized groups of individuals. The key requirement is that all members of a certain social group share the same set of meanings, attached to a specific artefact." (Pinch und Bijker 1984, S. 414)

Das Konzept ist weit gefasst und beinhaltet sowohl Institutionen, Organisationen oder (nicht) organisierte Gruppen von Individuen.[6] Grundlegend schreiben die Autoren bestimmten sozialen Gruppen ihre jeweils eigenen Problemdefinitionen zu, zu welchen es jeweils eine Reihe an Lösungsmöglichkeiten gibt.

Im Folgenden werden Zitate angeführt, die Pinch und Bijker in ihrem Artikel verwenden, um das Konzept der sozialen Bezugsgruppen zu illustrieren. In der hier vorgenommenen Lesart werden die Fälle – wie von den Autoren initial gedacht (siehe Pinch und Bijker 2002, 362) – als veranschaulichende Modelle verstanden und nicht als eine in sich abgeschlossene Fallstudie.[7]

Ein Beispiel für eine soziale Interessengruppe ist die Werbeanzeige für ein bestimmtes technisches Produkt oder eine Technologie, die aktiv versucht, ihre

---
[6] Es sei hier kritisiert, dass der Begriff der Gruppe in social interest group (Pinch und Bijker 1984) etwas in die Irre führen kann, da in der Soziologie der Begriff nicht identisch ist mit den Konzepten und Begrifflichkeiten von Institutionen und Organisationen.
[7] Clayton (2002) kritisiert die Autoren für ihre methodischen Fallstudien, allerdings verstehe ich die Beispiele eher als Illustration und nicht als Anspruch einer empirisch erschöpfenden Studie.

2.1 Soziale Konstruktion von Technik ...

soziale Bedeutung zu formen und zu beeinflussen (Pinch and Bijker 1984, 427). Die Autoren nennen die Werbeanzeige für die Alltagstechnologie des Fahrrads aus den Illustrated London News aus dem Jahr 1880: „Bicyclists! Why risk your limbs and lives on high Machines when for road work a 40 inch or 42 inch ‚Facile' gives all the advantages of the other, together with almost absolute safety." Pinch and Bijker verdeutlichen damit den aktiven Versuch der Einflussnahme einer sozialen Bedeutung am Beispiel des Fahrradfahrens. Mit der Anzeige soll durch den Verweis auf den Sicherheitsaspekt eine Kontroverse zum Thema Risiko geschlossen werden. Der Hintergrund ist, dass andere Interessengruppen das „High Wheel" (Hochrad), welches hier beworben wird, nicht als sicher genug erachten. Diese Debatte will die Anzeige schließen, indem auch dem High Wheel Sicherheit zugeschrieben wird. Dies ist ein kleines Beispiel, jedoch illustriert es deutlich, dass bereits bei einem fast als trivial erscheinenden technischen Artefakt verschiedene soziale Interessen von Bedeutung sind.

Bereits hier sei ein erster Ausblick zum vorliegenden Fallbeispiel angedeutet. Wie sieht das für Großtechnologien im Energie- oder Industriesektor, die für CCS relevanten Sektoren, aus? Diese werden im Alltag kaum direkt materiell und strukturell erfahren, da sie im Hintergrund installiert sind und jeweils ganze Berufsgruppen allein mit der Aufrechterhaltung dieser Technologien beschäftigt sind. Im Fall von CCS – in der frühen Debatte – handelt es sich um eine mögliche dreiteilige Technologie, die räumlich stark verteilt wäre (zum Beispiel der Ort der Abscheidung ist nicht Ort der Einspeicherung) und für den Energiebereich der fossilen Energieträger diskutiert wurde. Diese Kontexte verweisen bereits für sich auf mögliche soziale Interessengruppen wie Energie- und Industrieunternehmen, technische Zulieferer, Forschungs- und Entwicklungsorganisationen, staatliche Normierung und Institutionalisierung des Vorgehens ebenso wie mögliche Kritiker*innen der Technologie.

Nach Pinch und Bijker (1984) wohnt jeder technischen Neuerung eine interpretative Flexibilität inne, das bedeutet, dass jede soziale Anspruchsgruppe bestimmte Erwartungen und Vorbehalte gegenüber der Technologie formuliert (Häußling 2019, S. 203). Wenn die unterschiedlichen sozialen Kontexte der Gruppen durch diese Bezugnahme als soziale Interessengruppe eingeordnet werden, stehen für Pinch und Bijker (1984, S. 416) ihre jeweiligen Problemdefinitionen im Vordergrund ebenso wie Lösungsvorstellungen. Dadurch kann erklärt werden, dass und wie es zu Konflikten zwischen den social interest groups mit ihren Problem- und Lösungsverständnissen kommt, weil mit diesen unweigerlich unterschiedlichen Perspektiven auf den verhandelten technischen Gegenstandsbereich verbunden sind.

Als Beispiel nennen die Autoren die verschiedenen Anspruchshaltungen und Lösungsvorstellungen an das Artefakt des Fahrradreifens zu seiner Entstehungszeit Ende des 19. Jahrhunderts, in denen der Wunsch nach Geschwindigkeit mit dem Anspruch an Sicherheit konfligierte. Weiter erklärt sich dadurch, ob und auf welche Weise das Artefakt – in meiner Untersuchung: das Technologie-Set – eine Bedeutungszuschreibung erhält.

Die Definition einer sozialen Anspruchsgruppe in Bezug auf die Technologie ist darüber hinaus recht offengehalten und definiert sich darüber, dass die Gruppe eigenständig einen Bezug zur Technologie herstellt. Letzteres spiegelt die Position der Gruppe innerhalb der Gesellschaft wider, allerdings fokussiert SCOT nicht explizit auf die Gewichtung der sozialen Anspruchsgruppen zueinander. Letzteres liegt nach Häußling (2019, 203) auch nicht im Erkenntnisanspruch des Ansatzes. Jedoch soll die Relevanz der sozialen Bezugsgruppe hinsichtlich des verhandelten technischen Gegenstandsbereichs identifiziert werden: „In deciding which social groups are relevant, the first question is whether the artefact has any meaning at all for the members of the social group under investigation" (Pinch und Bijker 1984, S. 414).

Dies führen Pinch und Bijker am Beispiel der Anti-Fahrradfahrer*innen an, eine zu identifizierende soziale Interessengruppe im Kontext der Entwicklung des Fahrrads, wie wir es in der heutigen Form kennen. Diese Gruppe zeichnete sich nicht etwa durch eine neutrale oder desinteressierte Haltung am Gegenstand aus, vielmehr nahm sie Bezug, indem sie ein normativ schlechtes Bild vom Fahrradfahren zeichnete (Pinch and Bijker 1984, S. 414). Anhand dieses Beispiels illustrieren die Autoren, dass auch eine normative Ablehnung oder Technikkritik als eine Form der sozialen Bezugnahme zu Technik aufzufassen ist.

Die sozialen Interessengruppen agieren jeweils in einem bestimmten sozialkulturellen und politischen Kontext. Durch den SCOT-Ansatz kann somit auch eine Operationalisierung zwischen dem weiteren sozialen Milieu und der Technologie selbst vorgenommen werden: „Obviously, the sociocultural and political situation of a social group shapes its norms and values, which in turn influence the meaning given to an artefact" (Pinch und Bijker 1984, S. 428). Die relevanten sozialen Gruppen – oder Akteure, die sich als deren Sprachrohr verstehen – nehmen von verschiedenen Zugriffspunkten aus Bedeutungszuschreibungen vor, die sich mit dem SCOT-Ansatz als interpretative Flexibilität auffassen lassen.

Insgesamt fasst der SCOT-Ansatz Technikentwicklung nicht als einen linearen Prozess auf, auf den die Gesellschaft allein in Form von (Nicht-)Akzeptanz reagieren kann. Sondern nach SCOT ist Technikentwicklung grundlegend ein Prozess der vielfältigen Aushandlungen, Verzweigungen, Rückschläge und Schleifen (Häußling 2010, S. 203). Für das empirische Untersuchungsfeld erscheint dies

2.1 Soziale Konstruktion von Technik ...

aufschlussreich, gerade aufgrund des Demonstrationsstadiums des Technologie-Sets und den verschiedenen Stakeholdergruppierungen und (un-)eingeladenen zivilgesellschaftlichen Akteuren.

Als drittes heuristisches Element greift der SCOT-Ansatz die Schließung der Debatte bzw. die Stabilisierung eines technischen Artefakts auf. Damit kann sowohl eine rhetorische oder semantische Schließung gemeint sein als auch auf der materiellen Ebene die Schließung bzw. Stabilisierung einer Technik oder Technologie; in jedem Fall handelt es sich um ein „Verschwinden divergierender Deutungsmuster" (Häußling 2010, S. 635). Nach Pinch und Bijker (1984, S. 428) ist mit einem Schließungsprozess ein Annähern der Problemdefinitionen und der damit verbundenen Lösungsverständnisse verbunden. Hierzu greifen die Autoren erneut die Entwicklung des heutigen Fahrrads auf und beschreiben den Prozess der Schließung als Kompromissfindung zwischen zwei sozialen Interessengruppen:

> „What had happened? With respect to two important groups, the sporting cyclists and the general public, closure had been reached – but not by convincing those two groups of the feasibility of the air tyre in its meaning as an antivibration device. One can say, we think, that the meaning of the air tyre was translated[97] to constitute a solution to quite another problem: the problem of ‚how to go as fast as possible'. And thus, by redefining the key problem with respect to which the artefact should have the meaning of a solution, closure was reached for two of the relevant social groups." (Pinch und Bijker 1984, 428)

Übertragen auf das empirische Fallbeispiel in dieser Arbeit lässt sich folglich fragen, inwiefern sich im gewählten Untersuchungszeitraum eine Veränderung bestehender Problemlösungsverständnisse in Bezug auf das Technologie-Set CCS beobachten lässt.

Die Kapitelstruktur des Empirieteils ist eng mit dem Theorieteil verbunden. In Kapitel 4 wird der institutionelle Kontext erläutert, denn nach Hughes sind regulierende Institutionen Teil soziotechnischer Systeme. Kapitel 5 geht auf konkrete Interessen und Problem- und Lösungsperspektiven ausgewählter sozialer Bezugsgruppen ein, orientiert am Material der Stellungnahmen und Hintergrundpapiere gesellschaftlicher Akteure.

2.1.2 Large Technological Systems (LTS) als ergänzende Perspektive

Das folgende Unterkapitel beginnt mit der Theorieverwendung der Large Technological Systems (LTS), das als Ergänzung zu SCOT dient, besonders mit Blick auf die infrastrukturelle Einbettung und Verknüpfung von Technologien. Dies gilt insbesondere, da der gewählte Fall der gesellschaftlichen Auseinandersetzungen zum rechtlichen und damit technologischen Implementierungsversuch eine Debatte um die Einführung einer Technologie bietet, die unabdinglich im Kontext soziotechnischer Systeme (Hughes 1987) oder soziotechnischer Ensembles (Bijker 1995) einzuordnen ist.

Das Technologie-Set ist nicht als etwas Isoliertes zu verstehen, sondern muss im Kontext der damit verbundenen Infrastruktur gedacht werden – sowohl der bereits bestehenden Infrastrukturen, wie Kohlekraftwerke und Industrieanlagen, als auch der neuen möglichen Infrastrukturen in Form von Transportwegen und Speicherorten. Bei dem Technologie-Set und der zugehörigen Infrastruktur, das heißt den Orten der Entstehung des Treibhausgases Kohlendioxid sowie der Infrastruktur des Abtransports und Orten der Einspeicherung, ist der Charakter einer zentralisierten Struktur ersichtlich. In der Logik des Technologie-Sets ist grundlegend ein nachgeschaltetes Entfernen des klimaschädlichen Treibhausgases eingebaut, nicht ein Vermeiden des Stoffes von Beginn an. Das Technologie-Set kann als Teil soziotechnischer Systeme mit verschiedenen Komponenten aufgefasst werden. Dieses Kapitel bietet die theoretische Grundlage dafür.

LTS nach Hughes steht ebenfalls in der sozialkonstruktivistischen Tradition und dient dem Grundverständnis von großen technologischen Systemen, Häußling (2019, S. 209) spricht auch von soziotechnischen Systemen, was ich übernehme. In dem Sinne flankiert das Technikverständnis des LTS die hier verwendeten theoretischen Konzepte. Mit der Bezugnahme auf Hughes weise ich in dieser Arbeit auf die Bedeutung bereits bestehender soziotechnischer Systeme hin, innerhalb derer CCS-Technologien erforscht, entwickelt und (teils) angewandt werden. Beispielsweise lassen sich sowohl das fossile Energiesystem als auch grundlegend emissionsschwere Industrien als große technische Systeme, soziotechnische Systeme oder soziotechnische Ensembles theoretisieren.

Zur Definition großer technischer oder soziotechnischer Systeme
Hughes (1987, S. 51) schreibt zu großen technischen Systemen: „Technological systems contain messy, complex, problem-solving components. They are both socially constructed and society shaping." Eine zentrale Funktion dieser Systeme, zum Beispiel des Elektrizitätssystems (Hughes 1983), ist die Ausrichtung auf eine

2.1 Soziale Konstruktion von Technik ...

bestimmte Problemlösung: „Technological systems solve problems or fulfill goals using whatever means are available and appropriate" (Hughes 1987, S. 53). Die Art und Weise, wie Probleme gewählt und definiert werden, verweist bereits auf die grundlegende soziale Konstruktion der Komponenten des soziotechnischen Systems.

Zugleich sind die Bestandteile eines soziotechnischen Systems durch dieses geprägt – hier verweist Hughes trotz sozialkonstruktivistischer Tradition auf Materialität:

> „Because components of a technological system interact, their characteristics derive from the system. For example, the management structure of an electric light and power utility, as suggested by its organisational chart, depends on the character of the functioning hardware, or artifacts, in the system. In turn, management in a technological system often chooses technical components that support the structure, or organizational form of management." (Hughes 1987, S. 52)

Hughes Konzept soziotechnischer Systeme bildet den Rahmen für das Grundverständnis von Technologie in dieser Arbeit, denn es kann die geographische und zeitliche Ausdehnung sowie die Komplexität und Verknüpfung von LTS und Gesellschaften erfassen. Letzteres ist relevant für die Einsicht, dass die Auseinandersetzung um das Technologie-Set innerhalb bestehender soziotechnischer Systeme zu verorten ist. Zur Begriffsklärung sei hier erwähnt, dass Hughes' Systembegriff nicht an den Luhmanns angelehnt ist: „In my work I began to move away from the contextual to the system approach when I found that system builders were no respecters of knowledge categories or professional boundaries" (Hughes 1986, S. 285). „System" nutzt er also als Äquivalent für „Kontext", mit der Begründung der transdisziplinären Verständlichkeit. Mit „system builders" sind Personen, Organisationen oder Unternehmen gemeint, die bei der Konstituierung eines soziotechnischen Systems relevant sind (Häußling 2010, S. 209). Ein Beispiel für ein solches System ist die fossile Energieerzeugung, die zugleich ein relevantes Bezugssystem für CCS war wie später deutlich wird.

Der Begriff der Großtechnischen Systeme (GTS) hatte bereits in den 1990er Jahren Konjunktur (Weingart 1989, S. 175). Schon 1989 kommentierte Weingart die soziologische Relevanz, sich mit GTS zu befassen. Die epistemische Funktion sieht er in der Verknüpfung von Technikentwicklung und sozialem Wandel:

> „Ausgangspunkt der sozialwissenschaftlichen Diskussion und der Bemühungen um präzisere analytische Konzeptualisierung sind solche ‚Systeme', die sich durch netzwerkartige Strukturen, geographische Ausbreitung und erhebliche Kapitalintensität

auszeichnen. Sie sind deshalb vor allem durch die Interaktion ökonomischer, politischer und technisch-wissenschaftlicher Systeme charakterisiert." (Weingart 1989, S. 175)

Hinsichtlich soziotechnischer Systeme betont Mai zudem die Logik des Artefakts und verwendet den Begriff der „sachtechnischen Dimension".[8] Diese lasse „sich nicht in Verhandlungssysteme einbeziehen [...]. Die Politik kann zwar mit den Betreibern von Kernkraftwerken über Laufzeiten, Gewinnabschöpfungen und Klimaschutzmaßnahmen verhandeln, aber nicht über die Halbwertszeiten und Toxizität radioaktiven Abfalls" (Mai 2011, S. 49).

Trotz der unterschiedlichen Gewichtungen und Zugriffe auf den Ansatz soziotechnischer Systeme verweist diese Perspektive insgesamt auf großflächige, räumlich und zeitlich andauernde Großtechnologien mit kapitalintensiven Infrastrukturen und eignet sich deshalb für eine theoretische Einordnung des gewählten Falls.

Nach MacKenzie und Wajcmann verweist Hughes grundlegend auf die soziale und gesellschaftliche Komplexität von Erfindungen, anstatt diese auf eine*n Erfinder*in zurückzuführen und eine Art naturgegebene Durchsetzung dieser Technologie anzunehmen. So formulieren die Autor*innen, mit Bezug auf Hughes: „New technology, then, typically emerges not from flashes of disembodied inspiration but from existing technology, by a process of gradual change to, and new combinations of, that existing technology" (MacKenzie und Wajcman 2011, S. 9). Dieser Gedanke der Einbettung von Technologien und ihr gradueller Prozess wird auch in einer Zusammenfassung des LTS-Ansatzes nach Häußling deutlich. Technische Artefakte sind stets in heterogene Netzwerke aus technischen, sozialen und kulturellen Elementen eingebettet (Häußling 2019, 237). Das folgende Zitat von Hughes aus dem Jahr 1986 verdeutlicht seine Perspektive auf die Verwobenheit der Ziele und Bedeutungen verschiedener Akteursgruppen, die zugleich durch Netzwerke oder Systeme bezüglich einer Technologie verbunden sind:

> „If network or system concepts are used, there is no cut-and-dried distinction between the goals (and even the means) of scientists, academics, educational and state ministers, and their organisations doing biomedical research to improve public health in late nineteenth-century Germany. These are heterogeneous actors or components linked by a system or a network of the actor world." (Hughes 1986, S. 289)

---

[8] Dieser Begriff ist innerhalb der Techniksoziologie semantisch eng mit der sogenannten Sachtechnik bei Hans Linde verbunden ist (vgl. Lösch 2012, S. 256).

2.1 Soziale Konstruktion von Technik ...

In Hughes LTS-Ansatz werden die gemeinsamen Ziele von heterogenen Akteuren hervorgehoben und die Notwendigkeit dieser Netzwerke betont. Im Anschluss daran und Kontrast dazu betont der SCOT-Ansatz gerade die Unterschiede der Vorstellungen und Erwartungen, die Problem- und Lösungsverständnisse der sozialen Interessengruppen. Deshalb bietet Hughes eine perspektivische Ergänzung.

„So, the so-called social and political background are embodied in the technology. The incorporation of social organizations within technological and scientific systems, also demonstrates the inappropriatness of defining social as background. Manufacturing firms, research laboratories, university departments, utilities, banks, and other organizations are not the background to the cognitive and technological foreground; they are, as noted, often fully integrated components in a system in which physical artefacts are also components." (Hughes 1986, S. 290)

Auch das CCS-Technologie-Set ist folglich nicht als isoliert von anderen (großen) technischen Systemen und deren sozialer Bedeutung zu verstehen, sondern es ist stets in einen gesellschaftlichen und sozialen Kontext eingebettet.[9]

Ein großes technisches System zeichnet sich dadurch aus, dass es 1) eine geographische Ausdehnung bis hin zu einer globalen Ausdehnung beinhaltet, 2) über eine längere Zeit besteht, zum Beispiel mehrere Generationen überdauert, 3) komplexe Technologien beinhaltet und eine Reihe einzelner technischer Artefakte und 4) eine hohe Vernetzung zwischen den sozialen und nichtsozialen Komponenten besteht (Häußling 2019, S. 208). Für Hughes zählen auch (Aus-)Bildungssysteme und Wissenschaftsdisziplinen zu den sozialen Komponenten eines großen technologischen Systems (Hughes 1987, S. 51 f.; Häußling 2019, S. 209). Das spielt eine Rolle für das Verständnis der sozialen Verfestigung bestimmter (groß-)technologischer Infrastrukturen.[10]

Trotz des grundlegenden Gedankens der sozialen Konstruiertheit der Komponenten eines soziotechnischen Systems ist es nach Hughes jedoch irreführend, alles als Systemkomponenten aufzufassen. Denn soziotechnische Systeme seien begrenzt im Hinblick auf die Beziehung zu ihrer Umwelt oder zu ihrem Kontext

---

[9] Für den Untersuchungsfall um das Technologie-Set zur CO_2-Entnahme und die gesellschaftlichen Bezüge sind diese Annahmen relevant. Man denke etwa an bereits seit der industriellen Revolution bestehende Infrastrukturen der fossilen Energieerzeugung und dem hierzulande erst kürzlich konkretisierten, legislativ fixierten Beschluss zum Kohleausstieg sowie damit aufs Engste verknüpfte ökonomische Interessen.

[10] Als Beispiel können hier die Streitigkeiten um den Hambacher Forst angeführt werden, der aus Sicht der vom Kohlesystem profitierenden Akteure als Ressource angesehen wird, von der kritischen Protestbewegung hingegen als schützenswerte Umwelt.

(environment). Mit environment verweist Hughes auf Kontextfaktoren, die nicht oder nur bedingt sozial konstruiert werden können. In dieser Untersuchung wird die Bezeichnung Kontext verwendet, da der Begriff Umwelt zu Irritationen führen könnte in Verbindung mit der ökologischen Umwelt, die in der CCS-Debatte relevant ist. Nicht alles in einem soziotechnischen System ist durch soziale Beeinflussung zu erklären. Ein soziotechnisches System verhält sich auf zwei Wegen zu seinem Kontext: Beides ist voneinander abhängig (Hughes 1987, S. 53). Als Praxisbeispiel nennt Hughes die Verfügbarkeit von fossilen Brennstoffen:

> „The supply of fossil fuel is often an environmental factor on which an electric light and power system is dependent. A utility company fully owned by an electrical manufacturer is part of a dependent environment if it has no influence over the policies of the manufacturer but must accept its products." (Hughes 1987, 53)

Für den vorliegenden empirischen Fall kann bereits die Anschlussfrage vermerkt werden: Was ist der Kontext (environment) beim Beispiel der technologischen CO_2-Senke (CCS)?

Diese Überlegung bietet eine Überleitung zu einem anderen Aspekt in Hughes Theorie: eine weitere Eigenschaft soziotechnischer Systeme ist, neben ihren Bestandteilen und Funktionen, die ihnen innewohnende (Ent-)Politisierung. „For instance, an electric light and power system can be so defined that externalities or social costs are excluded from the analysis" (Hughes 1987, S. 55). Doch auch in anderen Bestandteilen des Systems finden – teils implizite – Formen der Politisierung bzw. Entpolitisierung statt, wie aus Hughes Beschreibung von Lehrbüchern in Aus- und Weiterbildungssystemen hervorgeht:

> „Textbooks for engineering students often limit technological systems to technical components, thereby leaving the student with the mistaken impression that problems of system growth and management are neatly circumscribed and preclude factors often prejoratively labeled ‚politics'." (Hughes 1987, S. 55)

Daran wird deutlich, dass auch das gezielte Weglassen gesellschaftlicher Bezüge in der Darstellung technischer Sachverhalte eine Form der Entpolitisierung darstellt. Dieser Umstand lässt sich auf den Untersuchungsfall übertragen, weil auch hier die rein technischen Beschreibungen und die Beschreibungen im (zivil-) gesellschaftlichen Diskurs auseinanderklaffen und so eine Politisierung erfahren.

2.1 Soziale Konstruktion von Technik ...

Abschließend sei hier festgehalten, dass sowohl der SCOT- als auch der LTS-Ansatz, hier nach Hughes, stärker den Herstellungsprozess von Technik adressieren und weniger den Verwendungskontext.[11] Ein Grund dafür ist, dass beide Ansätze den Charakter der sozialen Konstruktion herausarbeiten und insgesamt weniger auf die materielle Wirksamkeit der vorhandenen Systeme eingehen. Während sich SCOT ebenso wie andere sozialkonstruktivistische Perspektiven auf die soziale Aggregationsebene der Mesoperspektive bezieht, adressiert LTS tendenziell eine Makroebene (Häußling 2010, S. 672). Die Kombination des epistemischen Interesses der beiden Ansätze erscheint als erklärungsstark für den vorliegenden empirischen Fall, deshalb wird LTS als lose Rahmentheorie mit SCOT als operationalisierter Theorie mittlerer Reichweite verknüpft.

Technologieentwicklung als Phasen
Zum Schluss sei skizzenhaft auf die Muster der Entwicklung soziotechnischer Systeme nach Hughes eingegangen, da sie für eine grobe Skalierung des Falls dienlich sind. Eine ausführliche Darstellung der Entwicklungsphasen findet sich bei Hughes am Beispiel des Elektrizitätssystems (Hughes 1983; Reynolds 1984). Für diese Untersuchung reicht eine Zusammenfassung, weil es sich beim CCS-Technologie-Set um die frühe Anfangsphase der Demonstration handelt, zudem liegt der Untersuchungsfokus auf der Ebene der Sinngehalte der Akteure.

Hughes führt sieben typisierende Phasen zur Entstehung eines soziotechnischen Systems an, die sich jedoch zeitlich überlagern können: 1) Invention, 2) Development, 3) Innovation, 4) Technology Transfer, 5) Technological Style, 6) Growth, Competition and Consolidation und 7) Momentum (Hughes 1987). Sofern das im Fall vorhandene Technologie-Set als soziotechnisches System angesehen wird, sind insbesondere die Phase der Entwicklung, der Innovation und des Technologietransfers zutreffende Abschnitte. Zugleich ist es möglich, das Technologie-Set (etwa Kohle – CCS), als Teil eines bereits bestehenden soziotechnischen Systems einzuordnen (zum Beispiel das fossile Energiesystem), das Beständigkeit, oder mit Hughes Worten „Momentum", erreicht hat und so etabliert ist, dass es gesellschaftlich als autonomes System wahrgenommen wird. In den Empiriekapiteln 4 und 5 und in der Diskussion wird erneut darauf Bezug genommen.

---

[11] Eine graphische Übersicht zu den klassischen techniksoziologischen Ansätzen, unterteilt nach Herstellungs- und Verwendungskontext, findet sich bei Häußling 2010, S. 627.)

2.2 Theoretisierungen von (Zivil-)gesellschaft im Technikkontext

Der Zweck dieses Abschnitts ist es, die theoretischen Implikationen von Gesellschaft im Wissenschafts- und Technikkontext zu reflektieren und zu klären, auf welches Verständnis von (Zivil-)Gesellschaft diese Arbeit zurückgreift. Zudem beinhaltet dieses Unterkapitel auch die Reflexion (2.2.1) sowie die Operationalisierung (2.2.2) des Theorieteils. Der Startpunkt des theoretischen Denkens ist auch hier eine sozialkonstruktivistische Perspektive, denn Verständnisse von Öffentlichkeit und (Zivil-)gesellschaft sind sozial hergestellt. Eine grundlegend konstruktivistische Perspektive kann auf das Verständnis von Gesellschaft insofern angewandt werden, als dass in der soziologischen Theorietradition und in der Praxis kontingente Perspektiven auf (Zivil-)Gesellschaft existieren.[12] So wird in diesem Abschnitt erläutert, wie die Wissenschafts- und Technikforschung zu Gesellschaftsbildern im Technikkontext beiträgt und welche Erweiterungsmöglichkeiten bestehen. Mit dieser Perspektive soll eine Sensibilisierung für die theoretischen Vorstellungen von (Zivil-)Gesellschaft und Öffentlichkeit hergestellt werden, die sich innerhalb der Technikforschung typischerweise finden lassen. Deshalb werden im Folgenden einige typische Denkfiguren aus diesem Forschungsfeld vorgestellt und eine Arbeitsdefinition ausgewählt.

Tradierte Theoretisierung: Gesellschaft im Technikkontext als desinteressierte Laien
Die typische Sichtweise auf Öffentlichkeit und Zivilgesellschaft in eingeladenen Beteiligungsprozessen an Wissenschafts- und Technikentwicklung bezeichnet Wehling als „defizitäres Modell" (deficit model) (Wehling 2012, S. 48). Vor allem in der Technikentwicklung werde die Öffentlichkeit in Form des zu erziehenden und wissenschaftlich zu bildenden Individuums gesehen. Den Ursprung dieses Versuchs der planvollen Einbindung der Öffentlichkeit verortet Wehling als politische Antwort auf Proteste und Widerstände bei der Einführung der Atomenergie sowie der Agrarbiotechnologie (Wehling 2012, S. 54). Die Grundidee der organisierten, eingeladenen Beteiligung basiere auf einem bestimmten Verständnis von „deliberation" (Aushandlung): „In this view, deliberation is conceived of as a task to be performed primarily by hitherto uninformed, disinterested, unorganized, and therefore supposedly ‚unbiased' individual citizens" (Wehling 2012, S. 54). Beteiligungsformate in der organisierten

---

[12] Begriffe und Konzepte zu (Zivil-)Gesellschaft und Öffentlichkeit sind vielfältig und wandeln sich im Lauf der Zeit. Ebenso stehen verschiedene Theoretisierungen von Zivilgesellschaft im Technikkontext parallel nebeneinander.

Technikfolgenabschätzung (TA) basieren demnach auf einem Verständnis (zivil-) gesellschaftlicher Akteure, das von Bürger*innen ausgeht, die nichtinformiert, interesselos, nichtorganisiert, unvoreingenommen und entsprechend unbeeinflusst sind (Wehling und Viehöver 2013, 219 f.).

Gesellschaft als organisierte Akteure im Handlungsfeld Technik
Neben dem klassischen Verständnis von Gesellschaft oder Öffentlichkeit als desinteressierte Laien, und die damit verbundene Akzeptanzforschung, existieren in der Techniksoziologie theoretische Perspektiven, um das Agieren von organisierter (Zivil-)Gesellschaft zu fassen. Teilweise wird dies unter dem Label der partizipativen Technikfolgenabschätzung (pTA) vollzogen; doch wichtig ist hier die Darstellung des Konzeptes, weniger eine Abgrenzungsarbeit zwischen Techniksoziologie und TA. Für das Handlungsfeld zu CCS ist dies von Relevanz, weil es sich vor allem im Untersuchungszeitraum – und auch heute – um eine Expertendebatte handelt, in die gesellschaftliche Stimmen Eingang finden, indem sie in organisierter Form daran teilnehmen. Im Vergleich zu etwa jahrzehntelang bestehenden Großtechnologien handelt es sich hier um eine Demonstrations- bzw. teils bereits Implementierungsphase.

Wehling und Viehöver (2013) diskutieren spezifisch die Rolle organisierter Zivilgesellschaft in der Technikpolitik in Anlehnung an Wynnes Konzept der „uninvited participation". Mit diesem Konzept beschreibt Wynne, dass neben eingeladener Teilhabe auch nicht eingeladene, informelle Teilhabe als zivilgesellschaftliche Beteiligung einzuordnen sind. Sie betrachten dieses Konzept mittlerer Reichweite im Kontext der pTA und nutzen es, um damit die in der pTA vorherrschende Perspektive auf zivilgesellschaftliche Teilhabe zu erweitern. Wehling diskutiert bereits 2012 Wynnes analytische Unterscheidung zwischen eingeladener und nicht eingeladener Partizipation von Zivilgesellschaft bei Entscheidungen im Politikfeld Technik und Wissenschaft. Er betont, dass auch nichteingeladene Formen eine hohe demokratische Legitimität aufweisen und führt dies am Beispiel von Umwelt- und Naturschutzverbänden im Kontext der Nanotechnologie aus. Zudem sind die Interessenvertretung und damit einhergehende Förderung bestimmter – zum Beispiel ökologisch verträglicherer – Technologien als Beispiel für den Einsatz organisierter zivilgesellschaftlicher Akteure aus dem Umweltbereich genannt (Wehling 2012). In Wehlings Lesart der uninvited participation können Formate zivilgesellschaftlicher, kollektiver Beteiligung als Partizipation bezeichnet werden, die sowohl bestimmte Technologien fördern (zum Beispiel spezifische Forschung zu seltenen Krankheiten) als auch zu verhindern suchen.

Mit seiner perspektivischen Erweiterung[13] auf Gesellschaft im Technikkontext als organisierte zivilgesellschaftliche Akteure verweist Wehling nicht zuletzt auf eine Veränderung des gängigen Praxisgeschehens im Bereich der Technikentwicklung. Auf deskriptiver Ebene skizziert Wehling das Aufkommen verschiedener organisierter und kollektiver Formen der zivilgesellschaftlichen Beteiligung, die nach seiner Analyse in den letzten Jahrzehnten und gleichzeitig mit Formaten der „eingeladenen" Partizipation auftraten (Wehling 2012). Diese organisierten, kollektiven Akteure, die mal kritisierend mal technikfördernd eingreifen, ordnet Wehling entsprechend als Formen der nicht eingeladenen Beteiligung ein.

Arbeitsdefinition
Auch in dieser Arbeit wird ein erweitertes theoretisches Verständnis von zivilgesellschaftlicher Teilhabe an technowissenschaftlichen Entscheidungs- und Entwicklungsprozessen in Anlehnung an (Wynne 2007; Wehling 2012) verwendet. Deshalb fallen sowohl Formen eingeladener als auch nicht eingeladener Teilhabe zivilgesellschaftlicher Akteure unter den Begriff Teilhabe. Für den Kontext dieser Arbeit bedeutet diese Herangehensweise, dass diverse organisierte (zivil-)gesellschaftliche Akteure und deren Teilhabe untersucht werden können. (Zivil-)Gesellschaft wird hier verstanden als heterogene, mehr oder weniger organisierte Akteure, die unterschiedliche Interessen verfolgen. Social interest groups dient als Sammelbezeichnung, um dem Umstand des interessenorientierten gesellschaftlichen Handelns Ausdruck zu verleihen. Diese Perspektive ist für den ausgewählten Phänomenbereich besonders fruchtbar, da in den konkret zu beobachtenden und zu rekonstruierten Auseinandersetzungen im Fallbeispiel insbesondere kollektive Akteure aktiv teilhaben, sei es mit oder ohne Einladung.

2.2.1 Würdigung und Kritikpunkte der gewählten Konzepte

Die kritische Würdigung bezieht sich auf die gewählte Forschungstradition des Sozialkonstruktivismus in den STS und auf das konkrete heuristische Werkzeug des SCOT-Ansatzes, das als Hauptanalyseinstrument dieser Arbeit dient und vom LTS-Konzept flankiert wird. Da der Theorieteil vornehmlich als Heuristik zur Fallstrukturierung dient, die durch weitere sensibilisierende Konzepte mittlerer Reichweite ergänzt wird, erscheint die grundlegende Bezugnahme zum Ansatz

---

[13] Die Erweiterung des Blicks auf organisierte zivilgesellschaftliche Akteure und deren Rolle in Prozessen der Technikentwicklung, die Wehling in seiner weiteren Argumentation einnimmt, sehe ich als ein breiteres Verständnis von Zivilgesellschaft und nicht als normatives Plädoyer oder Handlungsanweisung.

2.2 Theoretisierungen von (Zivil-)gesellschaft im Technikkontext

als fruchtbar. Dennoch beinhaltet die Perspektive, ebenso wie deren Anwendung in dieser Untersuchung, epistemische Grenzen, auf die verwiesen werden muss.

Der SCOT-Ansatz, der um Definitionen und Konzepte der Theorietradition der SST und des LTS-Ansatzes ergänzt wird, gilt epistemisch als „Theorie[n] begrenzter Reichweite" (Lindemann 2015, S. 109). In Anlehnung an Lindemann kann die Definition einer „Theorie begrenzter Reichweite" (ebd.) für die Einordnung von gegenstandsnahen Theorien verwendet werden. Der empirische Fall wird durch die Perspektive der gewählten Theorie betrachtet. Die Verbindung zwischen *der* Theorie – Lindemann plädiert hier für ein pluralistisches Verständnis – und der Empirie folgt dem Vorschlag Lindemanns, indem auf Grundlage der Empirie theorieergänzende Einsichten vorgenommen werden können (Lindemann 2015, S. 125).

In der Fachliteratur wurde der SCOT-Ansatz bereits kritisiert. Einen Überblick der Kritiken bietet der Beitrag von Clayton (Clayton 2002, S. 354)[14]. Auch für diese Anwendung ergeben sich Grenzen. Deshalb führt dieser Abschnitt vornehmlich die Kritik an der sozialkonstruktivistischen Tradition und insbesondere der Verwendung des SCOT-Ansatzes an, die für den vorliegenden Anwendungsfall relevant ist. SCOT wird teilweise dafür kritisiert, dass Aspekte der Materialität und deren Wirkmächtigkeit auf soziale Gruppen im Analysehintergrund stehen (MacKenzie und Wajcman 2011).[15] Dies wird in der Untersuchung beachtet, indem ergänzende Perspektiven einbezogen werden. So betont der LTS-Ansatz die Bedeutung bereits bestehender Infrastrukturen und gleicht damit epistemische Schwachpunkte des SCOT-Ansatzes aus.

Die Arbeit verortet sich im Theoriefeld einer sozialkonstruktivistisch begründeten Sichtweise auf Technologie, insbesondere mit Bezug auf SCOT-Konzepte. Diese Entscheidung wird jedoch von meiner Kritik und dem Ergänzungsvorschlag begleitet, dass es innerhalb der STS einen Bedarf an Adressierungen der gesellschaftlichen Mesoebene[16] zu konstatieren gibt.

---

[14] Die Antwort der Autoren findet sich ebenfalls in Technology and Culture: siehe Bijker & Pinch (2002).

[15] Im Gegensatz dazu findet sich eine Betonung dieser Artefakte in der ANT. Jedoch eignet sie sich nicht für die Untersuchung, da sich das Technologie-Set in einem Entwicklungsstadium befindet. Zudem zielt die ANT auf die Analyse der Akteure und deren Netzwerk ab, dagegen fokussiert der gewählte SCOT-Ansatz auf die sozialen Interessengruppen und deren Sinngebung.

[16] Hier der organisationalen Gesellschaftsebene.

2.2.2 Operationalisierung und Struktur des Empirieteils (Kapitel 4 und 5)

An dieser Stelle folgt die Darstellung der gewählten Konzepte und deren Operationalisierung, das heißt die Anwendung der oben angeführten Theorien mittlerer Reichweite und Konzepte. Der Abschnitt erklärt die Verknüpfung zwischen der Theorieauswahl und der Struktur der Kapitel 4 und 5. Kapitel 4 geht auf soziale Komponenten, insbesondere politisch-administrative Institutionen ein. Hier steht eine klimapolitische Kontextualisierung der Technologie im Vordergrund. Für diese Kontextualisierung wird vornehmlich ein deskriptiver Bezug zu den empirischen Materialien hergestellt, die als Quelle der Einordnung verwendet werden. Kapitel 4 zielt darauf ab, das Technologie-Set in den Kontext der Klimapolitik zu setzen. Im Gegensatz dazu zielt Kapitel 5 darauf ab, bereits formulierte gesellschaftliche Sinngehalte hinsichtlich des Technologie-Sets in Form einer ausschnitthaften Inhaltsanalyse zu beleuchten. Es bietet demnach einen Überblick über die relevanten sozialen Bezugsgruppen und deren Bedeutungsgehalte. Um dies zu tun, dient ein erster methodischer Schritt der Identifizierung der zentralen sozialen Bezugsgruppen in den Auseinandersetzungen um das Technologie-Set im Zeitraum von 2009 bis 2012. In einem zweiten Schritt werden ausgewählte soziale Bezugsgruppen detailliert analysiert, hier mit einem Fokus auf kollektive (zivil-)gesellschaftliche Akteure. Diese Untersuchungsperspektive erfährt eine weitere Eingrenzung durch eine Auswahl einiger relevanter sozialer Interessengruppen auf Bundes- und teils Länderebene. Darauf aufbauend findet eine Analyse der jeweiligen flexiblen Interpretationen dieser sozialen Bezugsgruppen statt. Eine Beschreibung der Datenerhebung, -auswahl und -auswertung erfolgt in Kapitel 3.

Dieses analytische Gerüst wende ich auf den Fall an, mit dem Ziel, die Leit- und Unterfragen theoretisch fundiert zu beantworten: Wie gestaltet sich das Verhältnis von Gesellschaft und Technik in den Auseinandersetzungen um CCS? Die hier lediglich durch eine einfache Konjunktion miteinander verbundenen Bereiche – Technik und Gesellschaft – wurden theoretisch reflektiert und werden im Folgenden empirisch untersucht.

2.3 Forschungsstand zu CCS: Akzeptanzforschung vs. Technikkritik

Unter der Theorieperspektive der sozialkonstruktivistischen Technikforschung sowie der daraus resultierenden Leitfrage nach dem Verhältnis von Gesellschaft und Technik wird der Blick auf die aktuelle Forschungslandschaft gewendet. Bereits die Existenz der spezifischen, sozialwissenschaftlichen Fachliteratur zu CCS spricht dafür, dass die Technologiedebatte bereits um die 2010er Jahre auch jenseits der klassischen Technikfolgenabschätzung behandelt wurde. Techniksoziologisch kann mit Blick auf diese Fachliteratur zu CCS gefragt werden: Welche Verhältnisse von Gesellschaft und Technik zeigen sich im bisherigen Forschungsstand zur CCS-Technologie?

Eine Besonderheit des Gegenstands stellt die Bandbreite an fachlichen Zugriffspunkten dar, unter denen CCS besprochen wurde. Der hier gewählte Zugang fokussiert sich auf die engere soziologische Forschung zu CCS, insbesondere auf den oftmals als gescheitert bezeichneten Fall der Demonstration in Deutschland. Anhand des State of the Art der Forschungsliteratur wurde zunächst deutlich, dass es nicht *eine* soziologische oder sozialwissenschaftliche Untersuchungsperspektive auf den gesellschaftlichen Umgang mit CCS gibt. Vielmehr enthält und reproduziert jeder gewählte theoretische und forschungspraktische Zugang zum Thema auch bestimmte gesellschaftliche Sichtweisen auf das Technologie-Set. Insgesamt zeichnen sich zwei kontrastreiche Strömungen ab, wie die Technologie in der Forschungsliteratur eingeordnet wird.

Einerseits ist der Fokus auf anwendungsorientierte Fragen ausgerichtet, wie Fragen der Wahrnehmung und Akzeptanz(-förderung) (siehe etwa Scherer 2016; Braun et al. 2018), andererseits gibt es Beiträge, die sich explizit normativ und kritisch gegenüber der Technologie CCS äußern und gesellschaftskritisch auf ihre sozialen und ökologischen Risiken verweisen (Krüger 2015; Berger 2010). Zwischen diesen zwei Polen bewegt sich die Forschungsliteratur zu CCS. Zudem finden sich in der Politikwissenschaft Arbeiten, die sich mit den Politikinhalten, politischen Rahmenbedingungen oder der Governance von CCS befassen (Meadowcroft und Langhelle 2009b) oder neuerdings mit CDR-Maßnahmen (Bellamy und Geden 2019; Geden et al. 2019a; Geden et al. 2019b; Geden und Schenuit 2020; Rickels et al. 2020).

Vor dieser Hintergrundfolie zeichnet sich der empirisch begründete Teil der Forschungslücke ab. Es handelt sich um die Erfassung der soziologischen Mesoebene, im Genaueren der organisierten Interessenvertreter*innen in ihrer empirisch zu beobachtenden – statt nur erwünschten – Teilhabe an und Auseinandersetzung mit der Technologie. Es liegt vereinzelt Literatur zu ENGOs auf internationaler Ebene (Corry und Riesch 2012) vor, mit dem Untersuchungsziel ihrer Bewertungen der Technologie als Klimaschutzlösung. Für den deutschen Kontext findet sich eine Stakeholderbefragung mit einer deskriptiven Darstellung der Befragungsbogen der Stakeholder (Thomeczek 2013). Rost (2015) befasst sich anhand einer Verlaufsanalyse mit den zivil gesellschaftlichen Teilhabeformen in Brandenburg. Insgesamt fehlt jedoch eine systematische Betrachtung der (zivil-)gesellschaftlichen Debatte auf Bundesebene, deshalb leistet diese Untersuchung einen Beitrag dazu.

Ausgehend vom sozialwissenschaftlichen Forschungsstand zu CCS-Technologien, der diese entweder als Akzeptanzproblem rahmt oder die Technologie selbst normativ beurteilt, verfolge ich die Annahme, dass die soziotechnischen Auseinandersetzungen auch auf der gesellschaftlichen Mesoebene der organisierten Interessengruppierungen verhandelt werden, weil Technologien sich nicht allein als Gegenstand der individuellen Wahrnehmung, der Ethik oder als Frage der Politik erweisen. In der späteren Bearbeitung der so mitdefinierten Forschungslücke zeigt sich, dass komplexe Interdependenzen zwischen den gesellschaftlichen Deutungsrahmen, der Technologie und bestehenden soziotechnischen Systemen bestehen. So wurde vor und während des Gesetzgebungsprozesses gesellschaftlich Stellung bezogen. Ein Grund dafür liegt in der formalen und öffentlichen Beteiligung der organisierten Interessengruppen. Mit Blick auf das Umsetzungsvorhaben in der Bundesrepublik hatten Umweltorganisationen, Wirtschafts- und Energieverbände als auch Gewerkschaften formal an der Bundesdebatte teil, insbesondere in den Verbände- und Expertenanhörungen im Gesetzgebungsverfahren.

Im Folgenden werden weitere Zugriffspunkte der Fachliteratur genannt, die relevant sind, jedoch nicht zum engeren Forschungsstand gezählt werden und in spätere Kapitel der Arbeit einfließen. Das Technologie-Set ließe sich unter dem Zugriffspunkt der sozial- und geisteswissenschaftlichen Fachdebatte zu Geo- oder Climate Engineering einordnen, doch dies führt zu weit weg vom empirischen Gegenstand. Deshalb wird im Verlauf der Arbeit wo nötig auf Parallelen und Unterschiede verwiesen. Auf die neuere Forschungscommunity zu negativen Emissionen geht das kontextualisierende Kapitel 4 ein, weil die Debatte zu Beginn der Dissertation im Jahr 2016 im Entstehen war und eine rückwirkende Aufnahme zum Forschungsstand ex post erfolgen würde. Auch die sozialwissenschaftliche Fachliteratur zu Senken wird erst später adressiert (Kapitel 4), weil sie nicht im engeren Sinn zum State of the Art des Falls zählt, der sich um die Debatte einer technischen Demonstration dreht.

Vorgehensweise und Hintergrundüberlegungen
Die Literaturrecherche erfolgte entlang einer Analyse der institutionellen Forschungslandschaft, die sich mit CCS befasst, und der zentralen Publikationen seitens dieser Einrichtungen. Zudem wurde die Literatur durch Datenbankrecherchen sowie durch die Quellenanalyse der verwendeten Sekundärliteratur der Texte erschlossen.

(Sozial-)wissenschaftliche Forschung zum gesellschaftlichen Umgang mit CCS findet unter diversen institutionellen Arrangements statt. Zu beachten sind die unterschiedlichen organisationalen Entstehungskontexte der Veröffentlichungen, etwa Grundlagenforschung, Auftragsforschung oder transdisziplinäre Forschung. Zwar werden die institutionellen Hintergründe nicht weiter analysiert, dennoch fließen die Metaerkenntnisse (zu Institutionen und Veröffentlichungsformaten) dieser Literaturarbeit im Weiteren mit ein, da sie konstitutiv für die Problemkonstruktion des Forschungsfeldes zu CCS sind. Das heißt, die jeweiligen Forschungstraditionen werfen typischerweise bestimmte Fragestellungen auf, zum Beispiel Akzeptanz als Problem oder normative Technik- und Gesellschaftskritik, und konstruieren so die Fragen des Forschungsfeldes mit. Anhand des Forschungsstands kristallisiert sich auch die Befangenheit und normative Einbettung jeglicher sozialwissenschaftlichen Fragestellung zum Gegenstand heraus. Dies rückt die Bedeutsamkeit forschungsethischer Überlegungen in den Vordergrund, die in Abschnitt 3.1 für diese Untersuchung formuliert werden.

Die Artikel, Monographien und Sammelbände werden überblicksartig und thematisch sortiert, innerhalb der thematischen Unterteilung sind die Arbeiten chronologisch dargestellt. Erstens beginnt der folgende Abschnitt mit einem Überblick zu gesellschafts- und technikkritischen Veröffentlichungen (2.3.1). Zweitens skizziere ich die Erkenntnisse der Akzeptanzforschung, die als Teil der Techniksoziologie gelesen werden kann (2.3.2). Drittens fasse ich die Literatur zur Beschreibung der Akteurslandschaft zusammen (2.3.3). Viertens ist ein Überblick zu CCS im internationalen Kontext gegeben (2.3.4).

2.3.1 Gesellschaftstheoretische Perspektiven auf die Technologie

An dieser Stelle werden einige explizit technologiekritische Beiträge aus der deutschen soziologischen Fachcommunity zum Thema CCS angeführt, ohne den Anspruch auf Vollständigkeit zu erheben. Die Beiträge können als charakteristisch für gesellschaftskritische Beiträge, hier bezogen auf die CCS-Technologie, gelesen werden.

Ein früher themenspezifischer Artikel aus dem Jahr 2010, erschienen in der Zeitschrift *Leviathan – Berliner Zeitschrift für Sozialwissenschaft*, befasst sich mit der CCS-Technologie unter der Frage der Gesamteinordnung und Sinnhaftigkeit im Kontext des Klimaschutzes. „Verkehrte Kreisläufe – Das Dilemma der Kohlendioxid-Abscheidung und -Lagerung" – so der Titel des Textes von Berger (2010). Er weist darauf hin, dass einflussreiche naturwissenschaftliche

Gremien wie der Weltklimarat, das Öko-Institut oder leitende Vertreter*innen des Potsdamer Instituts für Klimafolgenforschung CCS als eine Klimaschutzoption befürworten (Berger 2010, S. 144). Zugleich führt er aus zeitkritischer Perspektive an, dass die gesellschaftliche Fixierung auf fossile Energie sowohl das Denken als auch das Handeln von Gesellschaft stark beeinflusst und formt, sodass es ein fest integrierter Bestandteil des Alltagsverhaltens darstellt (ebd.). Der Prozess des Förderns fossiler Kohle aus der Erde sowie die Verbrennung und Entstehung von Kohlenstoffdioxid bewertet Berger als „verkehrten Kreislauf": Der Mensch bringe in wenigen Jahrzehnte einen Stoff in die Erdatmosphäre, der über Jahrmillionen den Weg dorthin fand durch abgestorbene Tiere und Pflanzen (Berger 2010, S. 144). Berger versteht die CCS-Technologie als verlängerten Arm der Kohleindustrie und damit der fossilen Energiegewinnung. Es zeigt sich, dass der Autor das CCS-Technologie-Set als Verstetigung eines „verkehrten Kreislaufs" auffasst, wobei sich letzteres auf die gesellschaftliche Nutzung fossiler Brennstoffe bezieht. Der Autor plädiert dafür, die Gesamtbilanz der CO_2-Emissionen für die Anwendung einzubeziehen – bereits bei der Entstehung von Methan beim Bergbau (Berger 2010, S. 146). Darüber hinaus beschäftigt sich Berger mit der Frage der sicheren Endlagerung von dem durch die Technologie eingefangenen Treibhausgas Kohlenstoffdioxid. Er weist auf Risiken und bisherige Forschungslücken bezüglich der sicheren Einlagerung hin, besonders im Kontext der großen Dimensionen möglicher Lagerstätten (Berger 2010, S. 149). Der Autor nimmt eine ethische Bewertung der Technologie vor, die zugleich als Plädoyer für die Strategie der Vermeidung von Treibhausgasen gelesen werden kann.

Krüger verfolgt ebenfalls einen kritischen Ansatz, allerdings findet die Kritik durch die Einordnung von CCS als Teil der ökologischen Modernisierung statt. So betrachtet er das Technologie-Set hinsichtlich des Verhältnisses von Natur – nicht Technik – und Gesellschaft.

Eine kritische Perspektive und Verortung von CCS als Teil der ökologischen Modernisierung entwickelt Krüger (2011, 2015) mit Blick auf die internationale Klimapolitik. Der Autor bewertet die Konflikte um CCS grundlegend als ein „Hegemonieprojekt der ökologischen Modernisierung". Dabei ordnet er die Diskussionen um den Einsatz der CCS-Technologie unter der theoretischen Perspektive der gesellschaftlichen Naturverhältnisse ein, indem er die Frage nach dem Einsatz von CCS als einen Lösungsansatz aus der „ökologischen Modernisierung" heraus versteht, die versucht, eine Antwort auf die ökologische Krise zu bieten.

2.3.2 Eine Frage der (fehlenden) Akzeptanz?

Vorab ist an dieser Stelle anzumerken, dass nach Häußling (2019, S. 381) die Akzeptanz- und Partizipationsforschung als Teil der Techniksoziologie aufgefasst werden kann. Insofern sich diese Arbeit innerhalb der Wissenschafts- und Technikforschung verortet, wird die Akzeptanzforschung zu CCS als ein Teilgebiet der Technikforschung gelesen. Doch damit ist das Repertoire der Techniksoziologie noch nicht erschöpft, wie in der Theorieauswahl dieser Arbeit verdeutlicht.

Das Büro für Technikfolgenabschätzung[17] des deutschen Bundestages (TAB) gibt seit der aufkommenden Diskussion um CCS thematisch relevante Veröffentlichungen heraus. Die erste Publikation erschien im Jahr 2008 unter der Autorschaft von Grünwald mit dem Titel „Treibhausgas – ab in die Versenkung? Möglichkeiten und Risiken der Abscheidung und Lagerung von CO_2" (Grünwald 2008). Diese und andere Veröffentlichungen des TAB (Caviezel et al. 2014) verfolgen das Ziel, Grundlagenwissen für den Bundestag bereitzustellen. Neben einer Darstellung zum Stand der Technik, der Potenziale, Risiken und Kosten sowie einem Kapitel zur „Integration von CCS in das Energiesystem" beinhaltet der Beitrag ein Kapitel mit der Überschrift „Öffentliche Meinung und Akzeptanz" (Grünwald 2008, S. 75) gefolgt von Abschnitten zu Rechtsfragen und Handlungsbedarf. Das Kapitel zur öffentlichen Meinung und Akzeptanz ist unterteilt in „Positionen von Stakeholdern" und „Förderung der Akzeptanz". Als relevante Stakeholder werden Akteure aus Wissenschaft und Beiräten angeführt sowie Umweltorganisationen und Politik. Zudem werden Ergebnisse einer Umfrage zur Wahrnehmung bei den Stakeholdern und der Öffentlichkeit zusammengefasst (Grünwald 2008, 76 ff.). Es folgen Hinweise zur „Förderung der Akzeptanz", indem die möglichen Formen der Öffentlichkeitsbeteiligung beschrieben werden. Der Beitrag mündet in einem konkreten Vorschlag für einen standortunabhängigen Beteiligungsprozess, der mit regionalen Aktivitäten entwickelt werden kann.

Auch dezidiert sozialwissenschaftliche Arbeiten zum Thema befassen sich mit Fragen der öffentlichen Wahrnehmung (Dütschke et al. 2016) sowie der Kommunikation und Teilhabe (Brunsting et al. 2011; Oltra et al. 2012; Riesch et al. 2013). Fragen der Akzeptanz wurden im deutschsprachigen Raum insbesondere seitens des Wuppertal Instituts für Klima, Umwelt und Energie verfolgt. In

---

[17] Nach Häußler (2019) lässt sich auch die Technikfolgenabschätzung als eine Methode der Techniksoziologie verorten. Insofern ist jegliche kritische Erweiterung diesbezüglich ein fachinterner, methodologischer Vorschlag.

diesem Zusammenhang erschien eine Reihe von Publikationsformaten zur umfassenden Einordnung (Fischedick et al. 2013) und Akzeptanzforschung zu CCS in Deutschland (Dütschke et al. 2015; Dütschke et al. 2016; Fischedick et al. 2013; Dütschke et al. 2014; Pietzner und Schumann 2012). Auch zu Möglichkeiten der Partizipation (Scherer 2016) ebenso wie außereuropäische Länderfallstudien veröffentlichte das Wuppertal Institut. Diese Arbeiten können somit als Pionierarbeiten der angewandten Forschung zur Akzeptanz von und Partizipation an CCS eingeordnet werden. Ein Fraunhofer Institut arbeitete als Forschungspartner des Wuppertal Instituts im Projekt „Chancen für und Grenzen der Akzeptanz von CCS (Carbon Capture Storage) in Deutschland"[18] an den Fragekomplexen Wahrnehmung, Akzeptanz und Partizipationsverfahren. Zudem lassen sich Artikel finden, die sich mit den Positionierungen von Umweltvereinigungen befassen (Anderson und Chiavari 2009; Stephens 2006).

An dieser Stelle wird vertieft auf eine Studie des Wuppertal Instituts eingegangen, um Einblicke für den hier behandelten Fall zu gewinnen und auf die hier angestellten kritischen Reflexionen zur Akzeptanz- und Akzeptabilitätsforschung einzugehen. Letztere greift diese Untersuchung konstruktiv auf und führt die Überlegungen weiter aus.

Unter dem Titel „CCS-Technologie. Speicherung und Nutzung von klimaschädlichem CO_2" veröffentlichten Wissenschaftler*innen des transdisziplinär ausgerichteten Wuppertal Instituts einen Sammelband zum Thema (Fischedick et al. 2013). Er gliedert sich thematisch in Abschnitte zur Herkunft von CO_2, zur Speicherung und Nutzung, gefolgt von einer multikriteriellen Bewertung, zu der den Autor*innen zufolge auch die gesellschaftliche Akzeptanz gehört. Pietzner, die Autorin des Beitrags „Gesellschaftliche Akzeptanz" im Sammelband, stellt gleich zu Beginn fest, dass die CCS-Technik bereits bei der Erprobung auf starke gesellschaftliche Ablehnung gestoßen sei und führt die Gründe dafür an (Pietzner 2013). Zwei Projekte werden beispielhaft beschrieben: eine geplante Lagerstätte in Brandenburg[19] sowie eine geplante Pipeline zwischen Köln und Schleswig–Holstein. Zunächst sei auf die Darstellung der Geschehnisse in Brandenburg eingegangen, denn sie bieten einen guten Einblick in die damaligen Umsetzungsaktivitäten,[20] die auch später im empirischen Material auftauchen.

---

[18] Das Projekt zu Chancen für und Grenzen der Akzeptanz von CCS (Carbon Capture Storage) in Deutschland ist einsehbar unter: www.isi.fraunhofer.de/de/competence-center/energietechnologien-energiesysteme/projekte/316342_ccs-chancen.html, zuletzt abgerufen am 18.06.2018.

[19] Für eine detaillierte Verlaufsanalyse zur Diskussion um CCS in Brandenburg siehe Rost (2015).

[20] Hingegen fokussiert die Dissertation stärker auf die Bundesebene.

2.3 Forschungsstand zu CCS: Akzeptanzforschung vs. Technikkritik

„Hier ist zum einen das Pilotprojekt des Energieunternehmens Vattenfall zu nennen. Ziel des Projekts war die Erprobung der kommerziellen Speicherung von CO_2, welches im rund 100 km entfernten Braunkohlekraftwerk Jänschwalde abgetrennt werden sollte und mittels einer Pipeline in die Landkreise Oder-Spree (bei Beeskow) oder Märkisch-Oderland (bei Neutrebbin) transportiert und dort injiziert werden sollte. Die Aktivitäten wurden durch eine breit angelegte Informationskampagne für die Bevölkerung vor Ort begleitet, der Erfolg der Bemühungen blieb allerdings aus. Die gut organisierten Widerstände vor Ort, aber vor allem das Ausbleiben der Umsetzung der europäischen CCS-Richtlinie in nationales Recht und deren Folgen (Wegfall europäischer Fördergelder) führten dazu, dass Vattenfall das Demonstrations-Projekt im Jahr 2011 aus einer Mischung von gesellschaftlichen und ökonomischen Gründen vorzeitig beendete." (Pietzner 2013, S.671 f.)

Der zweite Fall, die geplante Pipeline zwischen Hürth bei Köln und dem Norden Schleswig-Holsteins, wird explizit unter der Frage der fehlenden Akzeptanz gerahmt:

„Zum anderen sind die Proteste in Schleswig-Holstein exemplarisch für die Akzeptanzprobleme von CCS in der breiten Bevölkerung. Das Unternehmen RWE DEA plante das CO_2 aus einem Braunkohlekraftwerk in Hürth bei Köln über eine 530 km lange Pipeline in den Norden Schleswig-Holsteins zu transportieren. Auch hier trafen die Pläne auf einen gut organisierten Widerstand vor allem in den Speicherregionen Südtondern, Mittleres Nordfriesland und Schafflund. Bemühungen seitens RWE DEA, die Technik im Detail vorzustellen und gleichzeitig für eine offene Gesprächsbasis vor Ort zu sorgen, blieben erfolglos. Widerstände gab es nicht nur seitens der Bürger, sondern auch zum Beispiel aus Gemeinden, aus dem Bereich der Wissenschaft und aus Parteien, bis letztlich auch die Landesregierung von ihrer ursprünglich der CCS-Technik aufgeschlossenen Position abwich und die Region als CO_2-Lagerstätte ablehnte." (Pietzner 2013, S. 672)

Beide Fälle werden aus Pietzners Perspektive als exemplarische Geschehnisse für fehlende Technikakzeptanz eingeordnet. Die Ursache für die nicht vorhandene Akzeptanz sieht die Autorin in der allgemein vorherrschenden, kritischen Grundhaltung der Öffentlichkeit hinsichtlich der Inbetriebnahme der (Groß-)Technik der Kohlekraftwerke (Pietzner 2013, S. 675). CCS sieht Pietzner als Energietechniken der externen (Groß-)Technik, die damit ein typisches Feld für Akzeptanzfragen im Bereich der Technikgruppe der Großtechnologien darstellen (Pietzner 2013, 627 f.). Dabei unterscheidet die Autorin zwischen Akzeptanz und Akzeptabilität. Während akzeptabilitätsorientierte Ansätze um die Frage kreisen, inwiefern eine Technologie die Rahmenbedingungen für Zumutbarkeit erfüllt, basiert die Akzeptanzforschung auf der Frage der Einwilligung zu einer bestimmten Technologie. Die Schwäche des Akzeptabilitätsansatzes liegt aus Sicht der Autorin in der Notwendigkeit, die Risiken einer Technik im Vorfeld messbar zu machen (Pietzner 2013, S. 674). Final bewertet sie sowohl die klassische Akzeptanzforschung als auch die Akzeptabilitätsforschung für unzureichend, um sich einer Technikproblematik wie CCS zuzuwenden.

Die Ergebnisse dieser Akzeptanzstudie zu CCS zeugen nach Pietzner davon, dass der „notwendige Wandel der akzeptanzorientierten Technikgestaltung in der Praxis bisher nicht beobachtet werden" konnte (Pietzner 2013). Der Beitrag schließt mit einem generellen Plädoyer für die Gestaltung partizipativer Verfahren, die auf politischer Ebene erfolgen und die Akzeptanz für CCS-Techniken im Sinn eines demokratisch begründeten Prozesses fördern sollten (Pietzner 2013, S. 694). Statt Akzeptanz für eine bestimmte Technologie zu untersuchen, plädiert sie für einen Fokus auf die Akzeptanz durch demokratisch legitimierte Entscheidungsfindungen. Sie unterbreitet folgende Herangehensweise:

> „Die Lösung der Problematik ist im politischen System zu suchen, auf der Ebene demokratischer Meinungsbildung und Entscheidungsfindung. […] Somit ist Akzeptanz nicht für die Technik selbst und deren Risiken zu schaffen, sondern es gilt Akzeptanz für demokratisch legitimierte Entscheidungsfindungen im Rahmen der Entwicklung, Erprobung und Umsetzung einer Technik wie CCS zu schaffen." (Pietzner 2013, S. 674)

Dieser Vorschlag wird in dieser Arbeit als Hinweis gelesen und insofern aufgegriffen, als dass die formale Einbindung von organisierten Interessenvertreter*innen im Gesetzgebungsverfahren als Teil des demokratischen Gesetzgebungsverfahrens betrachtet wird, wie in § 47 der Gemeinsamen Geschäftsordnung der Bundesministerien (GGO) festgehalten ist. Insofern wird die empirisch dokumentierte Teilhabe korporativer (zivil-)gesellschaftlicher Akteure und die hier formulierten Deutungsgebungen untersucht – eine schriftlich archivierte Teilhabe, die in einem demokratischen Prozess stattfand. Die ausgewählten Policy-Dokumente sind als Teil politischer Teilhabe zu lesen; zugleich stellen sie die allgemeine Mitwirkung von organisierter Gesellschaft an einem Technikdemonstrationsvorhaben dar.

2.3.3 Beschreibung der Akteurslandschaft

In der Forschungsliteratur liegen Beschreibungen der Akteurslandschaft vor, die zumeist eine Auflistung oder Kategorisierung von Positionierungen vornehmen. Darauf aufbauend und abgrenzend erfolgt in dieser Arbeit ein deutendes Verstehen der involvierten (zivil-)gesellschaftlichen Akteure auf Bundesebene. Die

2.3 Forschungsstand zu CCS: Akzeptanzforschung vs. Technikkritik

Fachliteratur zur Akteurslandschaft erlaubt mehr Spielraum für die ausgewählte Fokussetzung dieser Untersuchung, weil das allgemeine Setting der Akteure bekannt ist.

Hier sei vorstrukturierend für die spätere Analyse auf eine Darstellung der Akteursgruppen aus Industrie, Bundesministerien, ENGOs und politischen Parteien nach Praetorius und Stechow (2009) zurückgegriffen, die in ihrem Beitrag „CCS in Germany" veröffentlicht wurde. Sie unterteilen diese in die „Supply Security Fraction" und die „Climate Protection Fraction". Der Supply Security Fraction ordnen sie den Elektrizitäts- und Bergbausektor zu, die damit verbundenen Gewerkschaften, die Kraftwerksindustrie ebenso wie das Wirtschafts- und das Forschungsministerium, einige wirtschaftsnahe Forschungsinstitute (Prognos, IER, EWI) und die Parteien SPD, CDU und FDP. Die Climate Protection Fraction unterteilen die Autor*innen nochmals in eine pragmatische und eine kritische Subgruppe. Zur pragmatischen Akteursgruppe zählen sie das Umweltministerium (BMU), das Umweltbundesamt (UBA), einige Forschungsinstitute (Öko-Institut, Wuppertal Institut, Potsdam Institute on Climate Research), NGOs (WWF, Deutsche Umwelthilfe, Germanwatch), die Parteien Die Grünen, die linken Parteien[21] und einige Beratungsgremien (Sachverständigenrat für Umweltfragen). Zur zweiten, kritischen Subeinheit, welche die CCS-Option radikaler als „end-of-pipe-technology" ablehnt, zählen sie die Umweltorganisationen (mit Ausnahme von WWF, Germanwatch und DUH), also Greenpeace (Deutschland), BUND, NABU, Robin Wood (Praetorius und Stechow 2009, 140 f.). Der Beitrag von Praetorius und Stechow (2009) liefert eine Beschreibung der zentral beteiligten Akteursgruppen.

Ein Beitrag in dem 2013 erschienenen Sammelband von Fischedick et al. bietet auch eine Übersicht über die diversen Akteursperspektiven. Er beginnt mit dem Verweis, dass in Deutschland und anderen Ländern Europas selten ein Thema so konträr diskutiert wurde:

> „Zum einen sehen Fachleute die Abscheidung von CO_2 als ein geeignetes Mittel, um vor allem fossile Kraftwerke weiter für die Energieversorgung einsetzen zu können, bei gleichzeitiger Einhaltung der vereinbarten Klimaschutzziele. Andere wiederum sehen dadurch den weiteren Einsatz fossiler Kraftwerke für die nächsten 40 Jahre manifestiert, was ihrer Meinung nach den Umstieg auf Erneuerbare Energien in diesem Zeitraum behindert. Vor allem die Bewertung der geologischen Speicherung von CO_2 reicht von unproblematisch bis gefährlich." (Thomeczek 2013, S. 769)

---

[21] Hiermit muss die Partei DIE LINKE gemeint sein; das ist im Text nicht näher spezifiziert.

In der Datenerhebung wurden gesellschaftliche Akteure gebeten, anhand kurzer Fragebogen ihre Meinung bezüglich CCS bzw. CCU darzustellen. In der standardisierten schriftlichen Umfrage wurden folgende Stakeholdergruppen befragt: Wirtschaftsverbände, Forschung/Wissenschaft, Agenturen,[22] NGOs, Gewerkschaften, politische Parteien und internationale Verbünde. Auch wenn die Ergebnisse kein repräsentatives Meinungsbild wiedergeben, sollen sie einen geeigneten Überblick zu den Positionen bieten (Thomeczek 2013, S. 769). Der Fragebogen erhob die allgemeine Einschätzung des Themas, inwiefern und worin die befragten Akteure offene Fragen sehen (Thomeczek 2013, S. 770). Für die Ergebnispräsentation wurden detaillierte Angaben zur befragten Person, ihrer Institution und zum Zeitpunkt der schriftlichen Einreichung der Statements gegeben, um – so die Autorin – den Leser*innen die Möglichkeit zu bieten, sich ein eigenständiges Bild zu den Positionen zu machen. Der Beitrag enthält keine ausführliche Analyse der Meinungsumfrage, sondern hat repräsentativen Charakter.[23] Zunächst wird ein Einblick in die Instanzen im Handlungsfeld um das Technologie-Set gegeben. Aus dem Bereich der Wirtschaft, Industrie und Energie wurden Verbände befragt, die hier zur Vollständigkeit festgehalten sind, weil diese Auflistung als hilfreiche, ergänzende Information für den empirischen Teil dieser Untersuchung genutzt wird.

> „Aus dem Bereich der branchenübergreifenden Wirtschaftsverbände hat sich der ,Verband kommunaler Unternehmen e. V. (VKU)' an der Befragung beteiligt […]. Als Vertreter der Energiewirtschaft haben der ,Bundesverband der Energie- und Wasserwirtschaft e. V. (BDEW)' und der ,Deutsche Verein des Gas- und Wasserfachs e. V. (DVGW)' den Fragebogen beantwortet […]." (Thomeczek 2013, S. 770)

Darüber hinaus haben an der Befragung 10 Fachverbände teilgenommen, deren Branchenbandbreite als Einblick in die für CCS und CCU relevanten Infrastrukturen gelesen werden kann. Sie sind aus verschiedenen Bereichen, von der Zementindustrie bis hin zum Rohrleitungsbau:

> „,Verband der Chemischen Industrie e. V. (VCI)', ,Verein Deutscher Zementwerke e. V. (VDZ)', ,Bundesverband der Glasindustrie e. V. (BV Glas)', ,Fachverband Dampfkessel-, Behälter- und Rohrleitungsbau e. V. (FDBR)', ,Verband Deutscher

---

[22] Es lässt sich nicht eindeutig identifizieren, auf welche Akteure sich der Dachbegriff der Agenturen bezieht. Der Begriff könnte sich auf die Internationale Energieagentur (IEA) beziehen.

[23] Vor diesem Hintergrund erscheint die Forschungshaltung des erklärenden Deutens und Verstehens für diese Doktorarbeit als sinnhafte Ergänzung.

Maschinen- und Anlagenbau Power Systems e. V. (VDMA Power Systems)', ‚European Power Plant Suppliers Association a. i. s. b. l. (EPPSA)', ‚Informationszentrum für CO2-Technologien e. V. (IZ Klima)', ‚VGB PowerTech e. V.' und ‚Gesellschaft für Chemische Technik und Biotechnologie e. V. (DECHEMA)'." (Thomeczek 2013, S. 770)

Bereits die Auflistung dieser Verbandsakteure verdeutlicht deren Repräsentation in der Debatte der gesellschaftlichen Akteure, die als Hinweis auf die Relevanz der Wirtschafts-, Energie- und Industrieverbände gelesen werden kann. Zudem nahmen seitens der Zivilgesellschaft die ENGOs Germanwatch, Greenpeace, WWF und die norwegischen NGOs BELLONA Foundation und die Zero Emission Resource Organisation (ZERO) an der Befragung teil (Thomeczek 2013, S. 771). Dies verweist auf die Tragweite der Debatte auch in der internationalen ENGO-Landschaft. Auch die im damaligen Bundestag vertretenen politischen Parteien CDU/CSU, Bündnis 90/Die Grünen, FDP und DIE LINKE sowie die Piratenpartei Deutschland und die SPD wurde schriftlich befragt (Thomeczek 2013, S. 771). Dies unterstreicht weiterhin die Bedeutsamkeit des Themas, auch in der Parteienlandschaft. In der Zusammenfassung der Stakeholderaussagen gelangt Thomeczek zu dem Fazit, dass die Sichtweisen als differenziert einzuordnen sind und eine nüchterne und kritische Betrachtungsweise zum Ausdruck kommt, trotz „mitunter hitzig geführten Diskussionen um CCS" (Thomeczek 2013, S. 835). Die Untersuchung gibt Aufschluss über die Zusammensetzung der Akteure im Feld, jedoch bietet sie keine interpretierende Auswertung, sondern stellt die Kommentare für die Meinungsbildung der Leserschaft bereit. Vor diesem Hintergrund verstärkt sich der Eindruck, dass eine deutend-interpretative Detailuntersuchung der organisierten Gesellschaftsakteure von erklärendem Mehrwert sein könnte.

Die Untersuchung organisierter Akteure der Umweltbewegung, etwa Umweltorganisationen, ist laut einer Reihe von Autor*innen von besonderer Bedeutung, da diese einen starken Einfluss auf Fragen der öffentlichen Ordnung haben (Corry und Riesch 2012; Meadowcroft und Langhelle 2009a). Insbesondere sind die Meinungsbildung und Reaktion organisierter zivilgesellschaftlicher Akteure von Interesse, da diese in der bisherigen Literatur wenig vertreten sind (Stephens 2006; Anderson und Chiavari 2009; Markusson et al. 2012; Corry und Riesch 2012). Dies betrifft Umweltorganisationen ebenso wie Bürgerinitiativen, die ebenfalls eine Forschungslücke darstellen (Corry und Reiner 2011). In dieser Untersuchung wird dies als Hinweis auf die Bedeutsamkeit der Rolle der ENGOs verstanden, allerdings werden letztere in dieser Arbeit mit der Begründung ihrer formalen Teilhabe am Gesetzgebungsprozess einbezogen und dadurch systematisch neben die Wirtschafts- und Energieverbände sowie Gewerkschaften gestellt.

2.3.4 CCS im internationalen Kontext

Dieser Abschnitt betrachtet die Forschungserkenntnisse auf internationaler Ebene. Bereits in den 2010er Jahren veröffentlichten Sozialwissenschaftler*innen Beiträge zum Stand der politischen Umsetzung von CCS mit Blick auf die Politikinhalte und -strukturen. Das weist darauf hin, dass das Thema bereits vor der aktuellen – seit dem 1,5-Grad-Sonderbericht – Debatte um CDR in der sozialwissenschaftlichen Forschung aufgegriffen wurde. Bereits im Jahr 2009 erschien unter dem Titel „Caching the carbon – The politics and policy of carbon capture and storage" ein Sammelband unter der Herausgeberschaft von Meadowcroft und Langhelle. Es handelt sich um einen nach Ländern strukturierten Überblick zu den Politikinhalten und -strukturen.

Drei Jahre später erschien im Routledge Verlag ein Sammelband, herausgegeben von Markusson, Shackley und Evar, mit dem Titel „The Social Dynamics of Carbon Capture and Storage – Understanding CCS Representations, Governance and Innovation". Die Herausgebenden sind an der University of Edinburgh angesiedelt, Shackley und Evar konkret am Carbon Capture and Storage Centre der University of Edinburgh.[24] Einige Ergebnisse dieses Sammelbandes werden im Weiteren vorgestellt, da die Sichtweisen auf Öffentlichkeit und (Zivil-) gesellschaft für diese Arbeit relevant sind. Der Band ist in drei inhaltliche Blöcke

---

[24] Das Forschungszentrum ist institutionell an der School of Engineering der Universität verankert und formuliert folgende Ziele auf der offiziellen Website: „The UK Carbon Capture and Storage Research Centre (UKCCSRC) leads and coordinates a programme of underpinning research on all aspects of CCS (Carbon Capture and Storage) in support of basic science and UK government efforts on energy and climate change. The UKCCSRC brings together over 200 of the UK's world-class CCS academics to provide a national focal point for CCS research and development. The Centre is a virtual network where academics, industry, regulators and others in the sector collaborate to analyse problems devise and carry out world-leading research and share delivery, thus maximising impact. A key priority is supporting the UK economy by driving an integrated research programme and building research capacity that is focused on maximising the contribution of CCS to a low-carbon energy system for the UK." https://www.eng.ed.ac.uk/research/projects/ukccsrc-united-kingdom-carbon-capture-and-storage-research-centre, zuletzt abgerufen am 13.07.2020. Aus dieser Zielbeschreibung geht unmissverständlich hervor, dass es sich neben einer transdisziplinären Ausrichtung um eine Forschungseinrichtung handelt, die den Beitrag von CCS für ein „low carbon energy system" zu fördern anstrebt. Entsprechend erklärt sich auch die anwendungsorientierte Forschung aus diesem Zusammenhang.

2.3 Forschungsstand zu CCS: Akzeptanzforschung vs. Technikkritik

gegliedert: Erstens werden unter „Perceptions and representations" Beiträge zur öffentlichen Wahrnehmung und zum Engagement seitens (zivil-)gesellschaftlicher Akteure vorgestellt. Zweitens wird unter „Governance" ein Überblick zur internationalen CCS-Community geliefert sowie das „Up and down" des politischen Aufmerksamkeitszyklus bezüglich CCS und Dekarbonisierung im weiteren Sinn. Drittens behandelt ein Buchabschnitt unter dem Titel „Innovation" allgemeine Entwicklungsprozesse, etwa CCS als disruptive Technologie und den Aspekt des gesellschaftlichen Lernens. Insgesamt zeichnen sich die einzelnen Beiträge durch eine starke empirische Orientierung und praxisorientierte Problemaufrisse aus, wie bereits aus der thematischen Dreiteilung und den Artikelüberschriften hervorgeht – etwa „Learning in CCS demonstration projects: social and politcal dimensions".

Besonders interessant ist die Darstellung idealtypischer Positionierungen zu CCS seitens ausgewählter ENGOs im Sammelbandbeitrag von Corry und Riesch (2012). Hier unterscheiden die Autoren zwischen dem Problem- und dem Lösungsverständnis bezüglich CCS und entwickeln entlang dieser idealtypischen Unterscheidung eine Grafik zu möglichen und tatsächlichen Positionierungen zentraler NGOs. Sie differenzieren innerhalb der Kategorie „problem-definition" zwei typisierte Haltungen bezüglich CCS: Erstens wird CCS als Technologie verstanden, während es zweitens als sozioökonomisches Arrangement gesehen wird. Ausgehend von der Problemdefinition entwickeln Corry und Riesch (2012, S. 96–103) vier idealtypische ENGO-Positionen zu CCS, die jeweils in einer dezidierten Bezeichnung der Technologie münden.

1) Sofern CCS als Technologie verstanden und das ursächliche Problem in den Emissionen selbst gesehen wird, erfolgt die Einordnung CCS als Smart Fix. 2) Wird CCS als Technologie eingeordnet, doch das ursächliche Problem in der Verbrennung fossiler Ressourcen gesehen, wird CCS als End of Pipe-Lösung angesehen. 3) Sofern CCS als sozioökonomisches Arrangement definiert und das Problem in den Emissionen gesehen wird, drehen sich Fragen um die sichere Implementierung und das Monitoring von „CCS as a regulatory regime". 4) Sofern CCS als sozioökonomisches Arrangement aufgefasst, aber das Problem nicht in den Emissionen selbst, sondern in den fossilen Infrastrukturen gesehen wird, lautet die idealtypische Sichtweise „CCS as a greenwash".

In einer Studie von Riesch et al. (2013) wird angeführt, dass NGOs in Europa allenfalls ambivalente Haltungen zu CCS einnehmen. Eine Ausnahme bilde die Organisation Bellona. Die Autor*innen konstatieren, dass ein wiederkehrender Aspekt in Studien zur öffentlichen Wahrnehmung von CCS das Risiko ist. Anhand von Erhebungen mit Online-Fokusgruppen in Spanien und Polen weisen sie darauf hin, dass die Reduktion von Umweltverschmutzung von den

Teilnehmenden als Vorteil von CCS wahrgenommen wurde, der Aspekt des Klimawandels jedoch nicht im Vordergrund stand (Riesch et al. 2013, S. 693). Zu den Hauptrisiken ergab die Studie zudem, dass CCS als eine Technologie wahrgenommen wird, über die keine persönliche Kontrolle ausgeübt werden kann und die Technologie nicht „natürlich" ist, sondern eine Form der Abfallbeseitigung darstellt, die Katastrophenpotenzial hat (vor allem die Speicherung) und unvorhersehbar in ihren Folgen ist (Riesch et al. 2013, S. 696). Interessant ist hier, dass das Verhältnis von Technik und Gesellschaft durch Aussagen über die Wahrnehmung der „Natürlichkeit" der Technik beschrieben wird.

Zur Vollständigkeit und zum Einblick in typische Untersuchungsziele sei auf weitere einschlägige Artikel verwiesen. Insgesamt überwiegen hier Untersuchungsdesigns, die Wahrnehmungs- und Akzeptanzfragen fassen. Somit ist das Verhältnis von Technik und Gesellschaft hier erneut als Akzeptanzthema gerahmt.

Gesellschaftliche Akzeptanz mit Blick auf die CO_2-Transporte in Pipelines untersuchen Gough et al. (2014) in einem Beitrag in der Zeitschrift *Energy Policy*. Anhand von fünf europäischen Fallbeispielen untersuchen Oltra et al. (2012) die öffentliche Wahrnehmung zur CO_2-Einlagerung. Dütschke et al. (2014) hinterfragen hingegen, inwiefern die Entstehungsquelle des Treibhausgases Kohlenstoffdioxid einen Effekt auf die öffentliche Wahrnehmung bezüglich der Einlagerung dieser Gase hat. Auch die Arbeit von (Stephens und Verma 2006) zur öffentlichen Wahrnehmung von CCS am Beispiel des europäischen Projekts „NearCO2" in Europa sei hier genannt.

Karimi und Komendantova (2017) bieten in ihrem Artikel einen Überblick zu den am CCS-Diskurs partizipierenden Expert*innen. Hierzu zählen neben Forschungseinrichtungen, Energie- und Ölunternehmen und Regierungsinstitutionen auch NGOs. Die Risikowahrnehmung unter den NGOs – in den drei untersuchten Ländern Deutschland, Norwegen und Finnland – wird als besonders polarisiert dargestellt. Der Artikel schließt damit, dass die Interviewten der NGOs einheitlich eine Positionierung gegen CCS einnahmen.

Die Technologie wird teils auch unter dem Begriff Clean Coal-Technologien behandelt. Welche unterschiedlichen Verständnisse von Clean Coal in den USA nationale Umweltgruppierungen und andere soziale Bewegungen einnehmen, zeigt der Artikel von Fitzgerald (2012). Neben einer Typisierung in drei Positionierungen anhand des Fallbeispiels einer lokalen Energiedebatte hebt der Autor die Partizipation lokaler, regionaler und nationaler zivilgesellschaftlicher Gruppierungen hervor, da diese nicht nur am Diskurs teilhaben, sondern diesen auch repräsentieren und definieren. Gerade lokale Initiativen und deren Bewertung von Technologien vor Ort bezeugt eine veränderte Situationswahrnehmung. Später resümiert der Autor bezugnehmend auf das Risikoverständnis der involvierten

Expert*innen, dass das in diesem Fall vorliegende Modell der Risikokommunikation einem einseitigen Kommunikationsweg entspricht, weil wissenschaftliche oder technische Expert*innen neutrale Informationen für ein als uninformiert wahrgenommenes Publikum liefern. Diese Ergebnisse spiegeln das im Theorieteil beschriebene, tradierte Verständnis von Gesellschaft als Laien wider.

Mit Blick auf die angeführte sozialwissenschaftliche Forschung, die dezidert für die CCS-Debatte existiert, lässt sich schließen, dass die Forschungsprobleme oftmals auf Fragen der Wahrnehmung, Akzeptanz und erwünschter Partizipation rekurrieren. Diese Blickrichtung impliziert, dass die Handlungsmöglichkeiten von Gesellschaft auf Zustimmung oder Ablehnung beschränkt werden, und so durch die Fragerichtung konstruiert sind. Zudem setzt die epistemische Vorab-Rahmung der Akzeptanz als Problemgegenstand voraus, dass das Technologie-Set ein eindeutiger Gegenstand ist. Die vorliegende Arbeit hingegen setzt am deutenden Verstehen der Sinngehalte an. Welcher methodische und forschungsethische Zugang hierfür gewählt wird, stellt das folgende Kapitel 3 vor.

Forschungsdesign und -methoden: Qualitative Fallstudie 3

Die Untersuchung ist eine qualitative Fallstudie und orientiert sich an einem mehrteiligen Vorgehen und einer inhaltsanalytischen Auswertung. Während die theoriegeleitete Operationalisierung die perspektivische Struktur für den Fall liefert, wird durch das Forschungsdesign und die Methodenwahl das detaillierte Vorgehen bei der empirischen Erhebung und Auswertung bestimmt. Das gewählte Forschungsdesign bezieht sich auf den Untersuchungsgegenstand der gesellschaftlichen Auseinandersetzungen im Kontext der Umsetzung der EU-Richtlinie 2009/31/EG zu CCS.

Zunächst werden in diesem Kapitel wissenschaftstheoretische und wissenschaftsethische Überlegungen zum Erkenntnisinteresse angestellt (Abschnitt 3.1). Danach werden die Falldefinition und das Forschungsdesign beschrieben (Abschnitt 3.2). Schließlich werden die Auswahl der prozessgenerierten Daten und das Auswertungsverfahren beschrieben (Abschnitt 3.3). Abschließend erfolgt eine Reflexion der Validität und Reliabilität der Ergebnisse und der Grenzen des methodischen Vorgehens (Abschnitt 3.3.4).

Die Methode im Kontext der Forschungsfragen
Für eine Beantwortung der Leit- und Unterfragen der vorliegenden Arbeit wurde eine qualitative Fallstudie ausgewählt. Im Design können die Deutungsrahmen (meanings; interpretative flexibilities) der sozialen Interessengruppen (social interest groups) erfasst und analysiert werden. Mit dieser Herangehensweise werden die gesellschaftlichen Deutungsrahmen der zentral beteiligten Gesellschaftsakteure auf der Bundesebene in den Vordergrund gestellt. Dadurch ist es möglich, ein Verständnis des oftmals als gescheitert bezeichneten Falls zu vermitteln, das an die Auseinandersetzungen anknüpft. Dabei wird anhand der Stellungnahmen der Gesellschaftsakteure eine wichtige Bühne für die gesellschaftliche

© Der/die Autor(en), exklusiv lizenziert an Springer Fachmedien Wiesbaden GmbH, ein Teil von Springer Nature 2022
A. Friedrich, *Umstrittener Untergrund*,
https://doi.org/10.1007/978-3-658-39318-2_3

Aushandlung der Technologie auf Bundesebene beleuchtet, die von den Verbändeanhörungen im Gesetzgebungsverfahren politisch-administrativ gerahmt wird. Es wird also nicht primär nach den Möglichkeiten einer Teilhabe an der Auseinandersetzung gefragt, sondern ich gehe darauf ein, wie sich die organisierten Gesellschaftsakteure auf Bundesebene an der inhaltlichen Debatte beteiligt haben, also die NGOs, Verbände und Vereine. Die erschlossenen Inhalte werden strukturiert untersucht und theoretisch reflektiert. Auf diese Weise soll ein interpretatives Verständnis der Auseinandersetzung von organisierten Gesellschaftsakteuren mit einer umstrittenen Technologie ermöglicht werden. Der Fall kann so unter einer typischen qualitativen Forschungsperspektive betrachtet werden, die das Ziel einer „Beschreibung von Prozessen der Herstellung sozialer Situationen"[1] verfolgt (Flick et al. 2012, S. 19). Die Analyseebene bezieht sich auf die Subunits der organisierten (Zivil-)gesellschaft, um so die sozialen Interaktionen dieser Akteure mit den Gesetzentwürfen und der darin behandelten CCS-Technologie beleuchten zu können. Auf Grundlage der ausgewählten Daten können die organisationalen Bedeutungen und Kontextbezüge der Technologie und die Akteure in die Analyse einbezogen werden. Weil für die Untersuchung gesellschaftlicher Wirklichkeit verschriftlichte Positionierungen von Organisationen verwendet werden, bietet sich ein textbasiertes Auswertungsverfahren an. Die Entscheidung fiel auf eine vorstrukturierende Inhaltsanalyse, da sie die Möglichkeit zur Erstellung eines Analyserasters bietet, mit dem die Rekonstruktion der sozialen Wirklichkeiten gebündelt werden kann (Flick et al. 2012, S. 21). Sie beziehen sich auf die sozialen Realitäten der (zivil-)gesellschaftlichen NGOs hinsichtlich des legislativen und technischen Demonstrationsversuchs von CCS. Die Inhaltsanalyse legt den Fokus auf die Sinnzuschreibungen der gesellschaftlichen Akteure, um auf diese Weise einen deskriptiven und strukturierten Einblick zu bieten und die Politisierung der Debatte anhand dieser zentralen Akteure und Prozessdokumente nachzuvollziehen. Die inhaltsanalytischen Kategorien strukturieren die Unterkapitel weiter, in denen die Sinngehalte des Gesamtmaterials erfasst werden und damit der soziale Prozess der Politisierung dargestellt wird.

---

[1] Der Begriff der „sozialen Situationen" könnte an dieser Stelle auch ersetzt werden durch „soziale Realitäten"; „Situation" erscheint lexikalisch etwas irreführend in der Auflistung von Flick et al. 2012, S. 19), da dieser ebenfalls für die besondere Methodologie der Situationsanalyse verwendet wird.

3.1 Wissenschaftstheoretischer Standpunkt und Forschungsethik

Wie kann man einen Untersuchungsgegenstand für ein sozialwissenschaftliches Dissertationsprojekt bearbeiten, wenn es sich um ein im öffentlichen Raum äußerst umstrittenes Thema handelt und der medial-öffentliche Diskurs dazu stark politisiert ist? Für eine Bewältigung dieser Herausforderung werden im folgenden Unterkapitel grundlegende wissenschaftstheoretische und forschungsethische Einsichten erläutert. Dabei erscheint es forschungsethisch wichtig zu sein, schon zu Beginn auf die soziologische Perspektive dieser Arbeit und damit auf meine eigene Positionierung einzugehen, weil ein neutraler Standpunkt nicht wirklich möglich ist. Es geht nicht nur um die gesellschaftliche und politische Aufladung des Themas, sondern um ein grundlegendes Problem sozialwissenschaftlicher Erkenntnisgewinnung. Die vorliegende Arbeit orientiert sich grundsätzlich am Anspruch der „Objektivität" sozialwissenschaftlicher Erkenntnis nach Weber (1988). Dennoch unterliegt die Fragestellung mit Fokus auf die konflikthaften Auseinandersetzungen auch ethischen Werten.

Nach dem Ethikkodex der Deutschen Gesellschaft für Soziologie sollten sich Forschende stets die folgenden epistemischen und sozialen Prozesse vor Augen führen:

> „Die Erarbeitung und Verbreitung soziologischen Wissens sind soziale Prozesse, die in jedem Stadium ethische Erwägungen und Entscheidungen erfordern. Der ethischen Implikationen soziologischer Wissensproduktion, -verwendung und -weitergabe sollten sich Soziologinnen und Soziologen stets bewusst sein." (DGS 2017)

Diese Forderung ist auch von besonderer Bedeutung für den gewählten Untersuchungsgegenstand, da die sozialen Konflikte zum Technologiefeld CCS im Fallbeispiel Deutschland Teil einer hochkontroversen gesellschaftlichen Debatte sind. Deshalb wurden einige für diesen Kontext zentrale ethische Implikationen reflektiert und in die Überlegungen einbezogen.

„Soziologie [...] soll heißen: Eine Wissenschaft, welche soziales Handeln deutend verstehen und dadurch in seinem Ablauf und seinen Wirkungen ursächlich erklären will" (Weber 1988, S. 542). Dieses vielinterpretierte Zitat von Weber, das auch in Heisers Monographie „Meilensteine der qualitativen Sozialforschung" (Heiser 2018, S. 8) an einer wichtigen Stelle angegeben wird, verdeutlicht die Aktualität dieser fast 100 Jahre alten Aussage auch für den Kontext aktueller soziologischer Wissenschaftstheorie und Forschungsethik. Ich nehme es zum

Anlass, um das zugrunde gelegte Verständnis von sozialem Handeln zu klären. Denn um soziales Handeln „deutend verstehen" zu können, sollten zunächst das Forschungsinteresse, das ausgewählte Untersuchungsfeld und der Untersuchungsgegenstand näher bestimmt werden. Im ersten Schritt einer empirischen Forschungsarbeit geht es also darum, das zu untersuchende Forschungsfeld zu bestimmen und zu klären, was zum Forschungsgegenstand gehört (Przyborski und Wohlrab-Sahr 2014, S. 42), um darauf aufbauend die Wahl der Methode zu klären. In dieser Untersuchung werden Webers Überlegungen zur Wissenschaftsethik aufgegriffen, sodass insofern *mit* Weber gearbeitet wird,[2] als seine konzeptuellen Einsichten angewendet werden. Dies ist von besonderer Bedeutung, weil sich die bisherige CCS-Debatte als umstritten erweist. Daher habe ich mich für Webers nüchtern-analytische Perspektive entschieden, die auch Werte systematisch mitdenkt und eine Anleitung für den Umgang damit bietet.

3.1.1 Max Webers wissenschaftstheoretische Einsichten im Kontext der vorliegenden Arbeit

Die Auswahl sozialwissenschaftlicher Forschungsgegenstände ergibt sich geschichtlich betrachtet für Weber durch die „praktischen" Gesichtspunkte (Weber 1988, S. 148): bestehende gesellschaftliche Anlässe und Fragestellungen. Eine solche praktische Grundlegung steht für Weber allerdings nicht nur historisch am Anfang sozialwissenschaftlicher Forschung, er versteht die Sozialwissenschaften insgesamt als empirisch orientierte Erfahrungswissenschaften (Weber 1988, S. 151). Während das „Seiende" nach Weber Anlass und Ausgangspunkt für die Wahl eines Forschungsgegenstandes sein kann, sollte sich eine Untersuchung gesellschaftlicher Tatsachen nicht an der Absicht des „Seinsollens" orientieren (Weber 1988, S. 148). Dies bedeutet für die vorliegende Arbeit vor allem, dass die gesellschaftlichen Konflikte zum Einsatz einer (Groß-)Technologie untersucht werden, um sie theoretisch einzuordnen und für das Fallbeispiel eine empirische Dokumentenanalyse zu ermöglichen und so einen Beitrag für die Grundlagenforschung zu leisten. Denn eine „empirische Wissenschaft vermag niemanden zu lehren, was er soll, sondern nur, was er kann und – unter Umständen – was er will" (Weber 1988, S. 151).

---

[2] „Es wird ja viel, ja fast ausschließlich *über*, aber fast kaum *mit* Weber gearbeitet. Klassiker bleiben gemeinhin dann lebendig, wenn sie Anschlussfähigkeit (Luhmann) für die weiterführende wissenschaftliche Arbeit bieten", so Müller 2020, S. 396.

3.1 Wissenschaftstheoretischer Standpunkt und Forschungsethik

Weber bringt allerdings auch eine wichtige erkenntnistheoretische Einsicht zum Ausdruck: „Richtig ist, daß die persönlichen Weltanschauungen auf dem Gebiet unserer Wissenschaften unausgesetzt hineinzuspielen pflegen auch in die wissenschaftliche Argumentation, sie immer wieder trüben [...]" (Weber 1988, S. 151). Die angestrebte Objektivität der Forschung wird insofern zugleich von einer als menschliche Schwäche zu interpretierenden „Trübung" begleitet.

Für Weber geht es um eine Erfassung gesellschaftlicher Tatsachen und nicht um Handlungsvorschläge, wie die soziale Realität stattdessen aussehen sollte. Denn „[n]irgends ist das Interesse der Wissenschaft auf Dauer schlechter aufgehoben als da, wo man unbequeme Tatsachen und die Realitäten des Lebens in ihrer Härte nicht sehen will" (Weber 1988, S. 154). Diesen Anspruch formulierte er in erster Linie für die Vorgaben der *Zeitschrift für Sozialwissenschaften und Sozialpolitik*, was den hermeneutischen Kontext von Webers Essay zur Objektivität bildet, er gilt aber auch für die Sozialwissenschaft im Allgemeinen. Neben dem offenen Blick für gesellschaftliche Problemlagen und der Erfassung von sozialwissenschaftlich relevanten sozialen Tatsachen verweist Weber aber für eine „objektive" Untersuchung auch auf Folgendes:

> „So sehr ‚prinzipielle' Erörterungen praktischer Probleme, d. h. die Zurückführung der unreflektiert sich aufdrängenden Werturteile auf ihren Ideengehalt, in der Sozialwissenschaft vonnöten sind [...] – die Schaffung eines praktischen Generalnenners für unsere Probleme in Gestalt allgemein gültiger letzter Ideale kann sicherlich weder ihre Aufgabe noch überhaupt die irgendeiner Erfahrungswissenschaft sein [...]." (Weber 1988, S. 154).

Deshalb geht es in dieser Arbeit in erster Linie um den Erkenntnisgewinn bezüglich der gesellschaftlichen Auseinandersetzungen mit einem Technologie-Set, der auch für die Bildung von Werturteilen herangezogen werden kann, ohne den normativ bewertenden Standpunkt bei der inhaltlichen Analyse in den Vordergrund zu stellen. Auf Grundlage dieser theoretisch fundierten und empirisch-analytischen Arbeit können die Leser*innen ihre eigenen ethischen und politischen Ansichten entwickeln.

3.1.2 Untersuchungsziele und Untersuchungsgegenstand

Das Anliegen der Arbeit ist es, einen sozialwissenschaftlichen Blick auf die gesellschaftlichen Auseinandersetzungen um CCS zu ermöglichen, ohne das Technologie-Set normativ zu bewerten oder die Gesellschaft hinsichtlich der

Akzeptanz zu problematisieren. Der Forschungsgegenstand eignet sich im besonderen Maß für den Forschungsansatz des Verstehens und damit für ein methodisches Vorgehen der qualitativen Forschung. Denn im Blick auf die (zivil-)gesellschaftlichen Auseinandersetzungen zu CCS geht es in dieser Arbeit vor allem um die Erfassung der Wirklichkeitskonzepte und Deutungsmuster (Helfferich 2011, S. 21). Es soll daher keine Definition des sachlichen Problems als eine interpretative Schablone auf die Aussagen der jeweiligen Akteure gelegt, sondern ein Verständnis der unterschiedlichen Perspektiven auf den Gegenstand CCS in den Mittelpunkt der Analyse gerückt werden, weil es in der qualitativen Forschung um eine Untersuchung der Konstitution von Sinn geht, bei der Raum für Äußerungen eines differenten Sinns ermöglicht werden soll (Helfferich 2011, S. 22). Denn die qualitative Forschung geht davon aus, dass die soziale Wirklichkeit als Forschungsgegenstand immer eine bereits interpretierte, gedeutete und auf diese Weise interaktiv „hergestellte" Wirklichkeit bildet (Helfferich 2011, S. 22), was sich auch am Entstehungskontext der Dokumente zeigt.

Da die CCS-Debatte spätestens ab dem Jahr 2009 mit der EU-Richtlinie zu CCS sowie 2012 mit der deutschen Gesetzgebung zu CCS im KSpG zeitlich eingegrenzt werden kann, sind zunächst nur seit diesem Zeitpunkt verschriftlichte Textdokumente von den Akteuren aus (Zivil-)gesellschaft, Wissenschaft und Politik von Bedeutung. Der Gesetzgebungsprozess wird als Kontext für das Engagement verstanden, er stellt jedoch nicht den alleinigen Anlass oder die einzige Handlungslegitimation dar. Als Untersuchungszeitraum wurde daher empirisch begründet die Zeitspanne zwischen 2009 und 2012 ausgewählt. Das prozessgenerierte Textmaterial wurde in Form einer Dokumentenanalyse ausgewertet.

3.2 Qualitative Fallstudie mit mehrteiligem Vorgehen

3.2.1 Falldefinition: Was ist ein Fall und wofür steht der Fall?

Als Forschungsdesign wurde eine qualitative Einzelfallstudie zu den bisherigen gesellschaftlichen Auseinandersetzungen ausgewählt und das CCS-Technologie-Set als Beispiel für eine technische Senke eingeordnet. Dabei werden mit dem Dachbegriff Carbon Dioxide Removal (CDR) oftmals technologische[3] und natürliche Senken unterschieden. Hinsichtlich der Einordnung des Themas in die

---

[3] In den empirischen Kapitel 4 und 5 wird dies revidiert oder zumindest die Frage aufgeworfen, inwiefern die CCS-Anwendung eindeutig eine technische Senke ist.

Auseinandersetzungen um eine technische Senke soll die Untersuchung durch einen Bezug auf aktuelle Theorien kontextbedingtes Wissen liefern, „contextdependent knowledge". Die Studie einer Situation zu einer gesellschaftlichen Problematik kann so einen nuancierten Blick auf die Realität ermöglichen (Flyvbjerg 2006).

Was als ein Fall verstanden werden kann, unterliegt grundsätzlich einer (bestimmten) sozialwissenschaftlichen Definition und bezieht sich auf eine konkrete Eingrenzung des Untersuchungsgegenstandes. Das Untersuchungsfeld der Auseinandersetzungen zu CCS in Deutschland bildet zunächst eine Einheit, die durch die Umsetzung der Richtlinie eine konkrete Aufgabe der einzelnen EU-Länder darstellt. Deshalb kann die Studie als ein Länderfallbeispiel innerhalb der Umsetzung der EU-Richtlinie 2009/31/EG kategorisiert werden. Außerdem kann die damit verbundene technologische Infrastruktur des CCS als ein Anwendungsfall von CDR-Maßnahmen oder als technische Senke verstanden werden.[4] Die (zivil-)gesellschaftlichen Auseinandersetzungen zu CCS bieten sich für die Untersuchung in Form einer Fallstudie an, da sich der Konflikt in einem begrenzten zeitlichen Rahmen und bestimmten politisch-geographischen Grenzen ereignet hat.

3.2.2 Forschungsdesign

In der Forschungslogik der qualitativen Sozialforschung steht die intensive Analyse weniger Fälle im Vordergrund, was mit einer Reihe spezifischer Gütekriterien verbunden ist (Heiser 2018, S. 44). Diese Kriterien werden im Folgenden fallspezifisch erläutert, um eine intersubjektive Nachvollziehbarkeit zu ermöglichen. Das Forschungsdesign dieser Arbeit kann unter einer weiten Definition als qualitative Länderfallstudie beschrieben werden, wobei insbesondere die Subunits der kollektiven (zivil-)gesellschaftlichen Akteure untersucht werden. Der Fall wird sowohl durch den politischen und geographischen Raum als auch durch die zu untersuchende Zeitspanne 2009–2012 festgelegt, wie für eine Fallstudie üblich (Gerring 2004). Der Fokus der Untersuchung richtet sich auf die Debatte um die Einführung des heutigen Kohlendioxid-Speicherungsgesetzes (KSpG). Die für die Untersuchung erfassten empirischen Daten bestehen vorrangig aus prozessorientierten Policy-Dokumenten. Während Flyvbjergs Anspruch an eine Fallstudie

---

[4] Die Einordnung von CCS als ein Teilaspekt im weiteren Kontext von CDR bestätigt sich in einer aktuellen Forschungsförderlinie des BMBF zu CDR: www.bmbf.de/foerderungen/bekanntmachung-3047.html, zuletzt abgerufen am 22. 06. 2021.

auch die Möglichkeit einer Falsifikation der Theorie einschließt, eignet sich das Design dieser Untersuchung eher für eine Kritik und Erweiterung der gewählten Theoriebezüge. Diese Arbeit soll durch eine theoriebezogene Analyse eines empirischen Phänomens einen Erkenntnisgewinn ermöglichen.

3.2.3 Vorgehensweise im Überblick: Ein mehrteiliges Verfahren

Im Folgenden werden das mehrstufige Vorgehen bei der empirischen Annäherung an das Feld, die Datenauswahl und eine Definition des Falls beschrieben. Durch das mehrstufige Herangehen sollte zunächst ein Überblick erstellt werden. In den jeweiligen Schritten wird das Datenmaterial in unterschiedlichem Umfang und unterschiedlicher Detailtiefe herangezogen. Auf diese Weise wird der Fall präzisiert und eine gezielte Auswahl der Daten für die systematische Auswertung ermöglicht, die hier begründet wird.

In einem ersten Schritt wurde durch explorative Interviews, Dokumentensammlung und -sichtung sowie Feldbeobachtungen ein Überblick zu den relevanten Akteuren und Themen im Kontext der CCS-Debatte auf Bundesebene und EU-Ebene erstellt. Dies diente der Themenhinführung und der Generierung eines Verständnisses des Phänomenbereichs, der CDR-Debatte und des frühen Einführungsversuchs von CCS als einem möglichen Pionier davon.

Bei den teilnehmenden Beobachtungen bei Veranstaltungen handelt es sich um wissenschaftliche Fachveranstaltungen, öffentliche Dialogveranstaltungen und eine Informationsveranstaltung zur Vergabe von Fördermitteln zur Technikentwicklung im Rahmen des DG Climate (General Directorate Climate) der EU Kommission. Außerdem umfasste der vorbereitende Schritt eine Sichtung der einschlägigen politisch-administrativen Dokumente zur Umsetzung der EU-Richtlinie 2009/31/EG und den Gesetzentwürfen bis hin zum verabschiedeten KSpG, die Berichte politikberatender Institutionen, zum Beispiel TAB oder UBA. Dies ermöglichte ein breites Verständnis der Komplexität der Debattenstränge und ein Erfassen der am Diskurs beteiligten zentralen Akteure auf EU- und Bundesebene.

Auch die Interviews dienten der Annäherung an das empirische Feld und fungierten als Entscheidungsgrundlage für die weitere Eingrenzung des Untersuchungsfeldes, des Untersuchungszeitraums, der Datenauswahl und des weiteren Vorgehens bei der Dokumentenanalyse. Für den ersten Feldzugang wurden explorative ($n = 9$) und semistrukturierte ($n = 12$) Interviews mit Personen aus den beteiligten wissenschaftlichen Disziplinen, politikberatenden Institutionen und der

3.2 Qualitative Fallstudie mit mehrteiligem Vorgehen

organisierten (Zivil-)gesellschaft geführt.[5] Sie verhalfen zu einem ersten Einblick in die Debatte dieser Akteursgruppen.[6] Die explorativen Interviews wurden als Notizen archiviert. Von den 12 semistrukturierten Interviews konnten 8 im Audioformat aufgenommen und transkribiert werden und 5 wurden vorausgewertet. Die Interviews vermittelten ein praxisbezogenes Hintergrundwissen zum Feld und zum Gegenstandsbereich.

Mit der ersten Feldannäherung und der Erfassung des Forschungsstands beschloss ich, den Fokus auf die Debatte der gesellschaftlichen Mesoebene zu richten und die Prozessdokumente der organisierten Interessenvertretungen zum damaligen Gesetzgebungsprozess zu verwenden. Die Hintergründe dafür beruhen auf drei Umständen. 1) Der erste und gewichtigste Grund ist, dass in der ersten Feldannäherung auf den Gesetzgebungsprozess und die Dokumentengruppen im Kontext dieses Prozesses verwiesen wurde, die sich für eine weitere Dokumentenanalyse eignen. 2) Der zweite Grund ist eine Fokusverschiebung des Erkenntnisinteresses, die zu einer Ausrichtung auf die Mesoebene des organisationalen Handelns von gesellschaftlichen Akteuren geführt hat, während zuvor der Fokus auf die subjektiven Beschreibungen im Feld gerichtet war. 3) Der dritte und letzte Grund ergibt sich durch die im Feld verstärkt gewonnene Einsicht, dass sich die frühe CCS-Debatte auf den Zeitraum 2009–2012 eingrenzen lässt, also den Zeitraum für die Umsetzung der EU-Richtlinie 2009/31/EG. Dabei eignen sich die prozessgenerierten Textdokumente für die Rekonstruktion des Falls, unter anderem weil sie unabhängig von individuellen Erinnerungen und personellen Wechseln in den Organisationen gegeben sind.

In einem zweiten Schritt wurde ein systematischer Überblick zu allen politisch-administrativen, industriellen, wissenschaftlichen und kollektivzivilgesellschaftlichen Akteursgruppen auf Bundesebene erstellt, die sich an der Debatte zum CCS-Technologie-Set beteiligt haben.

In einem letzten Schritt wurde auf Grundlage der explorativen Interviews, der teilnehmenden Beobachtungen und insbesondere der Übersicht zu den relevanten Akteuren und Dokumenten eine Auswahl für eine Detailanalyse anhand bestimmter Subunits getroffen. Dieser Eingrenzungsschritt wird im Abschnitt 3.3 detailliert beschrieben.

---

[5] Diese Akteure wurden befragt, um ergänzend zur sozialwissenschaftlichen Fachliteratur zu CCS und CDR einen Einblick in die Debatte erhalten.

[6] Zudem rührten sie von einer ersten Ausrichtung der Fragestellung her, die auf die Debatte der Umweltorganisationen fokussierte. Diese Ausrichtung wurde im Verlauf erweitert auf die insgesamt teilnehmenden gesellschaftlichen Interessenvertretungen.

3.3 Empirische Datenauswahl und -auswertung

3.3.1 Datenerhebung der Dokumente

Textquellen verschiedenen Ursprungs bilden ein zentrales Auswertungselement der qualitativen Sozialforschung (Helfferich 2011, S. 24). Hauptsächlich wurden bereits vorhandene verschriftlichte Dokumente von sozialen Bezugsgruppen (social interest groups) analysiert.[7]

Dokumentenerfassung und -auswertung als exemplifizierendes Material
Es handelt sich um rund 150 Dokumente mit einer Gesamtseitenzahl von ca. 750 Seiten. Die Dokumente haben unterschiedliche Seitenumfänge, durchschnittlich sind es fünf Seiten pro Dokument. Ein Teil der Dokumente (n = 125), die Dokumente der organisierten Interessenvertretungen, wurde einer systematisch-inhaltsanalytischen Auswertung unterzogen (Kapitel 5). Ein Teil der politisch-administrativen Dokumente (n = 25) diente der Prozessbeschreibung für die kontextualisierende Verortung von CCS in der EU-Klimapolitik (Kapitel 4). Die folgenden zentralen Akteurs- und entsprechend Dokumentengruppen wurden näher betrachtet und in der Analyse miteinander verknüpft.[8]

a) Dokumente zentraler Organisationen der internationalen Klimapolitik auf UN- und EU-Ebene: Zum Hintergrundverständnis der Entstehung des KSpG wurde auch die relevante EU-Richtlinie 2009/31/EG zur Förderung der CCS-Demonstration einbezogen.

b) Politisch-administrative Prozessdokumente auf Bundesebene: Dokumente der Exekutive, also der damals zuständigen Ministerien, Bundesoberbehörden und -ämter, wurden gesichtet sowie der Evaluierungsbericht zur Umsetzung von CCS aus dem Jahr 2018. Zum Hintergrundverständnis wurden außerdem Dokumente über das Dokumentations- und Informationssystem (DIP) des Deutschen Bundestags und öffentlich zugängliche Dokumente des Umweltausschusses erfasst. Die Gesetzentwürfe und -texte, die zum Teil Gegenstand der Auseinandersetzungen waren, wurden über das Informationszentrum des Bundesministeriums für Justiz- und Verbraucherschutz eingesehen.

---

[7] Der Großteil der Dokumente ist online zugänglich. Nicht online zugängliche Einzeldokumente sind jedoch öffentlich einsehbar.

[8] Ein Überblick aller direkt und indirekt zitierten Dokumente findet sich im Quellenverzeichnis.

3.3 Empirische Datenauswahl und -auswertung

c) Stellungnahmen, Hintergrund- und Positionspapiere organisierter (Zivil-) gesellschaft: Für die strukturierte Inhaltsanalyse wurden Stellungnahmen, Hintergrund- und Positionspapiere ausgewertet, die größtenteils öffentlich zugänglich sind. Diese Dokumente entstanden teils auf Einladung von staatlichen Institutionen, zum Beispiel durch die Verbändeanhörungen im Gesetzgebungsverfahren und den Umweltausschuss des Deutschen Bundestags, teils konnten die Dokumente als nicht eingeladene Positions- und Hintergrundpapiere gelesen werden. Ergänzend wurden Artikel und Beiträge zu CCS in Onlinezeitschriften sowie Tages- und Wochenzeitungen hinzugezogen, die allerdings nur als illustratives Material verwendet wurden.[9]

Auswahl und Eingrenzung der Dokumente
In der Fallstudie wurde der Fokus auf die zentralen Prozessdokumente und auf eine Auswahl von Subunits gerichtet. Das Selektionskriterium bezieht sich auf die Entscheidung im Forschungsvorgehen, den Untersuchungsschwerpunkt auf die großen und organisierten (zivil-)gesellschaftlichen Akteure auf Bundesebene zu legen, die Umweltorganisationen, Wirtschaftsverbände und Gewerkschaften. Während auf der lokalen Ebene Proteste zu beobachten waren, agierten auf der Bundesebene NGOs, die teils eingeladen waren (Verbändeanhörungen, Sitzungen des Umweltausschusses) und teils ohne Einladung Stellungnahmen und Positionen veröffentlichten. Dieses Textmaterial bildet das inhaltsanalytisch ausgewertete Datenkorpus. Auch wenn die lokalen Proteste zum Teil damit verknüpft waren – personell und inhaltlich –, so bilden sie doch einen eigenen Untersuchungsgegenstand der Protest- und Bewegungsforschung. Auf diese Proteste gehe ich daher nur dann ein, sofern sie in den Dokumenten der organisierten Interessenvertretungen auf Bundesebene angesprochen werden.

Die Stellungnahmen wurden als hauptsächliches Analysematerial verwendet. Bei dieser Dokumentengruppe handelt es sich um prozessgeneriertes Material. Die Dokumente wurden exemplarisch für organisierte soziale Interessengruppen herangezogen.

---

[9] Für eine systematische Medienanalyse des öffentlichen Diskurses um CCS siehe Schneider 2017.

Dokumententypen: Stellungnahmen, Hintergrund- und Positionspapiere

Herangehensweise
In der Analyse wird der Konflikt zur Implementierung von CCS als eine Auseinandersetzung zwischen den Deutungszuschreibungen der sozialen Bezugsgruppen verstanden. Dem liegt die theoretische Einsicht zu Grunde, dass mit SCOT ausgehend von den Sinngehalten gesellschaftlicher Bezugsgruppen auf das Technologie-Set geblickt wird. Weil das Set zu diesem Zeitpunkt weder großflächig existierte, noch im breiten öffentlichen Diskurs angekommen war, erschien die Untersuchung der Teilhabe der organisierten (Zivil-)gesellschaft auf Bundesebene im Kontext des Gesetzgebungsverfahren, die teilweise institutionell initiiert wurde, als ergiebig. Dazu wurden die involvierten Umweltorganisationen, Wirtschafts- und Energieverbände und Gewerkschaften als übergreifende gesellschaftliche Bezugsgruppen verstanden, sodass der Schwerpunkt auf die im Textmaterial zu findenden inhaltlichen Sinnzuschreibungen gerichtet wurde.

In der Untersuchung wird die sozialkonstruktivistische Wissenschafts- und Technikforschung auf den Gegenstand CCS angewendet, indem die frühe Auseinandersetzung damit als interpretative Flexibilität der Deutungen von gesellschaftlichen Bezugsgruppen aufgefasst wird. Das Konzept der social interest groups bezieht sich auf gesellschaftliche Bezugsgruppen, die eine aktive Bezugnahme auf eine oder ein aktives Interesse an einer Technologie herstellen, was auf die kollektiven Interessenvertretungen der (Zivil-)Gesellschaft angewendet wurde. Die Auswahl der Dokumente der kollektiven Interessenvertretungen wiederum erlaubt einen strukturierten Zugriff auf die sachlichen Sinngehalte der sozialen Bezugsgruppen. Diese Perspektive stützt sich grundlegend auf theoretische Einsichten der konstruktivistischen Wissenschafts- und Techniksoziologie und kontextualisiert das Technologie-Set als einen Teil bestehender soziotechnischer Systeme (LTS).

Datenform und -eingrenzung
Die Dateneingrenzung erfolgte hinsichtlich des Zeitraums, der Organisationen und der Datenform. Die Analyse verfolgt ein Erkenntnisinteresse auf der soziologischen Mesoebene und bezieht sich daher anhand einer Dokumentenanalyse auf die organisierten Gesellschaftsakteure und deren Perspektiven auf die Entwicklung und antizipierten Konsequenzen des CCS-Gesetzes. Um die gesellschaftlichen Sinnzuschreibungen auf der Bundesebene systematisch erfassen zu können, wurden die Prozessdokumente der kollektiven (Zivil-)Gesellschaft zum Gesetzgebungsprozess von 2009 bis 2012 untersucht. Das empirische Material beinhaltet Stellungnahmen, Hintergrund- und Positionspapiere sowie organisationseigene

3.3 Empirische Datenauswahl und -auswertung

Pressemitteilungen, teils erweitert um Blogbeiträge.[10] Um einzelne politische Ereignisse belegen zu können, wurde ergänzend auf Dokumente zurückgegriffen, die über den Dokumenten- und Informationsdienst für parlamentarische Vorgänge (DIP) öffentlich zugänglich sind.[11]

Die organisierten Interessengruppen waren zu den Verbändeanhörungen eingeladen und partizipierten auch zeitlich und kontextbezogen darüber hinaus an den Auseinandersetzungen. Die an den Verbändeanhörungen beteiligten gesellschaftlichen Akteure lassen sich stark vereinfacht gesagt in die Akteursgruppen der Umweltorganisationen und Wirtschaftsverbände sowie Gewerkschaften unterteilen. Zu den Verbändeanhörungen im frühen Gesetzgebungsprozess wurden sowohl Umweltorganisationen und Wirtschaftsverbände als auch Gewerkschaften eingeladen. Vor diesem Wissenshorizont erfolgt eine Untersuchung der Gruppen, die auch während der Verbändeanhörungen an der Debatte teilhatten, welche in diesem Prozess das erste Zusammentreffen von Staat und Bürger*innen auf Bundesebene darstellen. Die genannten Verbändeanhörungen verwende ich in dieser Untersuchung als grobe Orientierungspunkte des politisch-administrativen Prozesses, jedoch ist deren Beachtung keine Voraussetzung für die Analyse der Policy-Dokumente der gesellschaftlichen Interessensorganisationen. Diese konkreten politisch-administrativen Ereignisse wurden für eine zeitliche und akteursbezogene Eingrenzung verwendet, wodurch die empirische Orientierung bei der Auswahl der Daten verdeutlicht wird. Verbändeanhörungen finden grundlegend zu Beginn der Bewilligung eines Gesetzes statt und wurden im vorliegenden Fall vom Bundesministerium für Wirtschaft und Energie (BMWi) und vom BMU koordiniert. Ein ergänzender Teil der Erschließung von Informationen beruht auf schriftlichen Prozessdokumenten.[12]

Organisationen als Untersuchungsfeld gelten in der qualitativen Forschung als vielschichtige Gegenstände und eignen sich für eine ausschnitthafte Analyse (Rosenstiel 2012, S. 226) Hier liegt die Perspektive auf verschriftlichten und

---

[10] Es besteht kein Anspruch einer vollständigen Wiedergabe, dies liegt auch darin begründet, dass vereinzelte Stellungnahme nicht zugänglich sind. An diesen Punkten wurde mit verbandseigenen Pressemitteilungen gearbeitet.

[11] Hierzu zählen etwa Kommentierungen der politischen Zeitschrift *Das Parlament* in der Herausgeberschaft der Bundeszentrale für politische Bildung sowie vereinzelt Protokolle aus themenrelevanten Plenarsitzungen des Bundestags.

[12] Dafür stellte ich beim BMWi und beim UBA eine Anfrage mit Verweis auf das Umweltinformationsgesetz (UIG), welcher formlos beantwortet wurde. Hier ist anzumerken, dass die Ministerien seit der Transparenzinitiative im Jahr 2018 Stellungnahmen sowie weitere Prozessdokumente von Verbänden- und Expertenanhörungen online veröffentlichen. Für den vorliegenden Fall galt dies noch nicht.

veröffentlichten Stellungnahmen, Positions- und Hintergrundpapieren der (zivil-) gesellschaftlichen NGOs. Die dadurch eingefangene Analyseebene illustriert die kollektive und formal aufbereitete Themenpositionierung der Umwelt- und Wirtschaftsverbände sowie Gewerkschaften. Diese Policy-Dokumente wurden im erweiterten Kontext des Gesetzgebungsverfahrens veröffentlicht. Die Sinngehalte der organisierten Gesellschaftsakteure auf Bundesebene – zumeist in der Rechtsform der Verbände, Vereine, Vereinigungen, Stiftungen – lieferten fruchtbares prozessgeneriertes Textmaterial, das hinsichtlich der Deutungszuschreibungen der Technologie untersucht wurde. Die zitierten Textpassagen der öffentlich zugänglichen Dokumente sind als zeitgeschichtliche Dokumente zu lesen und geben nicht die aktuellen Positionierungen zu CCS der gesellschaftlichen Organisationen wieder. Die verschriftlichte Bedeutungszuschreibung zeigt den prozesshaften Charakter (Flick et al. 2012, 22 f.) der gesellschaftlichen Aushandlung des Technologie-Sets.

Zur Vollständigkeit muss auf den Umstand verwiesen werden, dass an diesen Verbändeanhörungen auch andere Akteure, zum Beispiel aus Industrie und Politik, als Beobachtende anwesend waren. Der Begriff „Verbändeanhörung" könnte sonst zu der Vorstellung verleiten, dass nur Verbände an dieser Anhörung teilnahmen. Die einzelnen Teilnehmenden sind in der offiziellen ministerial erstellten Teilnehmerliste einsehbar.[13]

Besonderheit des Datenmaterials
Erst seit dem Jahr 2018 müssen alle Stellungnahmen von Verbändeanhörungen veröffentlicht werden. Seither sind systematisch aufbereitete Stellungnahmen von Verbänden zu Gesetzgebungsverfahren gesammelt über die Webseiten des DIP des Bundestags bzw. der jeweils federführenden Ausschüsse verfügbar.[14] Stellungnahmen, die vor diesem Datum erstellt wurden, sind nur über die jeweiligen Verbände- und Organisationswebseiten verfügbar.

---

[13] Diese Liste wurde über eine Anfrage zur Umweltinformation bei den zuständigen Bundesoberbehörden eingeholt. Da im Gesetzestext des KSpG der Zweck „zum Schutz des Menschen und der Umwelt" angegeben wird, kann die damit verbundene Auskunft als Umweltinformation nach UIG § 3 eingeordnet werden. Auf diesen Auszug bezog ich mich bei der Kontaktaufnahme über ein allgemein zugängliches Kontaktformular des zuständigen Ministeriums. Inwieweit die Antwort auf die Erwähnung des UIG zurückzuführen ist, kann an dieser Stelle nicht abschließend geklärt werden. Diese Recherche bestätigte und erweiterte die Angaben zur Teilnahme von gesellschaftlichen Akteuren, die teilweise schon aus der Fachliteratur bekannt waren, zum Beispiel durch eine Umfrage von Thomeczek (2013).

[14] Beispielsweise hier: www.bmwi.de/Navigation/DE/Service/Stellungnahmen/Aktuelle-Gesetzgebungsverfahren/aktuelle-gesetzgebungsverfahren.html, zuletzt abgerufen am 08. 09. 2020.

3.3 Empirische Datenauswahl und -auswertung

Was bedeutet das für den Untersuchungszeitraum 2009 bis 2012? Für die Zeit vor 2018 ist ein Zugriff entweder direkt über die Internetauftritte der Verbände und NGOs oder auf Grundlage des Umweltinformationsgesetzes (UIG)[15] mit einer Anfrage bei den zuständigen Behörden möglich. Im vorliegenden Fall erfolgte der Zugriff hauptsächlich über die Webseiten der Verbände, da dies ausreichend war. Ergänzend holte ich Umweltinformationen[16] bei den damals beteiligten Ministerien ein, dem Umweltministerium (BMU) und dem BMWi, die die federführenden Bundesinstitutionen im Gesetzgebungsprozess waren.

Kommunikationszusammenhang und Sprachstil
Zum Sprachstil und Charakter der Textstücke lässt sich feststellen, dass sie neben gesellschaftspolitischen Perspektiven Bezüge zur Rechtssprache herstellen. Letzteres wird anhand einiger Begriffe gezielt aufgegriffen, kann und soll jedoch nicht den Analysefokus bilden. Unabhängig von dem teilweise formellen Stil der Texte können die Formulierungen oftmals als kritisierend, korrigierend und normativ fordernd beschrieben werden. Auffällig erscheint, dass die Beschreibungen des Technologie-Sets (CCS) sehr unterschiedlich sind, etwa die Bezeichnungen des Endlagers oder Speichers als Storage-Anteil. Der kommunikative Charakter sozialer Wirklichkeit in den Dokumenten bildet den Ausgangspunkt der Untersuchung (Flick et al. 2012, S. 22). Die folgende Inhaltsanalyse (Kapitel 5) ist als eine theoretisch begründete Analyse des Textmaterials zu verstehen und soll daher kein Abbild (Kardorff 2012, S. 619) oder Protokoll der Auseinandersetzungen sein.

An wen richtet sich das untersuchte Textmaterial? Diese Frage ist ein Teil der Analyse des Kommunikationszusammenhangs, auch bei einer Inhaltsanalyse (Mayring 2012, S. 471). Es handelt sich um organisationale Perspektiven, die sich auf einen politischen und rechtlich verhandelten Gegenstand beziehen, sodass das Publikum sowohl die Politik und die Entscheidungsträger*innen im Gesetzgebungsverfahren als auch die Öffentlichkeit sind, da die Stellungnahmen grundlegend öffentlich zugänglich sind. Die vorliegenden Dokumente adressieren also die am Gesetzgebungsprozess beteiligten Ministerien und Akteure sowie die Öffentlichkeit. Die anderen Dokumente wie Hintergrund- und Positionspapiere sind ähnlich einzuordnen, wobei hier als Publikum auch die Mitgliederorganisationen gelten. Zusätzliches zu exemplifizierendes Material, wie Textmaterial auf

---

[15] Das Umweltbundesamt bietet umfassende Informationen zum UIG: www.umweltbundesamt.de/themen/nachhaltigkeit-strategien-internationales/umweltrecht/zugang-zu-umweltinformationen#was-sind-umweltinformationen, zuletzt abgerufen am 21. 09. 2020.
[16] Zur Beschreibung der Vorgehensweise siehe Fußnote 59.

Organisationswebseiten oder Blogbeiträge, richtet sich sowohl an eine öffentliche Leserschaft (schon durch die öffentliche Zugänglichkeit) als auch an zum Beispiel Verbandsmitglieder. Die verschiedenen Dokumenttypen zeichnen sich dadurch aus, dass sie nach außen kommunizieren, sei es gegenüber der Politik oder der Öffentlichkeit. Daher kann von einem gewissen Konstruktions- oder Darstellungscharakter des Textmaterials ausgegangen werden.

Wie belastbar ist das Datenmaterial und welche Aussagen kann man daraus ableiten? Es steht für die Deutungen der zentralen, organisierten, (zivil-) gesellschaftlichen Akteure hinsichtlich der geplanten Demonstration und teils antizipierten Implementierung der Technologie. Anhand der prozessgenerierten Dokumente der formal beteiligten (Zivil-)gesellschaft können im vorliegenden Fall die öffentlich zugänglichen Positionierungen der Umweltorganisationen, Wirtschafts- und Energieverbände und der Gewerkschaften nachvollzogen werden.

3.3.2 Datenauswertung

Die Prozessdokumente der organisierten (Zivil-)gesellschaft wurden mit der Inhaltsanalyse vorausgewertet und strukturiert, die vorrangig im Sinne einer kategoriengeleiteten und strukturierenden Textanalyse eingesetzt wird. Denn das inhaltsanalytische Vorgehen eignet sich besonders dafür, Aussagen aus umfangreichen Dokumenten strukturiert aufzubereiten. Dabei erfolgte die Vorstrukturierung für die Auswertung anhand von deduktiven sowie induktiv ergänzten Codes. Die theoriebasierten Codes beziehen sich auf den Theorierahmen, in dem Ansätze aus der konstruktivistischen Tradition der STS miteinander verbunden wurden. Daran anknüpfend richten sich die Datenerhebung und die Interpretationsmethode der Dokumentensammlung und -analyse auf die Untersuchung sozialer Wirklichkeiten (Flick et al. 2012, S. 19). Das Ziel der theoriebasierten Inhaltsanalyse ist ein ausschnitthafter Einblick in die Argumentationen der Gruppe der kollektiv organisierten Gesellschaftsakteure. Die Inhaltsanalyse soll einen strukturierten Überblick zu den thematischen Strängen im Gesamtmaterial erschließen, wodurch eine Kategorisierung der inhaltlichen Aussagen und ihre kontext- und theoriebezogene Interpretation in den Vordergrund gerückt werden können. Dadurch können die inhaltlichen Argumentationen und die Aushandlungen der sozialen Interessengruppen mit ihren Deutungsrahmen fokussiert werden. Die Untersuchung arbeitet so die Argumente der kollektiven Gesellschaftsakteure und ihre

Bezugnahmen auf das Technologie-Set heraus. Im Unterschied zu bereits etablierten (Energie-)Technologien handelt es sich um einen Fall der Erprobung bzw. um eine Aushandlung zwischen Implementierung und Demonstration.

In einem ersten Schritt wurden Hauptkategorien als Codes gebildet, die zunächst deduktiv und basierend auf dem theoretischen Vorwissen formuliert wurden. Diese Kategorien wurden in einem zweiten Schritt induktiv aufgrund relevanter und sich wiederholender Inhalte in den Dokumenten durch weitere Codes bzw. Untercodes ergänzt. Nach dieser Vorauswertung erfolgte eine Interpretation der Daten vor dem Hintergrund der Theorien. Leitend war das Prinzip der theoretischen Sättigung im Hinblick auf die Forschungsfragen.[17]

Zentrale Techniken der Inhaltsanalyse oder kategoriengeleiteten Textanalyse
Während andere Textauswertungsmethoden den Fokus auf das Wie des Gesagten richten, fokussiert die qualitative Inhaltsanalyse das Was des Gesagten (Heiser 2018, S. 110). Sie berücksichtigt auch die Kommunikationszusammenhänge, in die das Gesagte eingebettet ist (Mayring 2010). Mayring weist deshalb darauf hin, dass die Bezeichnung der „kategoriengeleiteten Textanalyse" die Auswertungsmethode fast treffender beschreibt als der Terminus „Inhaltsanalyse", wie Heiser (2018, S. 111) erläutert. Die kategoriengeleitete Textanalyse wurde auf das prozessgenerierte Datenmaterial angewendet.

Bei der Inhaltsanalyse nach Mayring handelt es sich um ein systematisches und regelgeleitetes Auswertungsverfahren, allerdings unter Beachtung der Angemessenheit für den Gegenstand (Heiser 2018, 48 f. und 124; Mayring 2012). Die Entscheidung für eine grundlegend strukturierende Auswertungsmethode kann auch anhand der folgenden forschungspragmatischen Abwägungen begründet werden: Da die Auswertung allein und nicht in einer Gruppe erfolgte, bot sich die analytische Struktur einer Inhaltsanalyse als Auswertungsmethode eher an als etwa die objektive Hermeneutik. Außerdem bildet bei den Codierungen die sogenannte Intercodierreliabilität ein wichtiges Gütekriterium für dieses Verfahren: Wegen der Festlegung der Codes im Material sollte auch eine Sichtung durch eine*n andere*n Inhaltsanalytiker*in zu einem Ergebnis mit ähnlichen Codes führen (Mayring 2010, S. 50).

Ein zentrales strukturierendes Element der Inhaltsanalyse bildet ein von vorneherein formulierter Plan, der festgelegt, in welcher Reihenfolge und auf welche Weise das Material durchgegangen und unter welchen Bedingungen eine Codierungseinheit entwickelt werden soll. Dabei wird versucht, die Untersuchungsziele anhand von Kategorien zu formulieren (Mayring 2010, S. 49), um so einen

---

[17] Das Prinzip wird beispielsweise von Heiser 2018 erläutert.

Überblick über die zentralen Themen der Auswertung zu erhalten. Bei dem vorliegenden Material erwies sich dies als hilfreich, um einen Überblick über die Dokumente zu erhalten. Die Kategorien bzw. übergreifenden Themen sollten dazu dienen, das Material hinsichtlich des anfänglich formulierten Erkenntnisinteresses zu betrachten und zugleich eine gewisse Offenheit für neue Codes oder Themenaspekte zu bewahren, die im Prozess der anfänglichen Auswertung induktiv ergänzt werden können. Wenn die vorstrukturierende Inhaltsanalyse neben den deduktiven Kategorien auch induktive, also aus dem Material heraus abgeleitete, Kategorien erlaubt, dann ist das Kategoriensystem in der Lage, „wesentliche Bedeutungsaspekte des Materials" zu erfassen (Schreier 2014, Kapitel 1). Dies zeigte sich auch in dieser Untersuchung bei der induktiven Ergänzung des Kategoriensystems.

Bei der operativen Umsetzung der Methode wurde auf die Auswertungssoftware MAXQDA zurückgegriffen. In diesem Programm wurden die Dokumentengruppen systematisch nach Fallgruppen (Umweltorganisationen, Wirtschafts- und Energieverbände sowie Gewerkschaften) angelegt und codiert. Zur Darstellung der Ergebnisse wurden Excel-Tabellen erstellt, in denen alle codierten Segmente oder Textstellen zu jeweils einem Code innerhalb einer Fallgruppe (zum Beispiel Umweltorganisationen) aufgelistet wurden. Auf Grundlage dieser tabellarischen Strukturierung wurden die Ergebnisse der Gesamtcodierungen für jeden Code einer Fallgruppe zusammengefasst. Außerdem wurden die Codebeschreibungen aufgenommen, die in MAXQDA als digitale Memos zu den Codes festgehalten wurden. Darüber hinaus wurden an relevanten Stellen in den Dokumenten digitale Memos erstellt. Im Programm wurde ein projektübergreifendes Logbuch geführt mit einer Auflistung der prozessübergreifend relevanten Ereignisse, die sich aus dem Material ergaben.

3.3.3 Entwicklung inhaltsanalytischer Haupt- und Untercodes

In diesem Kapitel wird die analytische Entwicklung der Codes dargestellt. Die inhaltsanalytischen Codes ermöglichen eine Vorstrukturierung des Textmaterials und zwar vorrangig durch eine theoretische, aber auch durch eine empirisch geleitete Kategorienentwicklung. Dieser methodische Ansatz dient als strukturierendes Werkzeug für die Arbeit mit einem größeren Textkorpus.

3.3 Empirische Datenauswahl und -auswertung

1) Akteure, Orte, Artefakte
Dieser Code dient einer Grobstrukturierung und der Prozessbeschreibung und soll den strukturierenden Blick auf grundlegende Akteurskonstellationen, Orte des Geschehens und zentrale Ereignisse lenken, die im Textmaterial genannt werden, etwa die Veröffentlichung eines Gesetzentwurfs. Im Unterschied zu den anderen Codes handelt es sich um einen grundlegend soziologisch-strukturierenden Code und nicht um einen spezifisch theoriegeleiteten.

2) Zivilgesellschaft, Öffentlichkeit
Diese deduktive Kategorie richtet den Fokus auf Beschreibungen und Verständnisweisen der Zivilgesellschaft im Technikkontext, die sich im empirischen Textmaterial finden lassen. Der Code ist theoriebegründet und bezieht sich auf die theoretischen Überlegungen von (Wynne 2006, 2007), die im deutschsprachigen Raum auch von Wehling aufgegriffen wurden (Wehling und Viehöver 2013; Wehling 2012).

3) Soziotechnisches System und Komponenten
Ebenfalls als deduktive Kategorie werden die soziotechnischen Systeme verwendet, die im Zusammenhang mit den theoretischen Einsichten zu LTS stehen. Der Code bezieht sich auf die beiden Subkategorien Komponenten und Kontext (Umwelt), die ebenfalls aus dem Theorierahmen abgeleitet wurden.

4) Sinngehalte und interpretative Flexibilität
Bei diesem deduktiv begründeten Code geht es um das Analyseelement der relevanten sozialen Bezugsgruppen (social interest groups) und die formulierten Vorstellungen und Erwartungen an das Technologie-Set. Die theoretische Grundlage für diesen Code liefern die Analyseelemente aus dem SCOT-Ansatz. Diese Codierung wird angewandt, wenn Deutungszuschreibungen des Technologie-Sets im Material auftauchen (meaning) oder widersprüchliche Bedeutungsrahmungen auftreten (interpretative flexibility). Da die Dokumente bereits den sozialen Interessengruppen zugeordnet wurden, wurden die social interest groups selbst nicht mehr im Material codiert.

5) Verantwortung
Dieser induktiv begründete Code wurde aus dem Material abgeleitet, da der Begriff der Verantwortung auffallend häufig verwendet wurde. Übergreifend kann man dazu unterschiedliche Bezüge identifizieren. So wurde etwa Verantwortung mit dem Begriff der Generationen oder Umwelt- und Klimaschutz verknüpft. Gerade diese beiden Bezüge wurden allerdings in unterschiedlichen Sinn- und

Argumentationszusammenhängen verwendet. Dieser Code diente dazu, alle im Material genannten Verbindungen zum Thema Verantwortung zu erfassen.

6) Zeitlichkeit
Der induktive Code der Zeitlichkeit bezieht sich zum Teil bereits auf den vorherigen Code zur intergenerativen Verantwortung, er verweist jedoch noch stärker auf die mit dem Technologie-Set verbundene zeitliche Dimension. Diese wurde in den Textmaterialien der organisierten Interessengruppen auffallend häufig genannt und in unterschiedlichen Sinn- und Argumentationszusammenhängen verwendet. Mit dieser Kategorie sollten alle Sinnzusammenhänge zum Thema Zeit im Kontext der frühen CCS-Debatte aufgriffen werden.

7) Nutzungskonkurrenz
Bei der Auswertung des Materials zeigte sich, dass häufig auf diverse Nutzungskonkurrenzen eingegangen wurde, worauf sich dieser induktive Code bezieht. Dabei geht es vor allem um bestehende oder geplante ober- oder unterirdische Flächen, Eigentumsrechte, Technologien und technologische Infrastrukturen. Durch die offene Formulierung des Codes konnten auch Textpassagen kategorisiert werden, in denen das Thema Nutzungskonkurrenz unterschiedlich thematisiert wird.

3.3.4 Reflexion

Dieses Unterkapitel reflektiert die Vorgehensweise kritisch, wobei vor allem auf die Möglichkeiten und Grenzen der Erkenntnis im Forschungsdesign eingegangen wird.

Die Reliabilität wird in der methodischen Vorgehensweise der vorstrukturierenden Inhaltsanalyse dadurch ermöglicht, dass sich das erste Setting der deduktiven Kategorien eng an die theoretischen Konzepte anlehnt und so nachvollziehbar beschrieben und wiederholt werden kann. Durch das systematische und strukturierte Vorgehen werden die Gütekriterien der Reliabilität erfüllt (Schreier 2014). Im Unterschied zu anderen qualitativen Verfahren, die sich etwa auf Analyseverfahren in einer Gruppe beziehen, kann die inhaltsanalytische Strukturierung durch Kategorien von einer einzelnen Person durchgeführt und jederzeit wiederholt werden. Bei der Auswahl und Auswertung der Prozessdokumente, also der Stellungnahmen, Hintergrund- und Positionspapiere der organisierten Interessengruppen auf Bundesebene, handelt es sich um ein nachvollziehbares Verfahren, das jederzeit von anderen Forscher*innen ebenso

3.3 Empirische Datenauswahl und -auswertung

durchgeführt werden kann. Diese generelle Übertragbarkeit auf der methodischen Ebene unterstreicht die Reliabilität der Vorgehensweise.[18]

Ein weiteres zentrales Gütekriterium ist die Validität, die sich hier auf die Vorgehensweise beziehen lässt. Hinsichtlich der Auseinandersetzung mit der einschlägigen Fachliteratur und der Aneignung von Kenntnissen über den Verlauf der Debatte konnten die Stellungnahmen, Hintergrund- und Positionspapiere als zentrale Momente der eingeladenen Gruppen im Gesetzgebungsprozesses verstanden werden. Insofern ist die Validität gegeben, dass durch die Erfassung der Prozessdokumente, die im weiteren Kontext der Verbändeanhörungen entstanden sind, eine zentrale Auseinandersetzung in der gesellschaftlichen Debatte auf der Bundesebene erfasst wurde.

Erkenntnisgrenzen

Die Untersuchung stößt dahingehend an ihre Erkenntnisgrenzen, dass es sich um die Auseinandersetzung mit einem Fallbeispiel handelt, genauer um den Fall eines Umsetzungsversuchs einer technischen Senke. Eine Verallgemeinerung kann zwar einerseits hinsichtlich der Rolle der (zivil-)gesellschaftlichen Akteure und andererseits hinsichtlich der Umsetzung weiterer CDR-Maßnahmen und der zu erwartenden Konflikte erfolgen. Das Datenmaterial liefert jedoch keine Informationen über die informellen Netzwerke und dort vorhandene Machtstrukturen, zum Beispiel innerhalb der Kommunikation. Das Forschungsdesign kann auch nicht den jeweiligen Grad der Einflussnahme auf den Gesetzgebungsprozess erfassen. Außerdem berücksichtigt es nicht unmittelbar die Proteste der Bürgerinitiativen, da diese nur durch die Adressierung im Textmaterial der organisierten Interessenvertretungen angesprochen werden.

---

[18] Diese prozessgenerierten Daten stellen auch für die Analyse anderer Themen, die im Kontext von Gesetzgebungsverfahren oder -änderungen behandelt werden, einen geeigneten Materialzugang dar.

4 Kontextualisierende Verortung: CCS in der EU-Klimapolitik

Durch ein Kontextualisieren der Maßnahme hinsichtlich des Agenda Settings der EU-Politik wird die Analyse in einen größeren Zusammenhang eingeordnet. Aktuell erhält die Debatte um die Notwendigkeit von Senken und Kompensation von Treibhausgasen insbesondere seit dem SR1.5 erhöhte klimapolitische Aufmerksamkeit, mit dem Ziel, Restemissionen auszugleichen bis hin zur Erzeugung sogenannter negativer Emissionen (Minx et al. 2018; Geden et al. 2019a). Doch dies kann vor dem Hintergrund vergangener klimapolitischer Handlungslogiken auch als die Fortsetzung einer bereits seit längerem vorhandenen Reaktionslogik des nachgeschalteten Ausgleichs verstanden werden (Carton et al. 2020). Auf welche bereits vorhandene institutionell-strukturelle Förderung von CDR-Maßnahmen die CCS-Technologie in den 2010er Jahren trifft, erläutert dieses Kapitel.

4.1 Von der EU-Richtlinie zum KSpG: Akteure, Dokumente, Prozesse

Im Folgenden wird der Ausschnitt des klimapolitischen Agenda Settings auf EU-Ebene skizziert, der für die CCS-Richtlinie (2009/31/EG) relevant ist. Dies zielt auf ein Verständnis der politisch-administrativen Bedingungen des Technologie-Sets ab, welche sich sowohl in der EU-Forschungsförderung als auch in der EU-Richtlinie widerspiegeln.

Zur Kontextualisierung lohnt sich ein Blick zurück auf die Klimapolitik der EU, um die CCS-Technologie hier verorten zu können. Wie kann CCS im klimapolitischen Agenda Setting der 2010er Jahre verortet werden? Um dies zu beantworten, erläutert dieser Abschnitt (4.1) das politische Agenda Setting hinsichtlich der institutionellen Förderung von CCS auf der EU-Ebene. Der darauffolgende Abschnitt (4.2) ordnet CCS in grundlegende Ziele und Handlungslogiken (inter-)nationaler Klimapolitik ein, insbesondere in die aktuelle Debatte um CDR. Der übergeordnete Kontext zwischen beiden Abschnitten ist die dem internationalen Klimaregime zugrunde liegende Problemdefinition, dass die Atmosphäre ein begrenztes Verschmutzungsbudget bietet. Als Lösungsstrategien für dieses Problem wird in der Klimapolitik vereinfacht gesagt mit drei Ansätzen geantwortet: Mitigation, Adaption, CDR (manchmal Climate Engineering oder Senkennutzung). Der letztere Ansatz war damals randständig, erhielt jedoch eine EU-Förderung.

Der IPCC-Sonderbericht zu CCS im Jahr 2005
Dieser Abschnitt schließt an die erste Unterfrage an, die lautet: Wie wird die Technologie innerhalb der Klimapolitik kontextualisiert? Es wird untersucht, wie sich CCS im EU-politischen Agenda-Setting verortet. Eine Skizzierung der Regulierungen auf EU-Ebene ist notwendig, um zu verstehen, welche Rolle den EU-Mitgliedstaaten hierbei zukommt, denn die EU-Richtlinie 2009/31/EG bildet die politische und rechtliche Grundlage für das KSpG. Dazu werden gezielt Kontextinformationen zu den institutionellen Hintergründen der EU-Richtlinie zusammengetragen. Es handelt sich insbesondere um EU-Amtsblätter sowie offizielle Webauftritte der relevanten EU-Institutionen.

Vorab sei auf einen im Jahr 2005 veröffentlichten Sonderbericht des Weltklimarats (IPCC) eingegangen, der in einem ähnlichen Zeitraum entstand wie eine Arbeitsgruppe zu CCS auf EU-Ebene, welche zur Entstehung der Richtlinie (2009/31/EG) beitrug. Denn die grundlegende technologische Überlegung, Kohlendioxid unterirdisch einzuspeichern, ist nicht neu und existierte schon vor dem Pariser Agreement, auch wenn im (fach-)öffentlichen Diskurs gelegentlich der Eindruck entsteht, dass Ausgleichen eine Innovation sei. Bereits im Jahr 2005 erschien ein IPCC-Sonderbericht, der sich explizit mit CCS befasst (IPCC 2005) und die Technologie als Teil eines Portfolios von Mitigationsmaßnahmen anführt. Damit wurde ein weites klimapolitisches Publikum adressiert, denn die Berichte des IPCC stellten bereits zu diesem Zeitpunkt den wissenschaftlichen Ankerpunkt für klimapolitische Inhalte dar (Meadowcroft und Langhelle 2009b, 6 f.). Bereits im Jahr 2009 differenzieren Meadowcroft und Langhelle (2009b) verschiedene Formen des Einsatzes von CCS-Technologien und führen sowohl die Emissionsreduktion an großen Punktquellen an, zum Beispiel fossile Kraftwerke

4.1 Von der EU-Richtlinie zum KSpG: Akteure, Dokumente, Prozesse

oder Industriestandorte, als auch die Erzeugung von (netto) negativen Emissionen[1] durch die Kombination von Bioenergie mit anschließendem CCS. Letzteres ist verstärkt Teil aktueller klimapolitischer Debatten, wie später ausgeführt wird. Zunächst wird das (forschungs-)politische Agenda Setting auf EU-Ebene näher beleuchtet.

Von der Arbeitsgruppe „Carbon capture and storage" zur EU-Richtlinie 2009/31/EG
Die Frage, inwiefern CCS eine europäische Klimaschutzmaßnahme darstellt, führt auf die strukturelle Ebene, da sich bereits im Jahr 2005 eine Arbeitsgruppe damit explizit befasste. Sie war Teil eines Programms zum Klimaschutz, denn die EU-Klimapolitik hatte bis 2010 noch kein eigenes Ressort (seit 2010 DG Climate Action), sondern war Teil des Politikfeldes der Umwelt. Sowohl die erste Phase (2000–2004) als auch die zweite Phase (ab 2005) des Europäischen Programms für den Klimaschutz (European Climate Change Programm) bezogen sich auf die Vereinbarung des Kyoto Protokolls, wie in der Zielformulierung des Programms deutlich wird.[2] Innerhalb des Europäischen Programms für den Klimaschutz entstand in der zweiten Phase eine Arbeitsgruppe zu CCS. Die 2005 gegründete Arbeitsgruppe zur Abscheidung und Speicherung von Kohlendioxid wurde mit der Überprüfung von CCS als Klimaschutzmaßnahme beauftragt unter dem Titel „Strategie für eine erfolgreiche Bekämpfung der globalen Klimaänderung" (siehe Richtlinie 2009/31/EG, Absatz 6). Sie gelangte zu dem Ergebnis, dass ein politischer und rechtlicher Rahmen für CCS notwendig sei. Auf deren Veranlassung hin wurde im Jahr 2009 auf EU-Ebene eine erste rechtliche Formulierung bezüglich der grundlegenden Forschungs- und Anwendungsfragen zu CCS formuliert: die Richtlinie 2009/31/EG. Zu betonen ist hier, dass bei diesem Aktionsfeld zunächst ein „rechtlicher Rahmen für die umweltverträgliche geologische Speicherung von Kohlendioxid (CO_2) geschaffen [*wurde*], um zur Bekämpfung des Klimawandels beizutragen." (Richtlinie 2009/31/EG, Artikel 1). Dieser Rahmen wird von den jeweiligen Mitgliedstaaten in eigene Rechtsvorschriften umgesetzt.

Die EU-Richtlinie 2009/31/EG als Grundlage des KSpG
Bereits im Jahr 2009 wurde auf EU-Ebene eine Richtlinie verabschiedet, mit der die EU-Mitgliedstaaten in den 2010er Jahren aufgefordert waren, sich mit

---

[1] Das Einklammern des Begriffs netto ist relevant, weil sich „netto negative Emissionen" auf „netto null" beziehen und der Ausdruck „negative Emissionen" zunächst auf die Entnahme verweist.

[2] Eine Übersicht über beide Phasen bietet die Europäische Kommission hier: www.ec.eur opa.eu/clima/policies/eccp, zuletzt abgerufen am 01.03.2019.

der Technologie auseinanderzusetzen und den gewählten Umgang damit in Form eines Gesetzestextes festzuhalten. In der Richtlinie (Directive) 2009/31/EG des europäischen Parlaments und des Rates wurde der politische und rechtliche Rahmen für die Umsetzung der CCS-Förderungen in der EU festgeschrieben. Vor diesem Hintergrund ist die Entstehung des CCS-Gesetzes in Deutschland als Reaktion auf die Richtlinie zu lesen. Die EU-Mitgliedstaaten waren aufgefordert, in dreijährigem Abstand einen Bericht über das Voranschreiten der Implementierung der Richtlinie bei der EU-Kommission vorzulegen (Europäische Kommission o. J.). Der Evaluierungsbericht der Bundesrepublik erschien im Dezember 2018 – im Verlauf des Verfassens dieser Arbeit – und bezeichnet unter anderem die fehlende Akzeptanz als Grundproblem (BT Drucksache 19/6891). Letzteres verstärkt das häufig in dieser Technologiedebatte vorzufindende Bild der Diskrepanz zwischen technisch-wissenschaftlicher Expertise und fehlender Akzeptanz von Bürger*innen als Laien. Mit der theoretischen Perspektive und dem methodischen Zugang dieser Arbeit soll gerade dieses lineare Verständnis ergänzt und aufgebrochen werden, wie im Theorieteil deutlich wurde. Deshalb ist auch ein Verständnis der institutionellen Einbettung der Maßnahme von Relevanz.

Das Jahr 2012 war das Ausfertigungsdatum für die gesetzliche Regulierung zur Demonstration der dauerhaften Speicherung von Kohlendioxid, auch abgekürzt als Kohlendioxid-Speichergesetz (KSpG). Das Gesetz ist grundlegend als Umsetzung der EU-Richtlinie 2009/31/EG des EU-Parlaments und des Rates zu verstehen.[3] Sie bezieht sich direkt im ersten Absatz auf die Ziele der Klimarahmenkonvention, des United Nations Framework Convention on Climate Change, UNFCCC:

„Oberstes Ziel der Klimarahmenkonvention der Vereinten Nationen […] ist es, die Konzentration von Treibhausgasen in der Atmosphäre auf einem Niveau zu stabilisieren, das eine gefährliche anthropogene Beeinträchtigung des Klimasystems verhindert." (EU-Richtlinie 2009/31/EG, Absatz 1)

Das Zitat zeigt, dass und wie die EU-Richtlinie die Klimarahmenkonvention als Ausgangspunkt anführt. Während diese Richtlinie auf die Umsetzung in den EU-Mitgliedstaaten abzielt und die Demonstration von CCS als Ziel

---

[3] Richtlinie 2009/31/EG des Europäischen Parlaments und des Rates vom 23. April 2009 über die geologische Speicherung von Kohlendioxid und zur Änderung der Richtlinie 85/337/EWG des Rates sowie der Richtlinien 2000/60/EG, 2001/80/EG, 2004/35/EG, 2006/12/EG und 2008/1/EG des Europäischen Parlaments und des Rates sowie der Verordnung (EG) Nr. 1013/2006. Einsehbar unter: https://eur-lex.curopa.eu/legal-content/DE/TXT/?uri=celex%3A32009L0031, zuletzt geöffnet am 01.03.2019.

hat, sind für das Handlungsfeld der EU-Klimapolitik auch Förderlinien für Forschung und Industrie zu vermerken, die auf die Weiterentwicklung von CCS-Technologien abzielen. Insofern bleibt an dieser Stelle festzuhalten, dass das Technologie-Set sowohl von einer EU-Richtlinie als auch von Förderprogrammen unterstützt wird. Dies verweist auf eine strukturelle, institutionelle Förderung des Technologie-Sets.

Forschungsförderung: Gründung von DG Climate Action und Innovation Fund
Neben der Richtlinie bildet die dezidierte Forschungs- und Technologieförderung einen weiteren Pfeiler des politischen Agenda Settings mit Blick auf die Maßnahme. Als eine zentrale institutionelle Veränderung der europäischen Klimapolitik lässt sich die Gründung des Directorate-General (DG) for Climate Action im Jahr 2010 vermerken. Hier ist ein zentrales Förderpaket angesiedelt, der Innovation Fund, der unter anderem für die Förderung von CCS-Technologien von Relevanz ist.[4] Der Innovation Fund ist eine von 11 Policies im DG Climate Action. Interessant ist, dass CCS hier in einem Förderpaket mit Erneuerbaren Technologien angesiedelt ist.

Auf der Webseite des DG Climate Action wird unter dem Innovation Fund ein direkter Bezug zum CCS-Sonderbericht des IPCC (2004) genommen. Indem das DG Climate Action diesen Bericht aufgreift, wird deutlich, dass auch hier – ähnlich wie bei der EU-Richtlinie – die Empfehlungen des Weltklimarats als zentraler Begründungszusammenhang genannt werden.

„The 2005 Special Report on CCS by the Intergovernmental Panel on Climate Change concluded that appropriately selected and managed geological reservoirs are ‚very likely' to retain over 99 % of the sequestered CO_2 for longer than 100 years and ‚likely' to retain 99 % of it for longer than 1000 years." (Europäische Kommission o. J.)

Das EU-Forschungsrahmenprogramm zu CCS im Innovation Fund lautet „NER 300 programme". Das Programm finanziert sich aus einem Bruchteil der Einnahmen des EU Emissions Trading System (ETS) – 5 % der Einnahmen zwischen 2013 und 2020 – und verfolgt das Ziel, innovative Erneuerbare Energien ebenso wie CO_2-Abscheidung und Speicherung zu fördern (Europäische Kommission o. J.). Da die Einnahmen aus dem Handel mit Verschmutzungszertifikaten sowohl für große Demonstrationsprojekte der Erneuerbaren Energien als

---

[4] Nähere Informationen finden sich auf der Website der Europäischen Kommission: www.ec.europa.eu/clima/policies/innovation-fund_de, zuletzt geöffnet am 01. 03. 2019.

auch der CO_2-Entnahme gefördert wurden, verdeutlicht sich hier die institutionelle Technologieförderung. Letzteres ist unter der gewählten Theorieperspektive auch als soziale Komponente des soziotechnischen Systems der Erneuerbaren Energien sowie der technischen Dekarbonisierung des fossilen Energiesystems aufzufassen.

Informationen zum Programm NER 300, welches auch das Förderrahmenprogramm für Forschung zu CCS darstellt, stehen über das Onlineportal SETIS der EU-Kommission zur Verfügung. Das Akronym steht für „Strategic Energy Technologies Information System – Information for decision making" und enthält eine geographische Karte, in der alle laufenden Projekte inklusive deren Eckdaten veröffentlicht sind.

Es wird deutlich, dass das Thema CCS spätestens seit 2005, mit der Etablierung der Arbeitsgruppe zu CCS, explizit von der EU behandelt wurde. Der Blick auf die Verantwortlichkeiten auf Institutionenebene zeigt, dass CCS ein Technologie-Set ist, das sowohl durch die Richtlinie als auch durch Forschungsförderung Eingang in die EU-Mitgliedstaaten gefunden hat. Zudem zeigt dieser Abschnitt, dass die EU in der Richtlinie und in den Förderprogrammen einen Bezug zum Weltklimarat herstellt, auf der klimapolitischen Handlungsebene der EU die CCS-Technologien also in einem Zusammenhang mit den Empfehlungen des IPCC stehen und CCS ein Gegenstand klimapolitischer Interessen ist. Allerdings muss zugleich die Größenordnung und der tatsächliche Stellenwert von CCS innerhalb der Klimapolitik genauer beachtet werden, worauf später eingegangen wird. Um Missverständnisse aus dem Weg zu räumen ist anzumerken, dass es in den verschiedenen Einsatzoptionen auch auf EU-Ebene jeweils nur eine Maßnahme eines umfassenden Portfolios an klassischen Mitigationsmaßnahmen darstellt.

4.2 Einordnung in die Debatte um Carbon Dioxide Removal

Der Zweck dieses Abschnitts ist es, die CCS-Anwendung in den Kontext der in der Klimaforschung und -politik diskutierten CDR-Maßnahmen zu stellen. Einerseits liegt die aktuelle Intensität der Debatte um CDR in den Szenarien des SR1.5 begründet, andererseits existiert die Logik der Senkennutzung bereits seit längerem im internationalen Klimaregime (Carton et al. 2020; Doda et al. 2021). In diese Begebenheit ist CCS einzuordnen. Auf der einen Seite das Kontinuum der klimapolitischen Bedeutung von Senken und Kompensation – zum Beispiel im Clean-Development-Mechanism oder REDD + –, auf der anderen

Seite ein seit dem Pariser Abkommen zu beobachtender Paradigmenwechsel mit Blick auf die Funktion der Senken. Letzteren wird nicht mehr allein der Zweck des Ausgleichs zugeschrieben, sondern die aktive Entnahme zur Erzeugung netto negativer Emissionen.

Um das Kontinuum der klimapolitischen Problemlösungslogik des Ausgleichens zu skizzieren, folgt im nächsten Abschnitt zunächst die Erklärung des grundlegenden klimapolitischen Ausgangspunkts von der Atmosphäre als begrenztem Deponieraum (Abschnitt 4.2.1). Anschließend bespricht der Abschnitt (4.2.2) die aktuelle CDR-Debatte in Relation zu der bereits länger bestehenden Logik des Ausgleichs und der Senkenschaffung. Unter diesen verschiedenen Zugriffspunkten erscheint das Technologie-Set zugleich als altes und neues Instrument. Alt in dem Sinn, dass es auf einer seit längerem existierenden Handlungslogik der Kompensation von Emissionen beruht und neu im Sinn der Zweckzuschreibung des Ausgleichs von unvermeidbaren Restemissionen. Im Kern handelt es sich um klimapolitische Kontextualisierungen, die jeweils ein unterschiedliches Licht auf die Maßnahme werfen. Wie ist vor diesem Hintergrund die Debatte der 2010er Jahre zu verstehen? Ein Verständnis der hier angeführten Einbettung erscheint notwendig, um eine Kontrastfolie für die späteren Deutungsrahmen auf Mitgliedstaatenebene, bzw. der organisierten Gesellschaftsakteure, entwickeln zu können.

4.2.1 Die Atmosphäre als begrenzter Deponieraum

Das Technologie-Set setzt bei den entstehenden Emissionen, das heißt bei den großen Punktquellen von Treibhausgasen, also dem Output, und weniger bei der Entstehungsweise auf Inputseite an. Damit entspricht die grundlegende Logik der CCS-Technologie einem generell in der internationalen Klimapolitik vorliegenden Fokus auf Emissionen als Outputproblem (Brunnengräber 2011, S. 34; Krüger 2011, S. 334).[5] Nicht nur die CCS-Technologie, auch CDR-Maßnahmen insgesamt, also Vorhaben zur Abscheidung des Treibhausgases Kohlenstoffdioxid, können unter der Perspektive des Outputproblems verstanden werden.

Die Problemdefinition liegt demnach auf den nicht intendierten Treibhausgasen und deren Auswirkung auf Umweltkollektivgüter. Wie sich dies auf der internationalen Ebene gestaltet, veranschaulicht das folgende Zitat pointiert, indem es die Atmosphäre als Gemeingut beschreibt.

---

[5] Brunnengräber bezieht sich hier insbesondere auf die Kyoto-Mechanismen.

„Die Atmosphäre wird von den UN, von NROs [Nichtregierungsorganisationen] oder von Entscheidungsträgern aus Politik und Wirtschaft als Gemeinschaftsgut angesehen, das allen zur Verfügung steht. [...] Aus der permanenten Übernutzung der Atmosphäre – es werden zu viele Treibhausgase deponiert – werden gemeinsame Interessen an ihrem Schutz und einer globalen Umweltpolitik begründet. Daraus wird die Notwendigkeit des international abgestimmten Handelns der Staatengemeinschaft abgeleitet, um den gravierenden Zerstörungen in Folge des Klimawandels gemeinsam begegnen zu können." (Achim Brunnengräber 2015, S. 119)

Als Konsequenz dieser gewünschten Eindämmung werden auf politischer Ebene Entscheidungen darüber getroffen, mit welchen Klimaschutzinstrumenten dieses Ziel erreicht werden soll. Grundlegende Anreiz- und Sanktionsmechanismen der Klimapolitik beruhen auf Mengen- oder Preisregulierungen (Simonis 1997, S. 46). Zudem spielen seit dem Kyoto-Protokoll die Instrumente des Technologietransfers zwischen sogenannten Entwicklungsländern ohne Reduktionsverpflichtung und einem Industrieland (Clean Development Index, CDM) sowie die Joint Implementation (JI), also die Zusammenarbeit zweier Industrieländer, eine zentrale Rolle in der internationalen Klimapolitik (BMU 2017).

Mit dem Pariser Klimaabkommen im Jahr 2015 wurde erstmals eine verbindliche Zielformulierung für die maximale, durch menschliches Handeln begründete Erderwärmung auf 2 °C festgelegt. Wenn das Klimaschutzziel[6] auf diesen Wert begrenzt werden soll, entspricht das einer Aufnahmefähigkeit der Atmosphäre bis zu 800 Gt Kohlendioxid, während zugleich jedoch 15.000 Gt Kohlendioxid an fossilen Energieträgern im Boden lagern (Edenhofer und Jakob 2017, S. 69). Diese Zahlen verdeutlichen, dass mehr fossile Ressourcen ihrem Vorkommen nach verbrannt werden könnten, als die Atmosphäre an dabei entstehenden Treibhausen aufnehmen sollte. Deshalb sprechen Edenhofer und Jakob auch davon, dass die Atmosphäre als globales Gemeinschaftsgut verstanden werden sollte, als begrenzter Deponieraum (Edenhofer und Jakob 2017, S. 38). Anhand des Bildes von der Atmosphäre als Gemeinschaftsgut und als begrenzter Deponieraum kann die Handlungslogik von Senken nachvollzogen werden. Denn der Problemdefinition des Outputs folgend – zu viele klimaschädliche Treibhausgase sammeln sich in der Atmosphäre an – knüpft die Logik des Ausgleichens oder Kompensierens an einer Vermeidung entweichender Gase oder deren Ausgleich an. Diese

---

[6] An dieser Stelle sei angemerkt, dass die in der Klimapolitik geläufige Begriffsverwendung des Klimaziels für die breite Leserschaft kontraintuitiv erscheinen kann, da die Zielerreichung hier eine Begrenzung meint. Das Ziel bedeutet dabei nicht die Erreichung einer Grenze, sondern das Vermeiden der Überschreitung dieser Kennzahl. Deshalb ist es präziser, mit dem Begriff ‚Klimaschutzziel' zu arbeiten.

Handlungslogik wurde sowohl in der klimapolitischen Vergangenheit der letzten Jahrzehnte als auch heute in unterschiedliche Mechanismen und Maßnahmen gegossen. Worum es sich dabei handelt und wo die CCS-Technologie ihren Platz findet, skizziert der folgende Abschnitt.

4.2.2 Die alte und neue Debatte um Senken

Das Fallbeispiel der Implementierung von CCS auf der EU-Ebene, insbesondere der „gescheiterte" Fall in Deutschland, lässt sich sowohl unter der Perspektive der aktuellen Debatte um CDR als auch der älteren Debatte um Senken fassen. Der folgende Abschnitt erläutert diese Einordnung. Während sich die frühere sozialwissenschaftliche Forschung zu CDR-Praktiken vornehmlich auf klimapolitische Mechanismen und Instrumente im Rahmen des CDM[7] bezieht, orientiert sich die neuere Forschungscommunity zu negativen Emissionen insbesondere an den klimapolitischen Zielen des Pariser Abkommens ebenso wie an den klimawissenschaftlichen Szenarien und der Bedeutung von Senken. Es handelt sich somit um Forschung über zukünftige Maßnahmen.

Ein Blick zurück: Kontinuität auf internationaler Ebene
Im aktuellen politischen Diskurs der EU um Klimaneutralität[8] gewinnt die Diskussion um CDR-Maßnahmen, auch als CO_2-Entnahmen oder -Senken bezeichnet, insbesondere für sogenannte unvermeidbare Restemissionen zunehmend (Minx et al. 2018; Strefler et al. 2018) oder erneut an Bedeutung (Carton et al. 2020). Bereits im Jahr 2005 veröffentlichte die Working Group III des IPCC einen über 400 Seiten langen Sonderbericht für Policy Maker zu Carbon Dioxide Removal and Storage, in welchem eingehend die Chancen und Risiken des Einsatzes von CCS behandelt wurden (IPCC 2005). Die Gewichtung dieser Maßnahmen im letzten SR1.5 von 2018 beförderte die Debatte in der Klimapolitik. Doch bereits das Pariser Klimaabkommen (2015) regte an, eine Balance zwischen den CO_2-Treibern und Maßnahmen zur Senkung der CO_2-Werte zu finden. Die Diskussion um CCS als eine von vielen Teilmaßnahmen im Bereich

---

[7] Mit Blick auf die CCS-Implementierung nach der EU Richtlinie ist zudem festzuhalten, dass im Gegensatz zum CDM-Mechanismus die Anwendung von CCS-Technologien für große (und meist statische) Punktquellen gedacht wurde und damit vornehmlich für Emittenten, die Teil des Emissionshandels (in der EU) sind: Energie- und Industriesektor und, begrenzt, für den Luftverkehr.

[8] Diese gilt es, von dem Begriff der CO_2-Neutralität zu unterscheiden, siehe Geden et al. (2019b).

der negativen Emissionen fußt nicht zuletzt auf der Aufnahme von CCS als eine mögliche Mitigationsmaßnahme im 2014 erschienenen Assessment Report (AR5) des IPCC (2014). Damit gewann das Thema an politischer und gesellschaftlicher Brisanz.

Mit Blick auf den zu untersuchenden Phänomenbereich sei darauf hingewiesen, dass es in der Vergangenheit auf der Ebene der UNFCCC-Verhandlungen den Versuch gab, CCS in den Kyoto-Mechanismus des CDM aufzunehmen (Krüger 2011, S. 333). Der CDM, als einer der drei flexiblen Mechanismen des Kyoto-Protokolls, beinhaltet die Möglichkeit für Industriestaaten, statt eigener Emissionsreduktion ein technologisches Mitigationsprojekt in sogenannten Entwicklungs- und Schwellenländern durchzuführen. Auf der 7. Vertragsstaatenkonferenz (2001) wurden die Aufnahmebedingungen von CCS-Projekten in den CDM formuliert. Seitdem sind CCS-Projekte unter strengen formalen Auflagen möglich, allerdings kam es bislang nicht dazu, was das UBA aktuell auch als Ergebnis der Situation des Kohlenstoffmarktes einordnet (UBA 2021). Insgesamt verweisen diese Umstände auf die Bedeutsamkeit der institutionellen und regulatorischen Dimensionen, die mit der Anwendung des Technologie-Sets verbunden sind. Es gibt im Kontext des flexiblen Mechanismus des CDM bereits Projekte, die nach Carton et al. (2020) in der langen Tradition von Carbon Dioxide Practices stehen. Als ein Beispiel einer älteren Praktik des CDR kann REDD + (Reducing Emissions from Deforestation and Forest Degradation in developing countries) angeführt werden (Carton et al. 2020, S. 9), die seit dem Jahr 2005 Gegenstand der Klimaverhandlungen ist (UNFCCC 2021). Im Grundansatz handelt es sich bei REDD + um die Logik des Erhaltes – nicht der Neuschaffung – einer natürlichen Senke. Dieses Beispiel führt das Team um Carton an, um auf das längere Vorhandensein der Senkenlogik in der Klimapolitik hinzuweisen.

Der Blick zurück in die Inhalte und Strukturen der Klimapolitik zeigt, dass bereits im Kyoto-Protokoll Instrumente des CDM als Kompensations- und Senkenprojekte eingesetzt wurden. Die bislang zuständigen Kompensationsagenturen – etwa die NGO atmosfair (o. J.), die mit dem CDM-„The Gold Standard"[9] zertifiziert ist – kompensieren vorrangig durch Senken im globalen Süden, beispielsweise durch sogenannte Nature Based Solution Projekte.[10] Das bedeutet, dass schon heute Kompensationsprojekte existieren – oftmals im globalen Süden (Carton et al. 2020, S. 2), weil dies im CDM systematisch so angelegt ist.

---

[9] Zu diesem Siegel siehe UBA (o. J.).

[10] goldstandard.org/our-story/sector-land-use-activities-nature-based-solutions, zuletzt eingesehen am 14. 07. 2021.

4.2 Einordnung in die Debatte um Carbon Dioxide Removal

Hingegen zeichnet sich der aktuelle klimapolitische Rahmen des Pariser Klimaabkommens insbesondere durch die Nationally Determined Contribution (NDC) aus.[11] Während also vorher, bei den Kyoto-Mechanismen, die Ausgleichsprojekte für Partnerschaften zwischen globalem Norden und Süden vorgesehen waren, zeichnet sich ab, dass der NDC-Mechanismus die Senken-Frage neu aufwirft und stärker als Länder- bzw. Staatenverbundangelegenheit rahmt.[12]

Die aktuelle Bedeutung von CDR in der Klimapolitik
In der Klimapolitik spielt CDR weiterhin eine wichtige Rolle, die auch dem nichtfachlichen Publikum bekannt ist:

> „Der freiwillige Kohlenstoffmarkt war über die Jahre ein kleiner, aber wichtiger Teil der globalen Aktivitäten zur Bekämpfung des Klimawandels. Das gestiegene öffentliche Bewusstsein für die Gefahren des Klimawandels sowie eine deutliche Lücke in den Klimazielen auf staatlicher Ebene haben im Laufe der Jahre immer mehr Unternehmen, Institutionen sowie Bürgerinnen und Bürger dazu motiviert, ihre Emissionen auszugleichen." (Doda et al. 2021, S. 13)

Das Zitat, welches einem Bericht unter der Herausgeberschaft des UBA entstammt, führt zweierlei vor Augen: erstens die Etabliertheit von Senkeninstrumenten in der Klimapolitik, zweitens die aktuell steigende Aufmerksamkeit um das Ausgleichen. Denn das Konzept der Klimaneutralität, das in dem EU-Klimaziel der Klimaneutralität bis 2050 zum Ausdruck kommt, beinhaltet unter anderem das Neuaufgreifen der Kompensationsmöglichkeit von Emissionen. Die Bedeutsamkeit von Senken in der EU-Klimapolitik kommt beispielhaft durch folgende Formulierung des Europäischen Parlaments zum Ausdruck:

> „Klimaneutralität bedeutet, ein Gleichgewicht zwischen Kohlenstoffemissionen und der Aufnahme von Kohlenstoff aus der Atmosphäre in Kohlenstoffsenken herzustellen. Um Netto-Null-Emissionen zu erreichen, müssen alle Treibhausgasemissionen weltweit durch Kohlenstoffbindung ausgeglichen werden. […] Bisher gibt es keine künstlichen Kohlenstoffsenken, die Kohlenstoff in dem Maße aus der Atmosphäre entfernen können, wie es zur Bekämpfung der globalen Erwärmung notwendig wäre."
> (Europäisches Parlament, 2019)

---

[11] Ein Beispiel dafür, dass und wie der Mechanismus der NDC Teil der Entwicklungszusammenarbeit ist, zeigt ein Projekt der Deutschen Gesellschaft für internationale Zusammenarbeit (GIZ): www.giz.de/de/weltweit/57478.html, zuletzt abgerufen am 05. 05. 2021.
[12] Welche neuen Zertifizierungssysteme sich hier entwickeln werden, bleibt es zu beobachten. Für eine weiterführende Lektüre zur regulatorischen Integration negativer Emissionen in das bestehende Emissionshandelssystem siehe Rickels et al. (2020).

Die Bedeutung von Senken findet sich auch auf der UN-Ebene im Pariser Abkommen, insbesondere eignet sich hier für ein Einblick in einen Auszug des Artikels 4:

> „1. In order to achieve the long-term temperature goal set out in Article 2, Parties aim to reach global peaking of greenhouse gas emissions as soon as possible, recognizing that peaking will take longer for developing country Parties, and to undertake rapid reductions thereafter in accordance with best available science, so as to achieve a balance between anthropogenic emissions by sources and removals by sinks of greenhouse gases in the second half of this century, on the basis of equity, and in the context of sustainable development and efforts to eradicate poverty." (UN 2005)

Die Bedeutsamkeit des Ausgleichens drückt sich besonders deutlich in der Formulierung der (netto) negativen Emissionen aus, die in der Klimapolitik geläufig ist. Während sich negative Emissionen zunächst auf das Entziehen, die Entnahme von Emissionen bezieht, verweist netto nicht nur auf den Ausgleich, sondern auf die Erzeugung von negativen Emissionen in der Summe. In der Literatur findet sich als ein Dachbegriff die Bezeichnung Carbon Dioxide Removal (CDR), unter der sowohl Senken als auch die Schaffung negativer Emissionen diskutiert wird, wie im Folgenden erklärt wird. Diesen Begriff verwendet auch der Weltklimarat und dient im Sinn der Anschlussfähigkeit auch hier als umbrella term für die ältere Bedeutung und die neuere – seit dem Pariser Abkommen 2015 – Betonung von Senken.

Da das Thema Ausgleichen und Entnahme von Treibhausgasen in der Klimapolitik stark an Aufwind gewonnen hat, kann die Debatte zwischen 2009 und 2012 nicht ohne die seit 2015 anwachsende Bedeutung von CDR untersucht werden.

Eine größere Mainstream-Debatte um CDR, oder negative Emissionen, entwickelte sich laut den Autor*innen des Artikels (Minx et al. 2018) zur Forschungslandschaft zu negativen Emissionen erst vor kurzem. Seit dem Paris Agreement steht die Besprechung der NET (Negative Emission Technologies) als Maßnahme stärker im Vordergrund der Klimawissenschaft und -politik (Minx 2018). Zu Beginn der internationalen Klimadiplomatie in den späten 1980er Jahren und der Etablierung des UNFCCC spielten NET nur eine randständige Rolle (Keith in Minx et al. 2018, 2).

Im Zusammenhang mit den Klimaschutzzielen des Parisabkommens wurde der IPCC beauftragt, einen Sonderbericht zu erstellen, der die Problem- und Lösungsperspektiven für das Erreichen des klimapolitischen Umweltziels von 1,5 °C beschreibt. Neu im SR1.5 war unter anderem, dass in allen erwähnten

4.2 Einordnung in die Debatte um Carbon Dioxide Removal

modellierten Mitigationspfaden CDR-Maßnahmen – CCS ist eine dieser Maßnahmen – enthalten sind, wenn auch mit jeweils unterschiedlicher Bedeutsamkeit. In der „Summary for Policy Makers" des Sonderberichts wird dies wie folgt zusammengefasst:

> „All pathways that limit global warming to 1.5°C with limited or no overshoot project the use of carbon dioxide removal (CDR) on the order of 100–1000 GtCO2 over the 21st century. CDR would be used to compensate for residual emissions and, in most cases, achieve net negative emissions to return global warming to 1.5 °C following a peak (*high confidence*)." (IPCC 2018, 19)

Der Hinweis „high confidence" verweist auf die sehr hohe Zustimmung zu dieser Einschätzung des Sonderberichts. Allerdings wird diese Möglichkeit und Notwendigkeit direkt im Anschluss bezüglich der Machbarkeit und Nachhaltigkeit eingegrenzt:

> „CDR deployment of several hundreds of GtCO2 is subject to multiple feasibility and sustainability constraints (*high confidence*). Significant near-term emissions reductions and measures to lower energy and land demand can limit CDR deployment to a few hundred GtCO2 without reliance on bioenergy with carbon capture and storage (BECCS) (*high confidence*)." (IPCC 2018, 19)

Ein aktueller Beitrag von Bellamy und Geden (2019) verweist zudem auf die paradoxe Ausgangslage, in der einerseits alle im SR1.5 genannten Mitigationsszenarien mehr oder weniger auf die Anwendung von CDR-Verfahren setzen, gleichzeitig jedoch genau die hier angeführten Verfahren weit von einer Anwendung entfernt sind. Aus der Sicht von Minx et al. (2018, 1) offenbart sich zudem eine Lücke zwischen der einerseits erwähnten Dringlichkeit dieser Maßnahmen zur Erreichung eines ambitionierten Klimaschutzziels der Begrenzung der Erderwärmung auf 1,5 °C und zugleich einem fehlenden Fortschritt in der konkreten Planung und Entwicklung sowie damit verbundenen Politikinhalten. Aus der systematischen Literaturübersicht von Minx et al. (2018) geht ebenfalls hervor, dass sich dieser Trend einer stärkeren Diskussion um CDR-Maßnahmen auch in der Fachliteratur bemerken lässt, ebenso wie eine verstärkte Ausdifferenzierung um jeweilige Einzelmaßnahmen.

Minx et al. (2018) geben einen detaillierten Überblick zur Entwicklung der klimawissenschaftlichen und -politischen Bedeutung von NET. Hier soll jedoch lediglich eine Definition von negativen Emissionen übernommen werden, die hilfreich ist für diese Untersuchung:

"It is important to note that discussions of negative emissions are not about natural processes of carbon dioxide removal. We define negative emissions as *intentional human efforts to remove CO_2 emissions from the atmosphere*. [...] All NETs are further, in principle, covered by the definition of carbon dioxide removal technologies as one distinct technology cluster under geoengineering or climate engineering (subject to the interpretation of scale in that definition), resulting in blurry boundaries among key concepts in climate policy (IPCC 2013, 2014b, 2014c, 2014a)." (Minx et al. 2018, S. 3)

Aufgrund des klimapolitischen Bedeutungswandels, der NET durch die ambitionierten Bestrebungen des Klimaschutzziels der Begrenzung der globalen, mittleren Durchschnittstemperatur auf 2,0 bzw. 1,5 °C zugeschrieben wird (Minx et al. 2018), kann geschlussfolgert werden, dass auch das Technologie-Set CCS neue Bedeutungszuschreibungen erhält.

Nachhaltigkeitsproblematik in der CDR-Debatte als Teil der aktuellen Fachdebatte
In der aktuellen Fachliteratur zu CDR wird auch auf die Dimension der ökologischen Nachhaltigkeit der Maßnahmen eingegangen. Dieser Abschnitt greift diese kritische Adressierung auf. Sowohl für natürliche als auch technische Senken finden sich kritische Reflexionen über nicht intendierte Auswirkungen der Maßnahmen auf die ökologische Umwelt.

Im Titel ihres Beitrags in der interdisziplinären Fachzeitschrift *Environmental Research Letters* fassen Strefler[13] et al. die Pfadabhängigkeiten von CDR-Maßnahmen zusammen: „Between Scylla and Charybdis: Delayed mitigation narrows the passage between large-scale CDR and high costs" (Strefler et al. 2018). Die Studie quantifiziert genau diesen „trade off" zwischen verspäteter Mitigation und den damit verbundenen unterschiedlichen Kosten bzw. dem Einsatz von CDR, der je nach Vernachlässigung der jetzigen Mitigation steigt. Warum die Größe und Intensität des CDR-Einsatzes eine so große Rolle für die Autor*innen spielt, wird ersichtlich, wenn der Blick auf die damit verbundenen Probleme und Unsicherheiten gelenkt wird. Denn dem großflächigen Einsatz von CDR-Maßnahmen werden Einschränkungen zugeschrieben: „There are major concerns about the sustainability of large-scale deployment of carbon dioxide removal (CDR) technologies. It is therefore an urgent question to what extent CDR will be needed to implement the long term ambition of the Paris Agreement" (Strefler et al. 2018, S. 1).

---

[13] Strefler forscht als Physikerin am Potsdam-Institut für Klimafolgenforschung mit einem Schwerpunkt auf Carbon Capture Use and Storage (CCUS).

4.2 Einordnung in die Debatte um Carbon Dioxide Removal

Nicht nur hinsichtlich der Nachhaltigkeit von CDR-Maßnahmen sieht das Team um Strefler Probleme, auch technische Unsicherheiten werden genannt, ebenso wie die noch nicht vorhandene politische Regulierung. Doch trotz der Bedenken bezüglich der Nachhaltigkeit, technischen Machbarkeit und politischen Institutionalisierung von CDR konstatieren die Autor*innen, dass für mindestens 8 Gt CO_2 pro Jahr CDR-Maßnahmen notwendig sind, um das Ziel der Begrenzung des globalen Temperaturanstiegs auf 1,5 °C zu erreichen. Für einen Größenvergleich führen sie mit Referenz zum „World Energy Outlook 2016" der internationalen Energieagentur (IEA) an, dass bereits eine weltweite Anwendung in der Größenskala von 5 Gt CO_2 pro Jahr eine CCS-Infrastruktur in der Größe der heutigen Ölindustrie erforderlich machen würde. Durch diese Beschreibung wird der grundlegend industriell-infrastrukturelle Charakter des CCS-Technologie-Sets deutlich. Im Ergebnisteil ihrer Untersuchung gelangen die Autor*innen zur Erkenntnis, dass kurzfristige klimapolitische Ambitionen einen entscheidenden Faktor für den Grad der Notwendigkeit künftiger CDR-Maßnahmen darstellen (Strefler et al. 2018, 4 f.). Denn damit steht in Verbindung, in welchem Ausmaß später Mitigation bzw. CDR-Maßnahmen eingesetzt werden müssten, um das in Paris festgehaltene Klimaschutzziel zu erreichen.

In einer explorativen Feinanalyse des „Special Report on Carbon Dioxide Capture and Storage" von 2005 geht Krüger (2015) der im Bericht enthaltenen Logik der ökologischen Modernisierung[14] nach. Der Autor konstatiert, dass dem Technologie-Set eine Schlüsselrolle in der internationalen Klimapolitik zukommt und sie als Teil der hegemonialen Handlungslogik der ökologischen Modernisierung einzuordnen ist (Krüger 2011, 2015). Hier zeigt sich beispielhaft, dass bereits in Fachbeiträgen zur frühen CCS-Debatte die Rolle des Technologie-Sets im Kontext der weiteren umweltpolitischen Handlungslogik und ökologischen Nachhaltigkeit kritisch reflektiert wurde. Auf die Ergebnisse der Studie wird in dieser Arbeit nicht genauer eingegangen; wichtig bleibt an dieser Stelle allerdings zu erwähnen, dass die Technologie zum damaligen Zeitpunkt nicht zum Zweck der Erzeugung negativer Emissionen vorgestellt wurde, wie aus der marginalen Erwähnung „negativer Emissionen" des damaligen IPCC Special Report hervorgeht (IPCC 2005). Das verweist einerseits auf die unterschiedlichen Zweckzuschreibungen des Technologie-Sets je nach Zeit und Kontext, andererseits auf die insgesamt nachträgliche, ausgleichende Logik der Maßnahme. Letzteres ist teilweise ein Gegenstand von Kritik, die sich sowohl in der aktuellen CDR-Debatte als auch in der frühen CCS-Debatte findet.

---

[14] Unter ökologischer Modernisierung wird sowohl ein sozialwissenschaftliches als auch ein umweltpolitisches Konzept verstanden (Bemmann et al. 2014).

4.3 Zwischenfazit

Politisch-administrative Institutionen als Komponente soziotechnischer Systeme
Mit der Verortung der CCS-Technologie in das Portfolio der Klimaschutzmaßnahmen der internationalen Klimaregimes wird deutlich, dass CCS als eine mögliche technologische Teilmaßnahme des Klimaschutzes seitens des UN-Klimaregimes gerahmt wurde, die im Anschluss in Form einer Richtlinie Eingang in die EU-Ebene gefunden hat. Daraufhin wurden die EU-Mitgliedstaaten aufgefordert, die Richtlinie zur Demonstration in nationales Recht umzusetzen. Dies ist als Hinweis für die Bedeutung der politisch-administrativen Förderung zu lesen, welche die Entwicklung und Demonstration der (Groß-)Technologie unterstützt. Hier zeigt sich, dass Institutionen ein wesentlicher Bestandteil des soziotechnischen Systems sind, in welchem die Technologie entsteht und ihr ein bestimmter Zweck zugeschrieben wird. Der Bewertungsrahmen für die Zweckzuschreibung erklärt sich aus dem Ziel der Mitigation und dem Ziel der Dekarbonisierung des Energie- und Industriesektors. Dies beruht darauf, die global ausgestoßene Menge an Treibhausgasen als begrenztes Budget zu verstehen. Für das Verständnis des behandelten Falls ist entscheidend, dass bereits in den 2010er Jahren in den Inhalten und Strukturen der EU-Klimapolitik eine Förderung von CCS festgehalten ist.

Kontinuität und anwachsende Bedeutung der nachgeschalteten Kompensation
Im Expertendiskurs der internationalen Ebene – besonders in den Mitigationspfaden des IPCC – wird CDR-Maßnahmen in der Klimawissenschaft und -politik neuerlich Relevanz zugesprochen. Diese wiederum bezieht sich auf das globale Kohlenstoffdioxid-Budget und das damit berechnete Klimaschutzziel in Form einer spezifischen Grad-Angabe, die sich auf die Begrenzung der mittleren, globalen Durchschnittstemperatur bezieht. Somit kann geschlussfolgert werden, dass die CCS-Technologie zu unterschiedlichen Zeitpunkten und in variierenden Kontexten jeweils andere klimapolitische Zwecke erfüllt, zum Beispiel die Kompensation von Emissionen der fossilen Energien oder die Erzeugung negativer Emissionen in der Anwendung von Bioenergie und CCS (BECCS). Doch diese unterschiedlichen Ziele, Vermeidung von Emissionen oder aktive Entnahme von Emissionen, beruhen auf der grundlegenden Handlungslogik der nachträglichen Kompensation. Dieser Aspekt ist bereits in älteren klimapolitischen Instrumenten vorhanden. In den 2010er Jahren kam der Technologie der Zweck der Mitigation zu, (noch) nicht vorrangig die Erzeugung negativer Emissionen. Für den vorliegenden Fall bedeutet das, dass sich CCS einerseits als nachgeschaltete Ausgleichsmaßnahme fassen lässt, die jedoch zum damaligen Zeitpunkt

4.3 Zwischenfazit

als Vermeidung von Emissionen und weniger zur Erzeugung negativer Emissionen zu lesen ist. Vor dem Hintergrund des umfassenden Verständnisses des Technologie-Sets sowohl im EU-klimapolitischen Agenda-Setting als auch in der internationalen Klimaforschung wendet das nächste Kapitel den Blick auf die Auseinandersetzungen der Interessenorganisationen hinsichtlich der Technologiedemonstration. Die Untersuchung orientiert sich hierbei am Zeitfenster in dem die EU die Umsetzung der benannten Richtlinie vorsah.

(Zivil-)gesellschaftliche Deutungsrahmen als Technologiebezug 5

Das vorliegende Kapitel beginnt mit der Beschreibung der Kapitelziele und -struktur, um so die Form der Ergebnisdarstellung zu erläutern. Zudem bietet der Abschnitt einerseits eine übergreifende Perspektive auf die Gemeinsamkeiten aller untersuchten Gesellschaftsakteure des Untersuchungsfalls, andererseits eröffnen die Unterkapitel (5.1–5.3) den Blick auf die Besonderheiten der Gruppierungen. Während Kapitel 3 die Form und Einordnung des Datenmaterials vorgestellt hat, steht hier der spezifische zeitgeschichtliche und ereignisbezogene Kontext im Vordergrund. Letzterer steht in unmittelbarem Zusammenhang mit den Inhalten, die anschließend behandelt werden. Um eine deutende und verstehende Analyse des Textmaterials vorzunehmen, ist ein ausführliches Verständnis des Entstehungskontexts von Relevanz.

Ziele des Kapitels
Die Materialauswahl setzt am empirischen Geschehen an: Wenn man danach fragt, wer auf Bundesebene an der damaligen Debatte beteiligt war, sind es neben Fachexperte*innen, politischen Akteuren und lokalen Protesten auch die organisierten Gesellschaftsakteure (die großen Interessenverbände, Vereine, Stiftungen). Letztere interpretiere ich als relevante soziale Interessengruppen (social interest groups) und untersuche deren Bedeutungszuschreibungen (meaning) und flexiblen Interpretationen (interpretative flexibility) hinsichtlich der damaligen CCS-Debatte, mit dem Ziel, deren Sinngebung deutend zu verstehen. Im vorliegenden Fall wurden die Umweltorganisationen, Wirtschafts- und Energieverbände und Gewerkschaften als zentral beteiligte gesellschaftliche Gruppen identifiziert. Diese Unterteilung diente zunächst dazu, das Material zu strukturieren.

© Der/die Autor(en), exklusiv lizenziert an Springer Fachmedien Wiesbaden GmbH, ein Teil von Springer Nature 2022
A. Friedrich, *Umstrittener Untergrund*,
https://doi.org/10.1007/978-3-658-39318-2_5

Das Material selbst steht für die Deutungen der zentralen organisierten, (zivil-) gesellschaftlichen Akteure hinsichtlich der geplanten Demonstration und diskutierten Implementierung der Technologie. Mit der Analyse ihrer Sinngehalte beantworte ich die Leitfrage der Dissertation: Wie gestaltet sich das Verhältnis von Technik und Gesellschaft in den Auseinandersetzungen um das CCS-Technologie-Set (2009–2012)? Dazu verwendet die Arbeit sowohl wissenschafts- und techniksoziologische Ansätze als auch die Methode der strukturierten Inhaltsanalyse. Das Ziel des vorliegenden Kapitels ist die Ergebnisdarstellung der empirischen Auswertung. Es beschreibt die konfligierenden gesellschaftlichen Deutungszuschreibungen im Zuge der Umsetzung der EU-Richtlinie 2009/31/EG, die sich auf die Anwendung einer (Groß-)Technologie im Entwicklungs- und Demonstrationsprozess bezieht.

Kapitelstruktur
Die Struktur dieses Kapitels erfolgt in der empirisch begründeten Unterteilung zwischen Umweltorganisationen (5.1), Wirtschafts- und Energieverbänden (5.2) und Gewerkschaften (5.3). Jeweils am Anfang der Unterkapitel dieser Untersuchung werden die Umweltorganisationen und Wirtschaftsverbände sowie deren Untergruppierungen namentlich aufgelistet. Die Unterabschnitte beginnen jeweils mit einer kurzen Kontextualisierung der Akteursgruppen und ihrer Textdokumente, anschließend erfolgt eine strukturierte Darstellung ausgewählter inhaltsanalytischer Kategorien. Der grobe Aufbau erfolgt entlang der übergreifenden, über das Material hinweg relevanten Kategorien, die umfassend präsentiert und anhand exemplarischer Zitate veranschaulicht werden. Den Abschluss des Kapitels bildet die Diskussion der Ergebnisse (5.4). Doch zuerst ist es von Bedeutung, auf die Erkenntnisziele mit Blick auf die Leitfrage einzugehen, die Akteurslandschaft zu beschreiben sowie die Rahmenbedingungen ihres Handelns im Gesetzgebungsprozess – sowohl zeitlich als auch kontextuell darüber hinaus.

Akteurstyp: Organisierte Interessengruppen oder kollektive Gesellschaftsakteure
Die Frage nach den gesellschaftlichen Auseinandersetzungen um CCS führt unweigerlich zu den NGOs, denn neben dem Engagement (über-)regionaler

5 (Zivil-)gesellschaftliche Deutungsrahmen als Technologiebezug

Bürgerinitiativen,[1] Kirchen[2] und in der neueren Debatte auch Stiftungen stellten die organisierten Gesellschaftsakteure eine relevante Akteursgruppe im Spektrum der organisierten Interessengruppen dar. Die teils eingeladene, teils nicht eingeladene Einmischung der Verbände, Vereine, Stiftungen spielt auf der Handlungsebene organisierter Akteure eine zentrale Rolle und steht exemplarisch für die Komplexität und Widersprüchlichkeiten der Maßnahme CCS, vor allem für den Gesetzgebungsprozess in den Jahren 2009 bis 2012. Das Gewicht liegt hier auf NGOs, da diese ihre Stimme – durch politische Lobbyarbeit und Öffentlichkeitsarbeit (Brunnengräber 2011, S. 25) – relativ früh in Prozesse der Gesetzgebung einbringen können (Roth und Rucht 2008, 238 f.). Auch in den Auseinandersetzungen um CCS lässt sich dies beobachten. In der Fachliteratur werden sowohl Medien und NGOs als auch Politik als Multiplikator*innen der frühen CCS-Debatte in Deutschland genannt (WI et al. in Praetorius und Stechow 2009, S. 127; Fischedick et al. 2006; Meadowcroft und Langhelle 2009b, S. 13). Daher wird das empirische Dokumentenmaterial kontextualisiert und die Einbettung im Gesetzgebungsverfahren erläutert.[3]

Relevante Ereignisse
Die Untersuchung beleuchtet das Zeitfenster 2009–2012 der CCS-Debatte, die bereits Eingang in die Berichte des IPCC und im politischen Agenda Setting in eine EU-Richtlinie gefunden hatte. Davor, in den 1970er bis 1990er Jahren, stellte die CCS-Debatte einen exklusiven Diskurs[4] unter technischen Expert*innen jenseits des Weltklimarats dar (Meadowcroft und Langhelle 2009a, S. 5). Die Analyse legt dar, wie sich die Implementierung der EU-Richtlinie über

---

[1] Auf der Ebene der demokratischen und politischen Einflussnahme muss das Engagement von nicht eingeladenen Bürgerinitiativen beachtet werden (Herrenbrück 2015, S. 37). Die Protestbewegung in Schleswig-Holstein beeinflusste, unter Beteiligung des Bauernverbandes, die Bürgermeister*innen der betroffenen Gemeinden und die Entscheidung der Landesregierung, die daraufhin einen politischen Richtungswechsel vornahm und im Bundesrat intervenierte (Heisterkamp 2010, 12). Diese lokalen und überregionalen Initiativen als Form zivilgesellschaftlichen Engagements werden hier jedoch nicht analysiert, sondern wären ein eigenständiger Untersuchungsgegenstand der Protestforschung.

[2] Die Verlaufsanalyse von Rost (2015) verweist beispielsweise auf die Aktivitäten der Landessynode der Evangelischen Kirche Berlin-Brandenburg schlesische Oberlausitz.

[3] Allerdings zielt die Analyse nicht auf Mechanismen der Einflussnahme ab.

[4] Für eine detaillierte Darstellung des entstehenden Akteursnetzwerks in den 1970er Jahren empfehle ich den Beitrag von Meadowcroft und Langhelle (2009b).

die kontrovers diskutierte Technologie im Fallbeispiel des EU-Mitgliedstaates Deutschland gestaltete, insbesondere in der argumentativen Arena der organisierten Gesellschaftsakteure. Der Entstehungshintergrund der Dokumente strukturiert sich lose entlang einiger zentraler Ereignispunkte der gesellschaftlichen Auseinandersetzungen um das Technologie-Set. Dabei handelt es sich um die schriftlichen und mündlichen[5] Verbändeanhörungen und teils Expertenanhörungen zum frühen Gesetzgebungsprozess (KSpG) sowie um die damit verbundenen Prozessdokumente gesellschaftlicher Akteure.[6] Die Ereignisse der schriftlichen und mündlichen Verbändeanhörungen am 27. Februar 2009[7] und am 27. August 2010 bilden auf formal-institutioneller Ebene Ankerpunkte für die Entstehung der hier untersuchten Prozessdokumente,[8] da es sich um die erste formal organisierte Interaktion von Staat und (Zivil-)Gesellschaft auf Bundesebene handelte. Doch auch über dieses Zeitfenster hinaus finden sich Dokumente der relevanten Akteure, weil NGOs grundlegend Öffentlichkeitsarbeit und Lobbyinteressen verfolgen.

Diese Ereignisse dienten unter anderem als externe Anlasspunkte für die Veröffentlichungen der Stellungnahmen, Hintergrund- und Positionspapiere. Der zeitliche Verlauf wird nicht analysiert, da der Untersuchungsfokus auf einer inhaltlichen Analyse des Textmaterials in einem relativ kurzen Zeitraum liegt. Ferner wäre die Datenlage für eine vollständige Rekonstruktion des Prozessverlaufs der Positionierungen zwischen 2009 und 2012 nicht hinreichend und untersagt eine lückenlose Beschreibung der Vorgänge. Letzteres wäre jedoch auch kein typisches Untersuchungsinteresse einer (sozial-)wissenschaftlichen Arbeit, da es nicht um ein lückenloses Protokollieren geht, sondern um die qualitative Analyse der Bedeutungsgehalte im Gesamtmaterial.

---

[5] An dieser Stelle sei ergänzt, dass die Teilnehmerkonstellation zwischen der mündlichen und der schriftlichen Verbändeanhörung abweicht, da bei der mündlichen Teilnahme auch Unternehmen oder Behörden als Gäste mit Beobachterstatus anwesend waren. Grundlegend ist die Einbindung von Zivilgesellschaft in der GGO geregelt, die Ausgestaltung und erweiterte Teilnahme an der Verbändeanhörung liegt im Ermessensspielraum der zuständigen Ministerien begründet.

[6] An Verbändeanhörungen zu Gesetzesinitiativen werden Verbände öffentlich zur Anhörung eingeladen. Der Begriff der Anhörung bezieht sich sowohl auf die mündliche als auch schriftliche Stellungnahme. Zudem nahmen an der Verbändeanhörung Vertreter*innen von Landesbehörden und Unternehmen teil, wie ich in Gesprächen und anhand schriftlicher Dokumente des zuständigen Ministeriums erfuhr. Diese Untersuchung fokussiert auf die eingeladenen Verbände, die analytisch als organisierte Akteure einzuordnen sind.

[7] Einordnung des Ereignisses in die Gesamtchronologie siehe Heisterkamp (2010, S. 18).

[8] Ein Großteil der Stellungnahmen entstand jedoch im Rahmen der Verbändeanhörung im Jahr 2010.

5 (Zivil-)gesellschaftliche Deutungsrahmen als Technologiebezug 107

Eine Verbändeanhörung stellt an sich einen zentralen Moment der Teilhabe von organisierten, (zivil-)gesellschaftlichen Akteuren an Gesetzgebungsverfahren dar. Dieser Vorgang kann als *eingeladene Form der Teilhabe* (Wynne 2007) am Policy-Prozess um die Demonstration einer (Groß-)Technologie interpretiert werden. Darüber hinaus haben auch *nicht eingeladene Formen der Teilhabe* stattgefunden, z. B. nicht angefragte Stellungnahmen oder lokale Proteste. Ferner ist für Gesetzgebungsprozesse bei den Expertenanhörungen in den zuständigen Ausschüssen des Bundestags vorgesehen, organisierte Interessenvertretungen einzubinden.[9]

Anmerkungen zum Material

Das in diesem Kapitel behandelte Textmaterial umfasst die prozessgenerierten und öffentlich zugänglichen[10] Textdokumente der großen Umwelt- und Naturschutzorganisationen (BBU, BUND, Deutsche Umwelthilfe e. V., Germanwatch, Greenpeace, Grüne Liga, NABU, WWF) und Wirtschafts- und Energiedachverbände (BDI, BDEW, BEE[11] und weitere[12]). Auch die Gewerkschaften (DGB, ver.di, IG BCE) waren teilweise in die Debatte involviert. Zum Entstehungshintergrund des Materials seien hier einige Worte angeführt, die mit Blick auf den institutionellen Prozess formuliert werden und damit eine relevante, doch sicherlich keine erschöpfende Erklärung für die Handlung der organisierten Gesellschaftsakteure bieten. Grundlegend werden zu Verbändeanhörungen auf Ministerialebene einerseits Interessengruppen eingeladen, die das Ministeriums als betroffen erachtet, andererseits sind Verbändeanhörungen öffentliche Ereignisse, an denen auch nicht eingeladene Akteure teilnehmen. An der mündlichen Verbändeanhörung zum Referentenentwurf eines CCS-Gesetzes, im Jahr 2010, nahmen weitere

---

[9] Einige der hier behandelten NGOs fungierten später in Expertenanhörungen als eingeladene Expert*innen.

[10] Die Dokumente sind größtenteils öffentlich zugänglich; es gibt wenige Ausnahmen, die entsprechend markiert sind.

[11] Der BEE ist zwar der übergeordnete Dachverband und ist deshalb hier aufgelistet, doch war das Engagement des BEE in der Sache selbst gering, vielmehr brachte sich der „Bund der neuen Energieanbieter" (bne) in die Debatte ein.

[12] Allianz der öffentlichen Wasserwirtschaft e. V., Bund der neuen Energieanbieter (bne), Deutscher Bund der verbandlichen Wasserwirtschaft, Deutscher Bauernverband e. V., Deutscher Braunkohlen-Industrie-Verein, Geothermische Vereinigung – Bundesverband Geothermie e. V., GEODE – Verband der unabhängigen Strom- und Gasverteilerunternehmen, Gesamtverband der Deutschen Versicherungswirtschaft e. V., Verband der TÜV e. V., Verband Deutscher Maschinen- und Anlagenbau, Verband kommunaler Unternehmen e. V., Vereinigung Rohstoffe und Bergbau e. V., Wirtschaftsverband Erdöl und Erdgasgewinnung e. V.

Akteure vor Ort teil, die keine schriftliche Stellungnahme einreichten. Zur Vollständigkeit seien die an der mündlichen Anhörung aktiv Teilhabenden aufgelistet: die „Bürgerinitiative gegen CO_2" aus Schleswig-Holstein, die Bürgerinitiative „Kein CO_2-Endlager Altmark", die „Bürgerinitiative gegen CO_2-Einlagerung am Oderbruch" und der Bundesverband Neuer Energieanbieter (bne). Neben diesen Bürgerinitiativen und Verbänden saßen weitere Wirtschaftsakteure im Publikum, die in Abschnitt 5.2 besprochen werden.

Hinsichtlich der Akteure und des schriftlichen Materials muss auf eine Ausnahme in der Recherche aufmerksam gemacht werden: Die damals beteiligte Organisation IZ Klima –Informationszentrum für CO_2-Technologien e. V., welche an der zweiten Verbändeanhörung, zur Regulierung von CCS, sowohl mündlich als auch schriftlich teilnahm und auch in der Fachliteratur als Akteur angeführt ist. Nach (Praetorius und Stechow 2009, S. 145) ist das IZ Klima eine gemeinsame Gründung der Elektrizitäts- und Kraftwerksbranche. Dies kann als Verweis auf die Bedeutsamkeit der Interessen dieser Branche an der damaligen Debatte gelesen werden.[13] Hier sei auf eine Pro-contra-Debatte in der Zeitschrift *GAIA* aus dem Jahr 2009 verwiesen, in welcher der damalige Geschäftsführer des IZ Klima für CCS argumentierte (Donnermeyer 2009), als Reaktion auf die Argumentation contra CCS von Smid (2009) im selben Heft. Zudem fasst (Thomeczek 2013) im Rahmen einer Akteursbefragung die Positionierung des hier als Fachverband angeführten IZ Klima zusammen. Da diese Organisation nicht eindeutig zuzuordnen ist, wurde sie bei der inhaltsanalytischen Untersuchung nur indirekt aufgenommen, sofern sie in den anderen Textdokumenten genannt wird.

5.1 Umwelt- und Naturschutzorganisationen

Zunächst werden die Untersuchungsziele und die Vorgehensweise dieses Abschnitts skizziert. Im Anschluss erfolgt die Darstellung der inhaltsanalytischen Untersuchung der Stellungnahmen sowie der Hintergrund- und Positionspapiere der großen NGOs im Bereich Umwelt- und Naturschutz zum KSpG-Gesetzgebungsprozess. Die Entscheidung für die Analyse der Dokumente auf Bundesebene wurde auch aus forschungspragmatischen Gründen getroffen. Durch die kategorienbezogene Darstellung der Ergebnisse wird der Fokus auf die Deutungsgebungen gelenkt.

---

[13] Die Organisation scheint sich aufgelöst zu haben, wie es etwa der energiepolitische Nachrichtendienst *Energate* darstellt (Klinger 2016). Der Akteur war weder telefonisch noch auf anderen Wegen zu erreichen.

5.1 Umwelt- und Naturschutzorganisationen

Vorab ist anzuführen, dass die Akteure BUND und Greenpeace die Technologie zum damaligen Zeitpunkt ablehnten, während der WWF und Germanwatch diese als zeitlich begrenzte Übergangstechnologie befürworteten und der NABU die Technologie lediglich für den globalen Maßstab für relevant erachtete (Fischedick in Fischer et al. 2010, 43 f.). Weiterhin ist aus der Fachliteratur ersichtlich, dass die Umweltorganisationen übergreifend und unabhängig von ihrer Positionierung ein klares rechtliches Regelwerk forderten (Praetorius und Stechow 2009, S. 148). Zudem ist bekannt, dass die Bewertungen der internationalen Umweltschutzakteure mit dem Thema des fossilen Energiesystems verknüpft sind:

„Environmentalists particularly fear that CCS might reduce funds for R&D [Research and Development] on renewable energies, and that it could be used as a fig-leaf for investment in large centralized, fossil fuel-based power plants which in turn could cement supply structures and incumbents' influence that would hold back energy-saving policies, cogeneration, and renewable energy technologies." (Praetorius und Stechow 2009, S. 148)

Wie sich die Forderungen und Kritik der Umwelt- und Naturschutzvereinigungen für den untersuchten Fall ausgestalten, das erläutern die nächsten Abschnitte.

5.1.1 Übersicht der Akteurslandschaft der Umwelt- und Naturschutzvereinigungen

Dieser Abschnitt analysiert die öffentlich zugänglichen Dokumente der folgenden – alphabetisch aufgelisteten – Organisationen: BBU, BUND, Deutsche Umwelthilfe (DUH), Greenpeace, GRÜNE LIGA, Germanwatch, NABU, WWF. Sofern inhaltlich notwendig und vorhanden, wurde das Material durch Pressemitteilungen der Organisationen ergänzt. Der Großteil der Stellungnahmen, Hintergrund- und Positionspapiere der Umweltorganisationen ist auf den Webseiten der Verbände leicht öffentlich zugänglich. In diesen Dokumenten lassen sich sowohl unterschiedliche Gesamtpositionierungen finden als auch übergreifende inhaltliche Themenstränge, welche hier vordergründig analysiert und theoretisch reflektiert werden.

Im Überblick ist besonders auffällig, dass die Akteure oftmals Sinngehalte formulieren, die weniger Nutzungsvorstellungen (usefulness) des Technologie-Sets beschreiben, sondern die Technologie eher als Störfaktor bestehender oder zu etablierender Infrastrukturen erachten. In diesem Sinne hinterfragen einige

Akteure der Umweltorganisationen, der Interessenvertretungen der Erneuerbaren Energien sowie der Wasserwirtschaft die Nützlichkeit an sich.

Um das einer Inhaltsanalyse unterzogene Material zu bündeln, wird erneut auf die Kategorien zurückgegriffen (siehe Kapitel 3). Zunächst beleuchtet der erste Unterpunkt die im Material herausgehobenen Akteure, Orte und Artefakte der Debatte (5.1.2). Dadurch wird ein verdichteter Eindruck des im Textmaterial beschriebenen Handlungsfeldes gegeben. Darauf aufbauend wird ein Gesamteindruck des Verständnisses von Gesellschaft und Öffentlichkeit wiedergegeben, das im prozessgenerierten Material formuliert ist, um zu erfassen, welchen Blick die Natur- und Umweltschutzverbände auf das Verhältnis von Technik und Gesellschaft hier werfen (5.1.3). Nach diesem Einblick erläutert der Abschnitt zu Zeitlichkeit und Verantwortung die im Material durchscheinende Bedeutsamkeit verschiedener Planungshorizonte und teils damit verbundenen Fragen der Verantwortung (5.1.4). Daraufhin erfolgt eine Darlegung der im Textmaterial relevanten Bezüge zu bestehenden oder zukünftigen soziotechnischen Systemen (5.1.5). Abschließend behandelt das Kapitel die im Material bezeichneten Nutzungsvorstellungen und -konkurrenzen, die in den Dokumenten stark gewichtet werden.

5.1.2 Akteure, Orte, Artefakte – zwischen Endlager und Speicher

Um sich den Deutungszuschreibungen in den Policy-Dokumenten der Umwelt- und Naturschutzvereinigungen anzunähern, lohnt sich zunächst ein Blick auf das im Textmaterial gezeichnete Bild der Akteure, Orte und technischen Artefakte. Die perspektivischen Zugriffspunkte der Umwelt- und Naturschutzvereinigungen liefern Einblicke in eine zivilgesellschaftliche Bewertung und Antizipation der Folgen der Technologiedemonstration, im genaueren ihrer gesetzlichen Rahmenbedingungen. Insgesamt verdeutlicht sich in den Beschreibungen der genannten Akteure, Orte und Technologiekomponenten der zentralisierte Charakter, sowohl auf institutioneller als auch auf infrastruktureller Ebene, der dem Technologie-Set in der damaligen Debatte zugeschrieben wird. Mit der Betonung der staatlichen Akteure und Energiekonzerne verdichtet sich der Eindruck einer großtechnologischen Einbettung der Anwendung. Letzteres wirft auch Fragen nach der Teilhabe an der technologischen Infrastruktur auf, wie im Verlauf von Kapitel 5 herausgeschält wird.

5.1 Umwelt- und Naturschutzorganisationen

Akteure: Öffentliche Institutionen und Betreiber im Fokus
Die Dokumente greifen die zentralen Zielsetzungen des internationalen Klimaregimes sowie der EU-Klimapolitik auf und setzen sie in ihren jeweiligen Handlungskontext. Im Textmaterial wird oftmals auf die UN-Institutionen (UNDP, IPCC) und die EU Richtlinie 2009/31/EG rekurriert. So veranschaulicht das Material das aktive Aufgreifen und Deuten von (inter-)nationalen Politikinhalten, hier seitens der Umweltorganisationen. Der hergestellte Zusammenhang von CCS als Maßnahme des Klimaschutzes wird oftmals benannt und größtenteils kritisch reflektiert, beispielsweise indem andere Schwerpunktlegungen und Maßnahmen des Klimaschutzes betont werden. An dem Aufgreifen der Klimaschutzziele auf UN- und EU-Ebene zeigt sich, wie die (zivil-)gesellschaftlichen Akteure diese Ziele in ihren Handlungskontext einbetten.

Unter dem perspektivischen Standpunkt der Umwelt- und Naturschutzorganisationen werden in der frühen CCS-Debatte insbesondere die kapitalintensiven Unternehmen des Stromsektors, der Staat als potenzieller Förderer und die Rolle von Regierung und Behörden[14] auf Bundes- und Länderebene angesprochen.

Die Dokumente benennen das Handeln oder geforderte Handeln der politischen Exekutiven, hier der Bundesregierung, der Ministerien (BMWi, BMU) und der jeweils kontextrelevanten Fachbehörden (BGR, UBA) sowie weiterer Fachbehörden auf Bundes- und Länderebene. Das zeigt auf, dass die CCS-Debatte von Beginn an ein Technologie-Set darstellt, das durch staatliche Unterstützung geprägt ist und auf der Ebene der EU-Mitgliedstaaten auf die vorhandenen energie- und industrietechnischen Infrastrukturen, deren Betreiber und deren institutionelle Regulierung trifft. Da es sich zunächst um die Demonstration[15] und die diese regulierende Gesetzgebung handelt, tritt insbesondere die damit verbundene institutionelle Struktur der Bund- und Länderebene in den Vordergrund. In diesem Zusammenhang wird auch die politische Legislative adressiert – sowohl der Bundestag als auch die Landtage der betroffenen Bundesländer. Die Rolle des Bundesrates wird oftmals betont, weil er aufgrund des Zustimmungsgesetzes[16] eng in den Gesetzgebungsprozess eingebunden war. Durch die auf die Zukunft ausgerichtete Debatte um die gesetzliche Regulierung der Technologiedemonstration zeichnen sich die Stellungnahmen und Positionspapiere der Umwelt-

---

[14] Auf Bundesebene wird vor allem Bezug genommen auf die Tätigkeit der Bundesanstalt für Geowissenschaften und Rohstoffe (BGR), die dem Wirtschaftsministerium zugehörig ist; zudem wird oftmals das Umweltbundesamt, also die zentrale dem Umweltministerium zugehörige Behörde, genannt.
[15] Im genaueren erfolgte die Beschränkung des Gesetzes auf die Demonstration der Technologie erst im Verlauf des Gesetzgebungsprozesses.
[16] Der Gesetzgebungsprozess mündete im heutigen KSpG.

und Naturschutzvereinigungen sowohl durch konkrete Abwägungen der realpolitischen Umsetzung aus als auch durch einen teils antizipativen Charakter. Wie die Ausgestaltung dieser stark regulierten (Groß-)Technologie aussehen könnte, artikuliert das Textmaterial. Mit der Adressierung der politisch-administrativen Akteure sind zentrale Prozesse, Ereignisse und Dokumente verbunden, auf die das Textmaterial rekurriert. Dazu zählt das Gesetzgebungsverfahren, das heißt die verschiedenen Gesetzentwürfe, die Verbändeanhörungen und die in diesem Kontext entstandenen Stellungnahmen. Insgesamt verstärkt dies den Eindruck, dass bereits die Demonstration des Technologiearrangements als ein politisierter Gegenstand mit der Notwendigkeit staatlicher Regulierung gesehen wird.

In den Dokumenten findet eine allgemeine Bezugnahme zu (potenziellen) Betreibern der Abscheideanlagen, Transportleitungen oder Speicher statt. Unter die Bezeichnung „Betreiber" fallen die Stromkonzerne sowie weitere industrielle Akteure, die ökonomisch und technologisch an Komponenten der Technologie teilhaben (könnten). Hier werden oftmals die vier großen Strom- beziehungsweise Energiekonzerne genannt, besonders Vattenfall und RWE mit ihren bekannten oder zukünftigen Handlungen und Plänen. Ein Auszug des Onlineauftritts des schleswig-holsteinischen Naturschutzverbands bringt dies pointiert zur Sprache:

> „Die vier großen deutschen Stromkonzerne (RWE, E-On, EnBW und Vattenfall) planen, das in neuen Braunkohle-Großkraftwerken in großen Mengen anfallende, klimaschädliche Gas Kohlendioxid CO_2 durch eine neue Technologie (CCS = Carbon Dioxide Capture and Storage, dt.: CO_2-Abscheidung und -Speicherung) aus dem Rauchgas teilweise abzutrennen und im Untergrund zu speichern." (2009_NABU_Webseite_„NABU lehnt CCS-Technologie ab")

Hier wird die Nähe zum bestehenden groß- oder soziotechnischen System der fossilen Energieerzeugung der frühen CCS-Debatte betont. Neben den Stromerzeugern wird in den Dokumenten auch auf andere wirtschaftliche Akteure rekurriert, etwa kleinere Unternehmen, und nach deren Teilhabe an einer möglichen CCS-Infrastruktur gefragt, beispielsweise der Zugang zu Kohlenstoffdioxid-Pipelinenetzen und -speichern. An diesem Aspekt verdeutlicht sich, dass hier eine zentral regulierte Technologie mit einer eigenen Infrastruktur wie Pipelines oder Speichern beschrieben wird, die im Textmaterial von Fragen des Zugangs von kleineren Betreibern begleitet wird. An dieser Thematisierung wird ersichtlich, dass in den (zivil-)gesellschaftlichen Policy-Dokumenten bereits Sachverhalte antizipiert und diskutiert werden, die über die Demonstration hinausgehen. Gleichzeitig verweist sie auf die anfängliche Offenheit der Situation und das frühe Handeln der fossilen Energieerzeuger, doch mehr dazu später (Abschnitt 5.2).

5.1 Umwelt- und Naturschutzorganisationen

Speicherorte als Fragen der energiepolitischen Raumnutzung
Als politisch-geographische (Speicher-)Orte in der Bundesrepublik auf Länderebene beziehen sich die ausgewählten Policy-Dokumente der ENGOs auf Schleswig-Holstein, Brandenburg, Niedersachsen, Mecklenburg-Vorpommern und Nordrhein-Westfalen. Vorrangig finden die Kreise Dithmarschen, Flensburg, Nordfriesland, Plön und Ostholstein in Schleswig-Holstein sowie Beeskow und Neutrebbin in Brandenburg Erwähnung. An diesen Ortsbeschreibungen zeigt sich, dass vornehmlich die nördlichen Bundesländer im Zusammenhang mit geplanten Speicherprojekten im Material genannt werden. Dieser Umstand verweist auf eine Charakteristik des Storage-Anteils der Technologie, der an bestimmte Voraussetzungen des Untergrunds gebunden ist. Das zeigt sich zunächst als geologische Frage, jedoch gehen mit dieser von vornherein festgelegten Vorauswahl auch Fragen der Umwelt- und Flächennutzung einher, die im Material teils als ethische Fragen aufgeworfen werden. Im Material tauchen durchgängig Fallbeispiele auf, eines davon bezieht sich auf den damals in der Debatte stehenden Pipelinebau zwischen Hürth bei Köln und Schleswig-Holstein. Das folgende Zitat steht beispielhaft dafür:

„Das in den Kraftwerken abgeschiedene CO_2 soll verdichtet und in überkritischem Zustand mit einem Druck von 200 bar durch eine 600 km lange Pipeline aus dem Ruhrgebiet nach Schleswig-Holstein gepumpt werden. An verschiedenen Standorten in den Kreisen Flensburg, Nordfriesland, Dithmarschen, Plön und Ostholstein soll das CO_2 mit einem Druck von 1.200 bar 1.000 bis 2.000 m tief in den Untergrund gepresst werden." (2009_NABU_Webseite_„NABU lehnt CCS-Technologie ab")

Der Storage-Anteil des Technologie-Sets ist mit konkreten Fragen der geographisch-politischen Raumnutzung verbunden. Durch den Umstand, dass nicht an jedem beliebigen Ort ein Speicher errichtet werden kann, sondern die Orte der entnommenen Treibhausgase und die Orte der Ablagerung auseinanderfallen können, artikuliert sich des Weiteren Kritik hinsichtlich allgemeiner Flächennutzung. Vor diesem Hintergrund lässt sich auch der Vergleich zur Endlagerung von hochradioaktiven Stoffen deuten, der sich teils unter den äußerst kritischen Stimmen der ENGOs als Symbol findet (siehe Abschnitt 5.2.6).

Zudem finden sich im Textmaterial vereinzelt weitere politisch-geographische Ortsbezüge, beispielsweise die Nennung des Festlandsockels und der Ausschließlichen Wirtschaftszone (AWZ), welche für die rechtlichen Definitionsfragen der möglichen Speicherorte eine Rolle spielt. Letzteres ist relevant, weil im Material die See und der Meeresboden im Kontext möglicher Speicherstätten benannt wird. An dieser Stelle deutet sich bereits an, dass hier nicht allein eine Technologie diskutiert wird, sondern Fragen der Umweltnutzung, insbesondere der ober- und unterirdischen Flächen.

Technische Artefakte und Begriffe: Speicher, Senke, Deponie
An dieser Stelle ist zunächst darauf hingewiesen, dass allein die Begriffswahl für den „Storage"-Teil der Technologie im Gesamtmaterial und auch in den Umweltorganisationen facettenreich ist. Im Textmaterial finden sich viele Bezeichnungen für den Storage-Anteil der CCS-Technologien wieder, die auf unterschiedliche Sinngehalte verweisen. Die Bezeichnungen reichen von Kohlendioxid-Speicherung, über potenzielle Speicherstätten, Lagerstätten, unterirdische Speicher, Senken, Untergrundnutzung bis hin zu CO_2-Endlagerung und CO_2-Deponierung. Die Begriffe Deponierung und Endlagerung beinhalten bereits auf der sprachlichen Ebene Vergleiche und Assoziationen zur Handlungslogik des Entsorgens.[17] Während mit dem Begriff des Endlagers sowohl eine begriffliche Assoziation zum Endlagerprozess radioaktiver Abfallstoffe hergestellt wird als auch auf die Logik einer Deponierung rekurriert wird, sind mit dem Begriff der Speicherung andere typische Assoziationen verbunden, beispielsweise die Speicherung von Ressourcen. Die Bezeichnung des Speichers verweist auf die Vorstellung einer Ressource, einer zwischenzeitlichen Lagerung, und betont einen möglichen ökonomischen Wert. Hier stehen also Assoziationen der Speicherung einer Ressource oder eines Wertstoffes neben Begriffen wie Endlagerung, die an die Handlungslogik der Nachsorge erinnern. Hierzu gibt es in den Textdokumenten dezidierte Erwartungen, Kritiken und Korrekturen. Diese spiegeln sich beispielsweise in einem Protokoll einer Verbändeanhörung wider, wie sich exemplarisch anhand des folgenden Ausschnitts zeigt, das dem Protokoll der Verbändeanhörung am 27. August 2010 entstammt:

> „Vertreter von Bürgerinitiativen wenden sich gegen den Begriff der Speicherung von CO_2. Sie verlangen, dass es im Gesetz klar gestellt werde, dass es um eine Endlagerung gehe. Dies hätte der ursprüngliche Gesetzesentwurf des Bundesumweltministeriums im Jahre 2008 auch so vorgesehen." (2010-08-27_Protokoll_Verbandsanhörung CCS-Gesetz, S. 8)

Die Forderung nach einer bestimmten Begriffsverwendung – Endlagerung statt Speicherung – verweist auf eine divergierende Sinngebung der Bezeichnung des

---

[17] Das nachträgliche Regulieren von nicht intendierten industriellen Schadstoffen auf der Basis von Grenzwerten in der Tradition der Umweltpolitik kann als typische Antwort der frühen, technisch-regulativen Umweltmaßnahmen eingeordnet werden (Brand 2017, S. 14).

Storage. Das legt die Vermutung nahe, dass mit dem gewählten Begriff bestimmte Symboliken und thematische Bezüge hergestellt werden, die jeweils als Ausdruck einer Politisierung gelesen werden können.

Zudem nimmt das Textmaterial Bezug auf Energietechnologien und beschreibt Gegenstände und Prozesse der fossilen Energieerzeugung wie Braunkohlekraftwerke auf der einen Seite; auf der anderen Seite werden Infrastrukturen der Erneuerbaren Energieerzeugung und damit regenerative Energiequellen angeführt wie Geothermie. Bereits in diesen Artefaktbeschreibungen zeichnet sich die Bedeutsamkeit von energiepolitischen Infrastrukturen für die Debatte ab. Die CCS-Debatte erscheint in den Policy-Dokumenten der ENGOs als ein Brennglas, das Fragen des Erhalts oder der Abschaffung fossiler Energieträger verschärft.

Die in diesem Abschnitt angeführten Akteure, Orte und Artefakte, die in den Policy-Dokumenten der Umweltvereinigungen in der frühen Diskussion um CCS relevant gemacht wurden, vermitteln einen ersten Eindruck der Debatte. In der Perspektive der ENGOs spannt sie sich insbesondere als eine zwischen Staat und Betreibern und Fragen nach der Nutzung von Flächen und des Untergrunds auf, die zugleich eng verknüpft ist mit bestehenden fossilen Energieinfrastrukturen. Bereits mit diesem ersten Einblick in die Prozessdokumente deutet sich an, dass die frühe CCS-Debatte nicht allein Fragen um eine Technologie beherbergt, sondern vielfältige gesellschaftspolitische Dimensionen umfasst.

5.1.3 Verständnisse von Gesellschaft in der CCS-Debatte

Dieser Abschnitt skizziert einen Eindruck der Beschreibungen und Verständnisse von Öffentlichkeit und Zivilgesellschaft im Gesamtmaterial der Umwelt- und Naturschutzorganisationen. Das Erkenntnisziel liegt auf den Aspekten von (Zivil-)Gesellschaft und Öffentlichkeit, die sie bezogen auf die verhandelte Technologie als relevant setzen. Somit wird die Leitfrage nach dem Verhältnis von Technik und Gesellschaft in der CCS-Debatte zunächst vom Standpunkt der ENGOs beleuchtet.

Im Material der Umwelt- und Naturschutzvereinigungen finden sich übergreifend drei Perspektiven auf Gesellschaft. Erstens wird ein Überblick zur Bandbreite der kritisierten oder geforderten Formate der Information und Teilhabe geboten, die im Textmaterial fast durchgängig zu finden sind. Zudem wird auf Überschneidungen zu den Aktivitäten und Anliegen der Anti-Kohle-Proteste eingegangen, als ein zweites hier angeführtes Verhältnis zwischen Zivilgesellschaft und Technik. Drittens wird auf den Zusammenhang der (lokalen) Zivilgesellschaft und der möglichen Speicherflächen eingegangen, hier stehen die

Themenaspekte Eigentum, Wohnfläche, Grundstücke sowie Verantwortung und Haftung im Vordergrund.

Forderungen nach Transparenz, Information, Dialog, Teilhabe
Die Stellungnahmen, Hintergrund- und Positionspapiere adressieren die Rolle der Öffentlichkeit in Form der Forderung nach einem transparenten und für Bürger*innen zugänglichen Vorgehen. Die Formen der geforderten Teilhabe beziehen sich sowohl auf die Transparenz, die politische Mitsprache und Einbindung in das Vorgehen als auch auf einen grundlegenden Diskurs über die Technologienutzung an sich. Die Verweise und Forderungen bezüglich der stärkeren Teilhabe verfolgen teilweise unterschiedliche Zielsetzungen, etwa Einflussnahme auf den Gesetzestext oder auf das Verfahren als solches, wie etwa in der Kritik an der kurzen Reaktions- und Redezeit der eingeladenen Wirtschaftsverbände und Umweltorganisationen deutlich wird.

Die Öffentlichkeit wird größtenteils adressiert, indem Kritik, Forderungen und Fragen hinsichtlich transparenter Informationen, der Einbindung und des Dialogs mit der Zivilgesellschaft und der Öffentlichkeit formuliert werden. In dem folgenden Zitat des WWF, der das Technologie-Set als Möglichkeit zur Eindämmung von Industrieemissionen erachtet, wird beispielhaft auf die grundlegende Forderung nach Transparenz und Information eingegangen:

„Die Einführung dieser neuen Technologie muss mit einem Höchstmaß an Risikobegrenzung, klaren Haftungsregeln, Transparenz und Partizipationsrechten für Anwohner und Öffentlichkeit einhergehen." (2010-08_WWF_Pressemitteilung_ „WWF Stellungnahme zum CCS Gesetzesentwurf")

Während sich diese Textstelle für eine Beteiligung im Prozess ausspricht, adressieren andere Dokumente in einem allgemeineren Sinn die Notwendigkeit eines öffentlichen Diskurses. Ein exemplarisches Zitat findet sich in einem Hintergrundpapier, das zu Beginn des Prozesses veröffentlicht wurde:

„Insgesamt ist festzuhalten, dass ein derart gesellschaftlich relevantes und sensibles Thema, das Sicherheit und Eigentum der Bevölkerung betrifft, nach einer breiten öffentlichen Diskussion verlangt. Diese ist unverzichtbar um einen brauchbaren Konsens im Hinblick auf die mögliche Nutzung der CCS-Technologie zu finden." (2010-04_Germanwatch_Hintergrundpapier, S. 16)

Das Zitat von Germanwatch berührt die im Material angesprochene Notwendigkeit einer öffentlichen Debatte. Ebenso veranschaulicht das folgende Zitat von Greenpeace die im Material vorliegende Forderung nach Dialog:

5.1 Umwelt- und Naturschutzorganisationen

> „In einer begleitenden Akzeptanzforschung sollte nicht über die betroffenen Bürger gesprochen werden sondern in einem ergebnisoffenen Dialog sollten die Bürger vor Ort mit in den Entscheidungsprozess einbezogen werden. Statt einen frühzeitigen ergebnisoffenen Dialogprozess zwischen Industrie, Interessengruppen, Wissenschaft und Öffentlichkeit zu organisieren, der alternative Technikpfade in die Diskussion mit einschließt, wird der Versuch unternommen, fast den gleichen unzulänglichen Gesetzentwurf wie im letzten Jahr noch einmal durch Bundestag und Bundesrat zu schleusen." (2010-08_Greenpeace_Stellungnahme zum Referentenentwurf, S. 11-12)

Hier wird die Teilhabe von Zivilgesellschaft und kollektiven Gesellschaftsakteuren kritisch eingefordert und damit verbunden die Forderung nach einer stärkeren Öffnung des Prozesses für die Zivilgesellschaft, im Sinn kollektiver Akteure und Bürger*innen, formuliert.[18]

Teilhabe am politisch-administrativen Verfahren
In den Dokumenten der ENGOs wurde auch der Aspekt der Teilhabe am Gesetzgebungsverfahren selbst angesprochen, wie in folgendem Zitat, welches einer Pressemitteilung des BBU entstammt:

> „Vertreter des BBU nehmen am Freitag (27. August) in Berlin an einer Verbändeanhörung teil, in der rund 100 Verbände eine Stellungnahme zum ‚Entwurf eines Gesetzes zur Demonstration und Anwendung von Technologien zur Abscheidung, zum Transport und zur dauerhaften Speicherung von Kohlendioxid (Carbon Capture and Storage, CCS)' abgeben können. Veranstalter sind das Bundeswirtschaftsministerium und das Bundesumweltministerium. Der BBU befürchtet, dass es bei der Anhörung keine detaillierte Auseinandersetzung mit dem Gesetzentwurf geben wird: ‚Es ist mehr als fragwürdig, wenn rund 100 Verbände und Institutionen unterschiedlichster Art innerhalb von nur drei Stunden eine Stellungnahme zu dem Themenkomplex der unterirdischen Kohlendioxid-Endlagerung abgeben sollen. Durchschnittlich hätte dann jeder Verband weniger als zwei Minuten Rederecht', kritisiert […] vom Geschäftsführenden Vorstand des BBU diese Zeitplanung." (2010-08_ BBU_Pressemitteilung)

Anhand dieser Textstelle wird eine kritische Perspektive auf die zeitliche Begrenzung des formalen Teilhabeverfahrens deutlich. Auch folgendes Zitat des NABU verweist beispielhaft auf die oftmals im Material vermerkte Forderung nach Einbindung auf politischer Ebene:

---

[18] Ähnlich fragt die soziologische Fachdebatte zur Akzeptabilität grundlegend nach der Zumutbarkeit von Technologien, statt die Technologie als gesetzt anzunehmen und als gesellschaftliche Reaktion auf Akzeptanz zu hoffen.

> „Der NABU begrüßt daher das Bemühen der Bundesregierung um die zügige Herstellung von Rechtssicherheit für die mögliche Abscheidung, Transport und dauerhafte Speicherung von CO_2. Dieses Anliegen darf jedoch nicht dazu führen, dass demokratische Beteiligungsstandards und inhaltliche Qualitätsanforderungen im Gesetzgebungsprozess vernachlässigt werden. Die sehr kurzfristige Vorlage und unzureichende Diskussion des Gesetzentwurfs wird daher vom NABU ausdrücklich kritisiert. Für einen Regelungsgegenstand von dieser Bedeutung muss das Bemühen um eine fachlich einwandfreie Rechtssetzung Vorrang haben vor dem Wunsch, möglichst schnell Rechtsklarheit zu schaffen. Wenn eine gesetzliche Lösung, die alle relevanten Argumente und Gruppen einbezieht, in dieser Legislaturperiode nicht mehr möglich ist, müssen eben Übergangslösungen für offene Fragen bzgl. der ersten CCS-Demonstrationsprojekte geschaffen werden." (2009-04_NABU_Aktualisierte Stellungnahme zum Gesetzentwurf_Kabinettsentwurf, S. 1)

Hier liegt der Begründungsrahmen für die geäußerte Kritik vorrangig in der öffentlichen Teilhabe am Gesamtverfahren und den Prozessschritten. Der BBU spitzt in einer Stellungnahme den Vorwurf zu, dass der kritische Gesellschaftsdiskurs keinen Raum im Verfahren erhalte:

> „Der Gesetzentwurf blendet den kritischen gesellschaftlichen und wissenschaftlichen Diskurs zum CCS-Thema vollständig aus." (2010-07_BBU_Stellungnahme zum Gesetzentwurf, S. 5)

Weiterhin finden sich in den Stellungnahmen, Hintergrund- und Positionspapieren sowie in den begleitenden Prozessdokumenten (Selbst-)Zuschreibungen hinsichtlich der Effekte bisheriger politischer Teilhabe:

> „Die Bundesregierung hatte Anfang 2009 beabsichtigt, ein Gesetz zu erlassen, das die CO_2-Abtrennung und Speicherung im Untergrund regelt. Aufgrund des massiven Widerstandes der Bevölkerung vor allem in Nordfriesland und Dithmarschen wurde dies zunächst verschoben." (2009_NABU_Webseite_„NABU lehnt CCS-Technologie ab")

Diese Aussage ist im Kontext der Rolle des Bundesrats, also der Ländervertretungen, im Zusammenhang mit dem Gesetzgebungsverfahren zu lesen.[19] Da das CCS-Gesetz ein Zustimmungsgesetz war, musste der Bundesrat darüber mitentscheiden. Dieser Umstand unterstreicht erneut, dass das Demonstrationsvorhaben für CCS-Technologien im damaligen Prozess Teil eines demokratischen

---

[19] Mit der politischen Prozessanalyse haben sich bereits Ekardt et al. (2011) auseinandergesetzt.

5.1 Umwelt- und Naturschutzorganisationen

und politisch-administrativen Verfahrens war.[20] Die benannten lokalen Proteste verweisen auf die aktive Einmischung von Zivilgesellschaft in dem Verfahren. Ohne die Zuschreibung der politischen Wirksamkeit hier zu beurteilen, zeigt das Zitat auf, dass Technik und Zivilgesellschaft durch den politisch-administrativen Gesetzgebungsprozess und verschiedene Formen der (nicht) eingeladenen Teilhabe daran vermittelt sind.

Öffentlichkeit als Proteste im Kontext der Kohle
Eine weitere Erwähnung der (Zivil-)Gesellschaft erfolgt im Material, indem teilweise auf lokale Proteste eingegangen wird, die unter anderem direkt an den Kohlekraftwerken – also den potenziellen Orten der Abscheidung, nicht der Speicherung – stattfanden. Beispielsweise protestierte der BUND in Bergheim-Niederaußen gegen das geplante CCS-Kraftwerk der RWE Power AG (BUND o. J.). Das folgende Zitat ist in diesem Handlungskontext zu lesen:

> „Nach den ursprünglichen Plänen der RWE Power AG sollte bis 2014 ein so genanntes ‚CO_2-freies' Kraftwerk in Hürth realisiert werden. RWE bezeichnete dies als ‚Herzstück des Klimaschutzprogramms'." (2006_BUND NRW_Webseite_„CCS – Feigenblatt ‚saubere Kohle'")[21]

Diese Formulierung kann exemplarisch als Verweis auf die Bedeutsamkeit der fossilen Infrastrukturen gelesen werden, welche die energiepolitische Bühne der Debatte darstellt. Die Bezeichnung „Herzstück des Klimaschutzes", mit der RWE zitiert wird, deutet auf die „Clean Coal"- Debatte hin. Darin spiegelt sich der Themenkomplex der Energiepolitik wider, weil sich die Debatte um saubere Kohle mit der Verbesserung der Umweltverträglichkeit fossiler Energieträger befasst. Die Erzeugung „sauberer Kohle" durch bessere Filteranlagen ist jedoch Teil einer älteren energiepolitischen Debatte, die durch die CCS-Technologie aufgegriffen, jedoch nicht neu erzeugt wird.

---

[20] Inwiefern die Selbstzuschreibung des NABU über den Einfluss des Widerstands auf föderaler Ebene der Grund für das Scheitern auf Bundesebene war, wird in dieser Arbeit nicht untersucht, doch es verweist auf die Besonderheit des föderalen Systems und der über den Bundesrat realisierten Teilhabe bei Zustimmungsgesetzen. Somit drückt sich im Textmaterial noch eine weitere Ebene des Verhältnisses von Technik und Gesellschaft aus: Über die Teilhabe der politischen Repräsentant*innen der Länderebene und hier stattfindende Meinungsbildungsprozesse wird bei Zustimmungsgesetzen mitbestimmt.

[21] Zur Erläuterung des Hintergrunds wurde dieser Beitrag aus dem Jahr 2006 hinzugezogen.

Adressierung der Öffentlichkeit über die Nutzung kollektiver und privater Flächen
Eine dritte Form, wie das Textmaterial auf die Rolle oder Teilhabe der Öffentlichkeit eingeht, ist, die Nutzung der privaten Grundstücksflächen und Flächen im Besitz von Kommunen zu thematisieren. Beispielsweise wurde übergreifend auf die Öffentlichkeit Bezug genommen, indem diese unter anderem hinsichtlich der Kostenübertragung von Betreibern auf die Bundesländer adressiert wurde. Letzteres stellt einen grundlegenden Aspekt in der Debatte dar, weil sich hier die Eigenheit der langen Zeitdauer der Speicher ebenso wie Fragen der (Generationen-)Verantwortung widerspiegeln. Im Material wird auf die Gemeinden, Regionen und Grundstückseigentümer*innen eingegangen, oftmals verbunden mit der Frage nach einem Ausgleich von Kosten. Das folgende Zitat entstammt der Stellungnahme einer ENGO und illustriert beispielhaft die Forderungen nach einem Nachteilsausgleich hinsichtlich des Nutzungsanspruchs des kommunalen und privaten Untergrunds.

„Der Gesetzentwurf soll den vielfach in der Bevölkerung geäußerten Besorgnissen Rechnung tragen durch die Beschränkung auf die Demonstration der CO_2-Speicherung, durch durchgängig höchsten Vorsorgestandard nach Stand von Wissenschaft und Technik und durch eine wirksame Absicherung gegenüber langfristigen Risiken. Zudem sollen andere Nutzungsansprüche im Untergrund, z. B. Geothermie wirksamer und die Rechte der Grundstückseigentümer besser geschützt werden. Die betroffenen Gemeinden sollen einen Nachteilsausgleich erhalten." (2010-08_Greenpeace_Stellungnahme zum Referentenentwurf, S. 1)

Hier wird der Zusammenhang zwischen der Zivilgesellschaft vor Ort und der Technologiekomponente der Speicherung angesprochen, verbunden mit der Forderung nach einem ökonomischen Ausgleich der Kommunen und einer Beachtung anderer Nutzungsinteressen. Darüber hinaus wird eine mögliche Nutzungskonkurrenz mit Erneuerbaren Energien thematisiert. Statt einer Pro-contra-Debatte um eine Technologie zeichnet sich in der Diskussion um Aspekte einer umweltethischen und ökonomischen Flächennutzung ein weitaus komplexeres Bild ab.

5.1.4 Zeitlichkeit und Verantwortung

Dieser Abschnitt fasst die zentralen Ergebnisse zur inhaltlichen Kategorie der Zeitlichkeit zusammen, die induktiv, aus dem Material heraus formuliert wurde und in den Dokumenten der Umwelt- und Naturschutzorganisationen oftmals mit Fragen der (Generationen-)Verantwortung verbunden wird. Insbesondere im

5.1 Umwelt- und Naturschutzorganisationen

Zusammenhang mit der äußerst langen unterirdischen Speicherung wirft das Textmaterial sowohl Fragen der Zeitlichkeit als auch der rechtlichen Haftung und ethischen Verantwortlichkeiten auf. Der gesellschaftliche Umgang mit der langen Wirkmächtigkeit der nicht intendierten Treibhausgase aus Energie- und Industriesektor, also einer Charakteristik des anthropogenen Klimawandels, spiegelt sich auch in der Debatte um die nachträgliche, technische Abscheidung wider.

Umweltnutzung und -ethik (Untergrund): Endlager, Speicher, Deponierung
Die zeitliche Dimension des Storage-Anteils drückt sich in Fragen der Verantwortung und Haftung aus. Um zunächst den allgemeinen Zusammenhang darzustellen, eignet sich der folgende Textausschnitt:

„Es kann nicht im öffentlichen Interesse liegen, generationsübergreifende Langfristaufgaben einschließlich ihrer gesamten Kosten und Risiken den Verursachern abzunehmen. Die Haftung bei möglichen Leckagen und den damit verbundenen Schäden muss dauerhaft vom Verursacher übernommen werden." (2010-08_Greenpeace_Stellungnahme zum Referentenentwurf, S. 8)

Die langfristige Wirkung der Treibhausgase wird in der CCS-Debatte als konkretes Verantwortungs- und Haftungsproblem übersetzt, welches im obigen Zitat exemplarisch zum Ausdruck kommt. Die Verantwortungszuschreibung oder -verteilung, die mit der Langfristigkeit der Speicher einhergeht, bespricht auch der BBU:

„Da vom KSpG primär die Kraftwerksbetreiber profitieren werden, werden die Gewinne aus dem Kraftwerksbetrieb privatisiert, während die potentiellen Verluste, die sich aus Leckagen und erheblichen Unregelmäßigkeiten der CO_2-Speicher nach Ablauf von 30 Jahren ergeben, sozialisiert werden. Damit ist eine finanzielle Umverteilung zu Lasten der Bevölkerung vorgesehen. Dies ist insbesondere mit der in § 1 S. 1 KSpG aufgeführten ‚Verantwortung für zukünftige Generationen' unvereinbar." (2010-07_BBU_Stellungnahme zum Gesetzentwurf, S. 14)

Während das Zitat Bezug auf die relevanten Akteure und rechtlichen Definitionen im Kontext des Gesetzgebungsprozesses nimmt, veranschaulicht der folgende Textauszug diesen Zusammenhang exemplarisch anhand eines konkreten Ortes:

„Würde beispielsweise CO_2 aus einem Kraftwerk in Hürth (NRW) in Schleswig-Holstein gespeichert werden, wäre Schleswig-Holstein auf einmal vollständig für das CO_2 verantwortlich, welches in Nordrhein-Westfalen durch RWE vom EU-Emissionshandel befreit, produziert worden ist." (2009-04_DUH_Stellungnahme zum CCS-Gesetzentwurf, S. 8)

Dieses Zitat kann als exemplarische Formulierung für eine Debatte über die Verlagerung von Verantwortung für die eingespeicherten Emissionen gelesen werden. Hier steht dies in Verbindung mit der Übertragung möglicher nachträglicher Kosten vom Akteur Betreiber auf den Akteur Bundesland und damit letztlich der Rückgriff auf öffentliche Mittel. Zudem wird die Forderung deutlich, dass die Verantwortung, hier im Sinne der ökonomischen Dimension, bei dem Betreiber verbleiben soll. Das ist interessant, weil hier die abstrakte Formulierung der Generationenverantwortung in die konkrete Frage nach der Verantwortungsübernahme konkreter Akteure gegossen wird. Diese künftigen Verantwortungen wurden im Gesetzentwurf im Jahr 2009 schriftlich festgehalten und um die dort festgehaltene Regulierung dreht sich ein Teil der im Textmaterial formulierten Kritik. Hieran verdeutlicht sich, dass und wie die institutionelle Regulierung der Nachsorge der Speicher als frühe Weichenstellung künftiger Verantwortlichkeiten eingeordnet wird.

„Die nach Schließung einer Speicherstätte anfallenden Kosten für die Wartung, Überwachung, Kontrolle und Abhilfemaßnahmen sowie für alle damit verbundenen Verpflichtungen müssten bei dem Betreiber der Speicherstätte verbleiben." (2009-04_DUH_Stellungnahme zum CCS-Gesetzentwurf, S. 9)

An dieser Stelle tritt der langfristige Aspekt der Speicherung in den Vordergrund, in Form notwendiger technischer Überwachung, die sich nicht allein als eine technische Frage entpuppt, sondern auch eine Frage des Monitorings und damit der konkreten Notwendigkeit einer Verantwortung hinsichtlich der Technologiekomponente der Speicherung ist.

Auf die institutionellen Verfahren und Regulierungen rund um das mögliche langfristige Monitoring einer Speicherstätte kommt die ENGO Greenpeace zu sprechen:

„Die Langzeitsicherheit von CO_2-Lagerstätten ist nicht allein eine Frage geologischer Gegebenheiten. Vielmehr muss durch geeignete Regulierung und kontinuierliche Überwachung (Monitoring) ein ausreichender Kenntnisstand gewährleistet sein, damit die Speicherrisiken minimiert werden können. Die Entwicklung geeigneter Monitoringverfahren ist auch unabdingbar für die Ausgestaltung von Genehmigungsverfahren und Haftungsregelungen. Für die vorgesehene Erprobung und Demonstration von CO_2-Endlagern für Millionen Tonnen CO_2 ist der Verweis im CCS-Gesetz auf noch zu erarbeitende untergesetzliche Regelwerke nicht ausreichend." (2010-08_Greenpeace_Stellungnahme zum Referentenentwurf, S. 7)

5.1 Umwelt- und Naturschutzorganisationen

Das Zitat veranschaulicht, auf welche Weise einzelne Technologieaspekte in den Textdokumenten hinsichtlich ihrer möglichen Konsequenzen besprochen werden und damit beispielhaft für die gesellschaftliche Antizipation des möglichen Technologieeinsatzes gelesen werden können. Hier erscheint die Speicherung nicht allein als Frage der Umweltnutzung (Untergrund), sondern als Frage der Regulierung und Verantwortungsethik. Die Verantwortungsdimension zeigt sich beispielhaft in folgendem Zitat des NABU:

> „Jenseits der unten aufgeführten spezifischen Anmerkungen kritisiert der NABU am vorliegenden Gesetzentwurf v. a. die völlig unzureichenden Regelungen in Bezug auf die langfristige Haftung der verantwortlichen Speicherbetreiber für mögliche Risiken der CO_2-Deponierung. Insbesondere die Bestimmungen zu Deckungsvorsorge und Pflichtenübertragung müssen so überarbeitet werden, dass auch langfristig derjenige die Risiken und Kosten trägt, der die Technologie nutzen und davon profitieren will – also v. a. die Energieversorgungsunternehmen, die sich weiterhin für den Bau und Betrieb von Kohlekraftwerken entscheiden." (2009-04_NABU_Aktualisierte Stellungnahme zum Gesetzentwurf_ Kabinettsentwurf, S. 2)

Der hergestellte Zusammenhang zwischen Zeitlichkeit und Verantwortung dreht sich insbesondere um die Verantwortungsverteilung zwischen den Akteuren Betreiber, Bundesland und Öffentlichkeit.

In der Frage des Umgangs mit den Speichern drücken sich gesellschaftliche Fragen der Verantwortungsübernahme aus, die über institutionelle Regelwerke festgelegt werden. Hieran zeigt sich die Einbettung der diskutierten Technologie in Fragen der institutionellen Regulierung und damit der sozialen Institution. Interessant ist, dass aus klimapolitischer Sicht, vereinfacht gesagt, auch die Emissionen in der Atmosphäre einer kollektiven Verantwortung unterliegen, sofern die Atmosphäre als Kollektivgut (Achim Brunnengräber 2015, S. 119) aufgefasst wird. Dieser Verantwortungsaspekt aktualisiert sich im Textmaterial neu, in dem Moment, in dem die Emissionen der Kraftwerke oder Fabriken in verflüssigtem Zustand in den Untergrund gebracht werden würden. Denn die konkreten Verantwortlichkeiten verschieben sich hier, von einer kollektiven, globalen Verantwortung der Emissionen in der Atmosphäre hin zu abgetrennten Emissionen vor Ort. Auch hier spielt in der damaligen Debatte der Konjunktiv eine Rolle, weil sich die Debatte teilweise auf antizipierte Konsequenzen einer großtechnischen Anwendung bezieht.

Wichtig ist der zeitliche Rahmen, der möglichen Betreibern der Speicher bis zu einer Übergabe der Verantwortung an die betroffenen Bundesländer zusteht.

Im analysierten Material werden Forderungen für einen verlängerten Verantwortungszeitraum der Betreiber angeführt, wie in folgendem Textausschnitt pointiert erkennbar wird:

> „[…], Energieexperte beim BUND, sieht im Entwurf des CCS-Gesetzes weitere Lücken. Es gewährleiste keine maximale Sicherheit künftiger CO_2-Lagerstätten und weise die Verantwortung für die Klimagasspeicher nicht eindeutig und dauerhaft den Betreibern der Kohlekraftwerke zu. Der Entwurf spreche davon, dass die CO_2-Einlagerung ‚dauerhaft', also für 10 000 Jahre und mehr erfolge. Zugleich könnten die Betreiber bereits 20 Jahre nach Ende der Einlagerung die Verantwortung auf die Bundesländer übertragen." (2009-03_BUND_Pressemitteilung)

Deutlich wird, dass in den verschriftlichten Stellungnahmen, Hintergrund- und Positionspapieren nicht eine Technologie verhandelt wird, sondern in der Adressierung der Speicher auch Fragen der gesellschaftlichen Verantwortung zwischen Wirtschaft und Staat, im genaueren Bürger*innen in Form der Steuerzahlenden, verhandelt werden.

Im Weiteren wird auf den in den Dokumenten formulierten Aspekt der Flächennutzung sowie auf die damit verbundenen Deutungen eingegangen. Ein im vorliegenden Textmaterial durchweg angesprochener Aspekt ist die Nutzung oberirdischen Baugrunds und des Untergrunds als Speicherressource. Diese Themen werden vornehmlich als offene Fragen gerahmt oder als kritische Hinweise. Anhand der Debatte um die Nutzungskonkurrenz der Flächen lässt sich ein Spannungsfeld zwischen fossilen und Erneuerbaren Energien im Textmaterial konstatieren, wie das folgende Zitat zeigt, das im sehr frühen Kontext des Gesetzgebungsprozesses zu verorten ist:

> „Statt zunächst einen Rechtsrahmen für Demonstrationsprojekte sowie den parallelen Beginn einer ‚unterirdischen Raumordnung' zu schaffen, wird durch den CCS-Gesetzentwurf jede raumordnerische Entscheidung oder planerische Abwägung zugunsten etwa von Eignungs- oder Vorranggebieten für Geothermienutzungen oder für Druckluftspeicherungen ausgeschlossen. Sollte der vorliegende Gesetzentwurf geltendes Recht werden, gilt das Prinzip, wer zuerst kommt, mahlt zuerst'." (2009-04_DUH_Stellungnahme zum CCS-Gesetzentwurf, S. 3)

Das Zitat übt Kritik an der möglichen langfristigen Vorfestlegung der unterirdischen Flächennutzung zu Gunsten der CO_2-Speicher. Diese würde aus einer fehlenden unterirdischen Raumordnung, auch in Konkurrenz zu bestehenden Technologien der Energieversorgung, resultieren. Daran wird deutlich, dass die im Textmaterial formulierten Perspektiven zu CCS nicht allein eine Technologiedebatte darstellen, sondern die Debatte wortwörtlich tiefer geht, indem sie

5.1 Umwelt- und Naturschutzorganisationen

Fragen der Untergrund- und Flächennutzung berührt. Deren Kontext ist einerseits die auch für Erneuerbare Energien gefragte Raumnutzung, andererseits Eigentumsverhältnisse der für die Speicher angedachten Flächen.

Die der Besprechung der Technologie innewohnende Dimension der Umweltnutzung des Untergrunds zeigt, dass es sich hier nicht um eine isolierte Bezugnahme zum Technologie-Set handelt, sondern dieses in einen engen Zusammenhang bestehender soziotechnischer Systeme gerückt wird. Denn neben fast durchgängigen Verknüpfungen von Technologie-Set und Kohleverstromung sprechen die Dokumente über den Aspekt der Flächennutzung auch eine mögliche Konkurrenz zu Formen der Erneuerbaren Energieerzeugung an. Zudem sei angemerkt, dass in den Prozessdokumenten ein fließender Übergang zwischen technologischen Bestandteilen und der damit eng in Verbindung stehenden Nutzung der ökologischen Umwelt diskutiert wird. Dies verdeutlicht sich beispielsweise anhand der Vorgangsbeschreibung der behälterlosen Gasspeicherung, wie sich in dem folgenden Textauszug des NABU zeigt:

> „Als Speichermöglichkeiten werden derzeit zwei Varianten diskutiert: ausgebeutete Erdgaslagerstätten und Salzwasser führende Schichten im Untergrund, so genannte ‚saline Aquifere'. In Schleswig-Holstein sollen vor allem letztere zur Speicherung von CO_2 genutzt werden." (2009_NABU_Webseite_„NABU lehnt CCS-Technologie ab")

Der NABU hebt die enge Verknüpfung der technologischen und ökologischen Bestandteile der Technologie-Anwendung hervor, wodurch die Frage aufgeworfen wird, wo die Technologie aufhört und die Umweltnutzung anfängt. Während bei einer Verwendung ausgebeuteter Erdgaslagerstätten auf eine vorherige Nutzung dieser geologischen Erdschichten verwiesen wird, thematisiert der Zusammenhang mit „salinen Aquiferen" die potenzielle Erkundung und Nutzung weiterer Flächen des Untergrunds. Hier schließt sich die sozial-ökologische Dimension der CCS-Debatte an, wenn die Frage in den Vordergrund rückt, inwiefern der Technologiebegriff ausreichend ist.

5.1.5 Soziotechnische Systeme als energiepolitischer Kontext

Dieser Abschnitt präsentiert die Ergebnisse, welche durch die Anwendung der inhaltsanalytischen Kategorie der soziotechnischen Systeme gewonnen wurden. Mit dem Code wurde das Textmaterial vorstrukturiert und anschließend mit dem theoretischen Konzept der soziotechnischen Systeme bzw. Ensembles verknüpft. Der Titel des Abschnitts verweist auf die Energiepolitik als zentralen soziotechnischen Kontext der Debatte, auch wenn dieser nicht erschöpfend für die Ergebnisse dieses Analyseschritts steht.

In der Gesamtauswertung unter dieser deduktiven Kategorie erwies sich als auffällig, dass die im Textmaterial artikulierten Bezüge der CCS-Technologien zu bestehenden soziotechnischen Systemen, insbesondere der fossilen Energieerzeugung, eine stark problematisierende Adressierung erfahren. In den Textdokumenten der Umwelt- und Naturschutzorganisationen, die teils divergierende Positionen vertreten, ist übergreifend der Verweis auf das soziotechnische System der Erneuerbaren Energien festzuhalten, dessen erwünschter Ausbau betont wird. Dies spiegelt den Charakter eines großtechnologischen Systems wider, das unter anderem durch eine größere geographische Fläche charakterisiert ist, ebenso wie durch einen kapitalintensiven Einsatz. Das folgende Zitat eines Naturschutzverbandes auf Länderebene verweist exemplarisch auf den antizipierten großtechnologischen Charakter der Anwendung:

> „Durch die weitere Nutzung oder gar den Ausbau der Kohle-Großkraftwerke bleibt die Monopolstellung und damit die Abhängigkeit der Bürger und unserer Politiker von den vier Stromkonzernen erhalten. CCS dient damit vor allem dem Erhalt der wirtschaftlichen Vormachtstellung der Konzerne und der Gewinnmaximierung ihrer Aktionäre auf Kosten der hier lebenden Menschen und unserer Landschaft – dies darf nicht sein!" (2009_NABU_Webseite_„NABU lehnt CCS-Technologie ab")

In der anfänglichen Debatte der organisierten, zivilgesellschaftlichen Akteure (ENGOs) wurde das Technologie-Set in den Kontext des großtechnologischen Systems der fossilen Energieerzeugung eingebettet, wie das obige Zitat exemplarisch veranschaulicht. Diese antizipierte Nähe wird von den Akteuren der Debatte als mögliche Verstetigung der Kohlebranche gedeutet und je nach Standpunkt unterschiedlich bewertet. An dieser Stelle zeigt sich, wie das Technologie-Set durch die Perspektiven der ENGOs in den Zusammenhang mit bestehenden soziotechnischen Systemen gestellt wird.

CCS erweist sich hier als Schnittstelle zu bestehender energietechnologischer Infrastruktur. Zugleich wird mit der Besprechung der Technologieanwendung deren eigene, mögliche Flächennutzung und Langfristigkeit kritisch adressiert. Somit ist das Technologie-Set selbst als Komponente bereits soziotechnischer Systeme zu verstehen.

5.1.6 Bedeutung der Technologie als Frage des gesellschaftlichen Nutzens

Der Abschnitt bietet eine zusammenfassende Darstellung der Analyse der Bedeutungszuschreibungen der ENGOs zur Nützlichkeit und teils zugeschriebenen Nutzlosigkeit von CCS im Kontext der Kohleverstromung. Das beinhaltet die Sinnzuschreibung der Brückentechnologie, des Nutzungskontexts der Kohlekraftwerke sowie der Industrie.

Nutzungskontext Brückentechnologie
Eine direkte Deutungszuschreibung der Technologie findet sich in der Bezeichnung „Brückentechnologie", einem Begriff, der in der vorliegenden Dokumentengruppe teilweise verwendet wird. Der Begriff selbst deutet semantisch auf einen kurz- bis mittelfristigen Einsatz einer Technologie hin. Eine grundlegende Irritation, die sich aus der Auswertung des gesamten Textmaterials aufdrängt, ist der sprachliche Verweis der „Brücke", der im Kontrast zu den sehr langen Zeiträumen des Monitorings des Storage-Anteils erscheint. Eine langfristige Überbrückung? Genau diese Widersprüchlichkeit wird in der Dokumentengruppe der Umweltorganisationen explizit gemacht. In dem folgenden Zitat wird auf die Begriffe und Rechtssprache in der EU-Richtlinie rekurriert und die Bezeichnung der Brückentechnologie betont:

> „Die CCS-Richtlinie der EU sieht die CCS-Technologie ausweislich ihrer Erwägungsgründe ausdrücklich und lediglich als eine Brückentechnologie, die zur Abschwächung des Klimawandels beitragen soll. CCS soll explizit nicht als Anreiz dienen, den Anteil von Kraftwerken, die mit konventionellen Brennstoffen befeuert werden, zu steigern. Ebenso wenig soll die Entwicklung von CCS – so die Richtlinie – dazu führen, dass die Bemühungen zur Förderung von Energieeinsparmaßnahmen, von erneuerbaren Energien und von anderen sicheren und nachhaltigen kohlenstoffarmen Technologien verhindert werden." (2009-04_DUH_Stellungnahme zum CCS-Gesetzentwurf, S. 2)

Der folgende Textauszug der NGO Germanwatch bezieht sich auf eine globale Perspektive und gibt den weltweiten Trend des Baus von Kohlekraftwerken zu bedenken, um vor diesem Argumentationshintergrund auf die mögliche Brückenfunktion einzugehen.[22]

---

[22] Hier sei angemerkt, dass dieses Zitat einem Dokument der letzten Jahreshälfte 2008 entstammt und der Akteur Germanwatch im Verlauf der Zeit stärker den Industriekontext betont, als dem Textausschnitt zu entnehmen ist.

> „Derzeit sind weltweit etwa 800 neue Kohlekraftwerke in Planung. Wenn auch nur ein Bruchteil davon ohne CCS (Carbon Dioxide Capture and Storage) gebaut wird, sind alle ernsthaften Klimaschutzziele zum Scheitern verurteilt. Oberste Priorität muss darauf liegen, massiv die Energieeffizienz voranzutreiben und beschleunigt den Pfad zu einer hundertprozentigen Versorgung mit Erneuerbaren Energieträgern einzuschlagen. Nur dann kann CCS – wenn es hält, was es verspricht – als Brückentechnologie ein sinnvoller Baustein einer Strategie auf dem Weg ins Solarzeitalter sein. In einer solchen Strategie ist die Entwicklung von CCS dann aber ein notwendiger Schritt, um die Möglichkeit offen zu halten, die globale Erwärmung noch unter zwei Grad gegenüber dem vorindustriellen Niveau zu begrenzen." (2008-09_Germanwatch_Klimakompakt Nr. 60)

Der Verweis auf den weltweiten und teils länderspezifischen Anstieg der Nutzung von fossiler Energiegewinnung aus Kohle findet sich in anderen Dokumenten der Akteursgruppe der NGOs auch als Argument gegen den Einsatz der Technologie als „Brückenfunktion":

> „Der Verweis auf den derzeitigen Zubau von jährlich 20 bis 25 GW an konventioneller Kraftwerksleistung in China und die vermeintlich wichtige ‚Brückenfunktion' von CCS auf dem Weg zu einer 100 % auf Erneuerbaren Energien basierenden Energiewirtschaft vermag in diesem Zusammenhang nicht zu überzeugen. Zum einen käme die Technik für die jetzt projektierten Kraftwerke zu spät. Zum anderen wird ein Großteil des zunehmenden chinesischen Energiehungers in die Produktion von Exportprodukten für diejenigen Staaten gesteckt, die China jetzt als Hauptproblem beim Klimaschutz ansehen." (2009-06_BUND-Hintergrund, S. 9)

Diese Kritik am Technologieeinsatz als „Brückentechnologie" mündet in folgende Schlussfolgerung, welche den nachträglichen Technologiecharakter kritisiert:

> „CO_2 nicht vergraben, sondern vermeiden. Das muss oberstes Ziel werden." (2009-06_BUND-Hintergrund, S. 9)

Hier verdeutlicht sich beispielhaft, wie an der zivilgesellschaftlichen Kritik des Technologie-Sets zugleich Vorstellungen von erwünschten Handlungsmöglichkeiten enthalten sind. In der Zuschreibung der fehlenden Nützlichkeit drücken sich ebenfalls gesellschaftspolitische Haltungen und Forderungen aus, hier etwa die Vermeidung von Emissionen, statt deren Ausgleich.

Nutzungskontext Kohlekraftwerke
Die Kohleverstromung findet sich als ein durchgehend explizit adressiertes Thema in der Gesamtdokumentengruppe der Umweltorganisationen. Interessant ist, dass dieser soziotechnische Bezug einerseits als Kritikgrundlage gegen den Einsatz

5.1 Umwelt- und Naturschutzorganisationen

des Technologie-Sets dient, andererseits vereinzelt als Argumentationsgrundlage für deren Einsatz. Das deutet darauf hin, dass hier nicht eine Technologie an sich verhandelt wird, sondern deren gesellschaftlicher Nutzen. Entsprechend ist das Für und Wider in der CCS-Debatte weniger direkt auf die spezifische Technologie gerichtet, die Filteranlagen oder Pipelines,[23] sondern auf den Kontext. Mit Kontext ist hier die mit dem Technologieeinsatz antizipierte Verstetigung der fossilen Energieerzeugung gemeint.

Der folgende Textauszug von 2009 wurde ausgewählt, um einen exemplarischen Eindruck zu vermitteln, wie die Kohlekraftwerke in den Dokumenten als kritischer Bezugspunkt aufgegriffen werden.

„Hauptverantwortlich für Deutschlands Beitrag zur globalen Erwärmung ist die Energiewirtschaft, insbesondere die Kohlekraftwerke. Kohle ist der umweltschädlichste aller fossilen Brennstoffe und stellt die größte Bedrohung für das Klima dar. Trotzdem sind derzeit 30 Braun- oder Steinkohlekraftwerke in Bau oder Planung, die nach Inbetriebnahme für weitere 40–50 Jahre etwa 180 Millionen Tonnen CO_2 jährlich emittieren würden. Ist vor diesem Hintergrund die über das Versuchsstadium noch nicht hinaus gekommene Carbon Capture and Storage-Technologie (CCS) eine zukunftsfähige Option?" (2009-06_BUND-Hintergrund, S. 2)

Ein Jahr später, bei einer Verbändeanhörung der Umweltorganisationen und Wirtschaftsverbände im damaligen Wirtschaftsministerium, adressiert der BUND den Zusammenhang zwischen Technologie-Set und Kohlekontext noch deutlicher.

„Anlässlich der Anhörung im Bundeswirtschaftsministerium zum ‚Gesetz zur Demonstration und Anwendung von Technologien zur Abscheidung, zum Transport und zur dauerhaften Speicherung von Kohlendioxid' (CCS-Gesetz) hat der Bund für Umwelt und Naturschutz Deutschland (BUND) seine ablehnende Haltung zu diesem Vorhaben und dem Gesetzentwurf bekräftigt. ‚Die unterirdische Verpressung von Kohlendioxid ist eine Feigenblatt-Technologie, hinter der die schmutzigen Folgen der Kohleverstromung versteckt werden sollen', sagte der BUND-Energieexperte […]." (2010-08_BUND Presseportal)

Die Kohlenutzung wird an anderer Stelle jedoch als ein Argument für den Nutzen des Technologie-Sets verwendet. Dies kann als Moment der flexiblen Interpretation (interpretative flexibility) gedeutet werden. Das bedeutet, dass Kohlenutzung und Energiepolitik immer wieder zentral in der Debatte auftauchen, doch die

---

[23] Fraglich ist, inwiefern der Storage-Anteil als Technologie zu bewerten ist.

damit verbundenen Argumentationen teils gegensätzlich sind. Der folgende Auszug aus dem Plädoyer eines Kohlemoratoriums aus dem Jahr 2008 eignet sich zur Verdeutlichung eines weiteren Argumentationsmusters:

> „Die weltweiten energiebedingten CO_2-Emissionen hatten in den letzten zehn Jahren ein höheres Wachstum, als dies selbst das pessimistischste Referenz-Szenario des IPCC aufwies. Der Hauptgrund dafür ist die Renaissance der Kohle. Wenn in den nächsten Jahren – wie geplant – Hunderte neuer konventioneller Kohlekraftwerke errichtet werden, laufen wir sehenden Auges auf eine gigantische Klima-Destabilisierung zu. Die Nutzung der Kohle als Übergangstechnologie kann deshalb nur eine Zukunft haben, wenn sie mit der Abscheidung und sicheren Lagerung von CO_2 verbunden ist." (2008_Germanwatch_KlimaKompakt Nr. 60)

Hier lässt sich eine Argumentationslinie erkennen, in der ebenfalls Bezug auf das soziotechnische System der fossilen Kohlenutzung genommen wird, allerdings als Begründung für die Notwendigkeit der CCS-Technologie, um die weltweit neu geplanten Kohlekraftwerke umweltverträglicher zu gestalten. Die Argumentation des BUND im zuvor erwähnten Zitat wiederum erfolgt aus einer kritischen und grundlegend ablehnenden Haltung gegenüber der Kohleverstromung, entsprechend wird eine Nutzung von CCS im Kohlekontext als Erweiterung des Ausgangsproblems – die Förderung der Kohle – eingeordnet.

An diesen beispielhaften Argumentationsfiguren hinsichtlich des zugeschriebenen Nutzens der Technologie kann veranschaulicht werden, dass und wie zum damaligen Zeitpunkt das Technologie-Set als zu verhandelnder Gegenstand gehandhabt wurde. Teil der Debatte ist sowohl die befürchtete Verstetigung der Kohleförderung durch die Technologie als auch die pragmatische Antwort auf die weltweit ansteigende Zahl der Kohlekraftwerke. Das kann als Anzeichen dafür gesehen werden, dass der untersuchte Ausschnitt der damaligen CCS-Debatte der 2010er Jahre nur mit Beachtung dieses Kontexts zu verstehen ist. In den energiepolitischen Fragen, die in den Stellungnahmen, Hintergrund- und Positionspapieren insgesamt und besonders bei den Umwelt- und Naturschutzorganisationen adressiert werden, zeigt sich die Gewichtigkeit dieses Deutungsrahmens. Mit der Politisierung von CCS als energiepolitische Frage, über die Verstetigung oder Beendigung der Kohleförderung, wird das Zusammentreffen der neuen Technologie und der bestehenden technischen Infrastruktur sowie deren gesellschaftliche Bedeutung ersichtlich. Hier zeigt sich, welche Bedeutsamkeit und Tragweite das „sozio" in soziotechnischen Systemen innehat.

5.1 Umwelt- und Naturschutzorganisationen

Nutzungskontext Industrie

In der Benennung der unterschiedlichen Nutzungskontexte zeichnet sich die Bandbreite der Anwendungszwecke des Technologie-Sets ab und die damit verknüpften gesellschafts- und energiepolitischen Bedeutungen. Während die Stellungnahmen, Hintergrund- und Positionspapiere im Zeitraum von 2009 bis 2012 vorrangig vom Thema Kohle geprägt sind, finden sich auch Besprechungen zum Einsatzbereich des Technologie-Sets für den Industriesektor. Hierbei handelt es sich um den Umgang mit Emissionen aus der Industrie, teilweise auch als Prozessemissionen bezeichnet. Der folgende Textauszug ist als exemplarische Darstellung des im Material adressierten Technologienutzens für den Industriekontext zu lesen:

„Wenn wir bis 2050 in Deutschland unsere Treibhausgasemissionen um 95 Prozent reduzieren wollen, müssen wir nicht nur unsere Energieversorgung auf Erneuerbare Energien umstellen, sondern auch Emissionen, die bei der Herstellung von Stahl oder Zement anfallen, vermeiden. Aus heutiger Sicht benötigen wir dazu den Einsatz von CCS-Technologien. Daher müssen wir die CCS-Technologie schnellstmöglich auf ihre Einsatzfähigkeit prüfen und entscheiden, ob Emissionen in geologischen Formationen im Untergrund gespeichert werden können. Auch die energieintensive Industrie muss ihren Beitrag zum Klimaschutz leisten." (2010-08_WWF_Pressemitteilung_„WWF Stellungnahme zum CCS Gesetzesentwurf")

Diese Argumentation für eine Förderung der Technologieentwicklung findet sich auch bei anderen ENGOs. So veröffentlichte Germanwatch in der ersten Jahreshälfte 2010 ein ausführliches Hintergrundpapier, welches die bisherigen Positionen, Akteure und Diskussionen zusammenfassend skizziert. Das Hintergrundpapier verweist ebenfalls auf den Technologienutzen für Prozessemission, ebenso wie auf die mögliche Rolle „negativer Emissionen":

„In weniger kontroversen Diskussionen unter Klimaschützern im Kontext der 2-Grad-Erwärmungsbegrenzung hat CCS vor allem eine Rolle bei der Minderung von industriellen Prozessemissionen (etwa aus den Bereichen Zement- und Düngemittelherstellung oder Stahlproduktion) sowie langfristig mit der Möglichkeit, durch die mit CCS kombinierte Biomasseverbrennung ‚negative Emissionen' zur Geltung zu bringen, das heißt CO_2 der Atmosphäre zu entziehen." (2010-04_Germanwatch_Hintergrundpapier, S. 5)

Der Nutzungskontext der Prozessemissionen wird von diesem Akteur im weiteren Verlauf noch weitaus stärker betont, so heißt es in einem ebenfalls 2010 veröffentlichten Statement:

„Bisher stand Kohle im Zentrum der deutschen CCS-Debatte. Das am 29. September verabschiedete Energiekonzept der Bundesregierung stellt erstmals – und mit gutem Grund – die industriellen Prozessemissionen in den Vordergrund. Dies ist notwendig angesichts fehlender Alternativen für diese Sektoren. Leider zieht die Bundesregierung hingegen nicht den notwendigen Schluss, auf den Neubau von Kohlekraftwerken mit und ohne CCS zu verzichten." (2010-11_Germanwatch_KlimaKompakt Nr. 68, S. 2)

Über die bisher angeführten Nutzungszuschreibungen des Technologie-Sets – Kohlekontext und Industrieemissionen – finden sich in der Dokumentengruppe auch Hinweise auf den Technologienutzen als sogenannte Senke:

„Der WWF begrüßt den neuen, verbesserten Gesetzesentwurf der Bundesregierung, nach dem die CCS-Technologie zunächst erprobt werden soll und in dem die Anzahl der Demonstrationsvorhaben auf einige wenige beschränkt wird. Im Gesetz zu ergänzen ist die prinzipielle Vorrangigkeit von CCS für die Emissionen von Industrieanlagen sowie für die Schaffung von sogenannten Nettosenken." (2010-08_WWF_Pressemitteilung_„WWF Stellungnahme zum CCS Gesetzesentwurf")[24]

Der WWF führt hier den Begriff der Senken ein und eröffnet somit eine weitere Funktion des Technologie-Sets, die jenseits der Kohleverstromung zu verorten ist. Im vorliegenden Textmaterial finden sich Hinweise auf den Zweck der negativen Emissionen, welche hier in der Variante der CDR-Praktik von Bioenergie und CCS (BECCS) angeführt wird:

„Sofern ausreichend geeigneter Speicherplatz zur Verfügung steht, bietet CCS langfristig gesehen noch eine weitere Chance, nämlich negative Emissionen: CO_2 könnte der Atmosphäre entzogen werden, indem die Verbrennung von Biomasse mit CCS verbunden wird." (2010-06_ Germanwatch-Zeitung WEITBLICK, S. 1)

Interessant ist an dieser Stelle, dass es bereits in der frühen CCS-Debatte vereinzelt Hinweise zur Nutzung von CCS-Technologien für negative Emissionen gibt – also der Aspekt, der spätestens seit dem 1,5-Grad-Sonderbericht von klimapolitischer Bedeutung ist.

In dieser Dokumentengruppe sind weniger Bewertungen oder Deutungen einer isoliert betrachteten Technologie erkennbar, sondern vielmehr lässt sich eine Bewertung über die damit in Verbindung gebrachten Nutzungskontexte des Technologie-Sets feststellen. Die Reichweite der adressierten und kritisierten Nutzungskontexte reicht von der fossilen Kohleindustrie über die Zuschreibung einer

---

[24] Diese Pressemitteilung ist über die Pressestelle des WWF zugänglich.

Brückentechnologie zwischen der fossilen und atomaren Energieerzeugung und den Erneuerbaren Energien bis hin zur Kompensation industrieller Restemissionen. Die inhaltliche Debatte in den betrachteten Textdaten der ENGOs strukturiert sich insgesamt entlang der Deutungsrahmen Energiepolitik, diesbezüglicher Zukunftsplanung und Fragen der Umweltnutzung und -ethik (Untergrund).

5.2 Wirtschafts- und Energieverbände

Das Kapitel knüpft an die Leitfrage an: Wie gestaltet sich das Verhältnis von Technik und Gesellschaft in den Auseinandersetzungen um CCS? Die Struktur dieses Abschnitts, der sich mit der Darstellung der Akteurslandschaft sowie den Deutungszuschreibungen der beteiligten Wirtschafts- und Energieverbände befasst, orientiert sich entlang der bereits vorgestellten Kategorien: Akteure, Zeitlichkeit, soziotechnische Systeme und Nutzungskonkurrenz. Die Abschnitte beginnen jeweils mit einer Kurzzusammenfassung und gehen dann auf Beispiele aus dem Textmaterial ein. Vorab sei zum Sprachstil des Textmaterials der Wirtschafts- und Industrieverbände verzeichnet, dass dieser durch eine teils dokumentarische, teils illustrative Sprache charakterisiert ist, die oftmals einen Bezug zu rechtlichen Formulierungen herstellt und diese aus den jeweiligen Akteursperspektiven unterschiedlich thematisiert.

Hier erfolgt die Analyse der Stellungnahmen, Hintergrund- und Positionspapiere der Wirtschaftsverbände auf Bundesebene, die neben den in Abschnitt 5.1 behandelten Umweltorganisationen an den Verbändeanhörungen sowie darüber hinaus an der alten CCS-Debatte auf Bundesebene beteiligt waren. Letztere werden hier unter der Perspektive organisierter, gesellschaftlicher Akteure gefasst. Zentrale Anlässe zur Verfassung dieser Textdokumente stellen auch hier die Verbändeanhörungen am 27. Februar 2009 und am 27. August 2010 dar, doch veröffentlichen die Akteure auch zu früheren und späteren Zeitpunkten Texte, vor allem Hintergrund- und Positionspapiere. Letztere bieten analog zur Textmaterialverwendung in Abschnitt 5.1 die Datengrundlage. Zudem sind die Wirtschafts- und Energieverbände als Lobbyakteure ihrer jeweiligen Branchen einzuordnen, die auch unabhängig von den Verbändeanhörungen ihre Stimme in politische Vorgänge und die Öffentlichkeit hineintragen. Die Analyseergebnisse werden entlang ausgewählter und als relevant definierter Kategorien vorgestellt, welche sowohl deduktiv als auch induktiv bestimmt wurden. Die Ergebnisvorstellung beginnt mit einem Überblick der in den Dokumenten erwähnten zentralen Akteure, insbesondere wird hier auf die Verständnisse von (Zivil-)Gesellschaft und Öffentlichkeit eingegangen. Daran schließen folgende Punkte an: Zeitlichkeit, soziotechnische

Systeme, Nutzungskonkurrenz, Deutungsgebung und interpretative Flexibilität. Die Struktur dieses Unterkapitels ähnelt demnach dem Abschnitt 5.1.

5.2.1 Übersicht der Akteurslandschaft der Wirtschafts-, Industrie- und Energieverbände

Um die Akteurslandschaft der inhaltlichen Deutungsrahmen zu erläutern, geht dieses Kapitel auf die organisierten Interessenvertretungen der Wirtschaft, Energie- und Industriebranche ein. Diese organisieren sich zunächst ebenfalls unter den großen Dachverbänden und innerhalb dieser eröffnet sich eine Vielzahl an darunter agierenden Mitgliederverbänden. Dieser Abschnitt bietet dazu einen Überblick, weil ein Verständnis dieser vielen Subgruppen hilfreich für die Einsicht in die vielfältigen Themen und Deutungen ist. Im Anschluss daran erfolgt die Inhaltsanalyse des Gesamtmaterials der organisierten Interessenvertretungen aus Wirtschaft und Industrie. Dadurch gelingt es, materialübergreifende Deutungsrahmen zu identifizieren und die thematischen Zugänge zu diskutieren.

Es kann konstatiert werden, dass sich die wirtschaftlichen Interessen der in die CCS-Debatte involvierten Wirtschaftsvereine und -verbände durch eine Themenvielfalt auszeichnet. In Subunits zusammengefasst handelt es sich um die verbandlich vertretenen Akteure der fossilen Energiewirtschaft, Erneuerbaren Energieerzeugung, Industrie und Infrastrukturdienstleister, kommunalen Unternehmen, Wasserwirtschaft, Landwirtschaft, technischen Prüfvereine sowie der Versicherungsbranche.[25]

All diese Branchendachverbände lassen sich unter dem Sammelbegriff der Wirtschaftsverbände vereinen, allerdings sei hier angemerkt, dass dies zunächst nur eine grobe Strukturierung darstellt. Gemeinsam haben diese Branchenverbände, dass sie organisierte Interessenvertretungen verschiedener Wirtschaftszweige sind. In den Wirtschafts- und Energieverbänden können jeweils soziale Subinteressengruppen (social interest groups) identifiziert werden. Darauf gehe ich im Folgenden vor dem Hintergrund der Deutungsrahmen und übergreifenden Themen und Argumente ein. Die Stellungnahmen, Hintergrund- und

---

[25] Diese Branchenverbände und -vereine weisen teilweise sehr unterschiedliche Organisationsalter auf. Auffällig ist etwa, dass das Gründungsdatum der Verbände und Vereine der fossilen Energieerzeugung größtenteils weit über 100 Jahre zurückliegt und damit auf das historische Alter der Branche und der damit verbundenen Berufsbilder und Verankerung im Landschaftsbild verweist. Im Kontrast dazu finden sich in der Gruppe der Wirtschaftsverbände auch einige jüngere Branchenverbände, wie gesellschaftliche Organisationen im Bereich der Erneuerbaren Energien.

5.2 Wirtschafts- und Energieverbände

Positionspapiere dieser weiteren Wirtschaftsverbände wurden verwendet, sofern diese mindestens an einer der mündlichen oder schriftlichen Verbändeanhörungen am 27. Februar 2009 und am 27. August 2010 teilgenommen haben. Grundlegend können die großen Dachverbände als stellvertretende Stimme ihrer Mitgliederverbände aufgefasst werden.

Die großen bundesweiten Branchenverbände aus dem Wirtschafts- und Energiebereich, die an der CCS-Debatte teilhatten, sind hier vorgestellt. Im genaueren zählen dazu auf Bundesebene der Bundesverband der deutschen Industrie e. V. (BDI), der Bundesverband der Energie- und Wasserwirtschaft e. V. (BDEW), der Bundesverband Erneuerbare Energien e. V. (BEE), der als Dachverband der Erneuerbaren Energiebranche[26] fungiert, sowie deren Mitgliederverbände, die später in diesem Abschnitt aufgelistet sind.

Aus der Fachliteratur ist bekannt, dass damals sowohl der BDEW, der BDI (sowie der DGB, siehe 5.3) die EU-Richtlinie 2009/31/EG grundsätzlich befürworteten, hingegen der BEE auf die Nutzungskonkurrenz verwies und für den Vorrang der Erneuerbaren Energien argumentierte (Fischer et al. 2010, S. 43). Daraus kann verallgemeinert werden, dass die großen Branchenverbände der Energie- und Wasserwirtschaft und Industrie grundlegend die EU-Richtlinie befürworteten, hingegen die bundesweite Stimme der Interessenvertretung der Erneuerbaren Energien der EU-Richtlinie kritisch gegenüber eingestellt war. Allerdings bedeutet die Befürwortung der Umsetzung der EU-Richtlinie noch keine grundlegende Befürwortung oder Ablehnung der Technologie, wie aus der folgenden Inhaltsanalyse hervorgeht. Es folgt ein Überblick der zentralen Subgruppen.

Industrie

An den teilhabenden Interessenvertretungen wird deutlich, dass eine Bandbreite an organisierten Gesellschaftsaktcuren der Industrie an der CCS-Debatte teilhatte. Diese inhaltliche Reichweite drückt sich in der in die Debatte involvierten Mitgliederverbänden der Dachorganisation des BDI aus. Diese reichen beispielsweise von der Vereinigung Rohstoffe und Bergbau e. V. bis hin zum Verband der Technischen Überwachungs-Vereine.

Für die organisierten Interessenvertretungen der Industrie ist als Dachorganisation der BDI zu nennen, der seine Mitgliederverbände auf der Webseite mit folgenden Worten beschreibt: „Mitglieder im BDI sind Wirtschaftsverbände, die

---

[26] Diese Formulierung ist der Verbandswebseite zu entnehmen: www.bee-ev.de, zuletzt gesehen am 08. 02. 2021.

Spitzenvertretung einer gesamten Industriebranche oder industrienahen Dienstleistungsgruppe für das Gebiet der Bundesrepublik Deutschland sind." BDI (2021). Daraus kann für die CCS-Debatte geschlussfolgert werden, dass die Stellungnahmen des BDI zwar stellvertretend für die Interessen der Mitgliederverbände zu lesen sind, zugleich stehen die Aussagen der Mitgliederverbände jedoch nicht zwangsläufig für den Bundesverband. An der Debatte beteiligten sich folgende Mitgliederverbände des Bundesverbands: die Vereinigung Rohstoffe und Bergbau e. V. (VRB), der Wirtschaftsverband Erdöl- und Erdgasgewinnung e. V. (WEG),[27] die Wirtschaftsvereinigung Stahl (WVStahl),[28] der Wirtschaftsverband Anlagenbau und Industrieservice (SET),[29] der Verband Deutscher Maschinen- und Anlagenbau (VDMA) und der Verband der Technischen Überwachungs-Vereine (VdTÜV).

Darüber hinaus finden sich organisierte Interessenvertretungen der kommunalen Unternehmen wieder, die durch den Verband kommunaler Unternehmen e. V. (VKU) vertreten sind. Zudem verweist die Teilhabe des Fachverbands GEODE – Verband der unabhängigen Strom- und Gasverteilerunternehmen – auf die Bedeutsamkeit der technischen Infrastrukturen von Verteilernetzen in der CCS-Debatte. Auch Versicherungsfragen spielen eine Rolle, wie durch die Dokumente des Gesamtverbands der Deutschen Versicherungswirtschaft e. V. (GDV) ersichtlich ist.

Fossile Energien
Auch die Branche der fossilen Energieerzeugung ist durch organisierte Interessenvertretungen beteiligt. Dadurch deutet sich erneut die inhaltliche Dimension der fossilen Energieerzeugung in der CCS-Debatte an, dieses Mal jedoch ausgehend vom Zugriffspunkt der organisierten Gesellschaftsakteure der fossilen Energieerzeugung. Im genaueren handelt es sich um den Deutschen Braunkohle-Industrie-Verein (DEBRIV) und den Gesamtverband Steinkohle e. V. (GVSt). Zudem verweist die Beteiligung des Informationszentrums klimafreundliches Kohlekraftwerk e. V. (IZ Klima) auf die Debatte um „saubere Kohle", die einen Themenstrang in der CCS-Debatte unter den organisierten Gesellschaftsakteuren auf Bundesebene darstellt.

---

[27] Heute heißt die Organisation Bundesverband Erdgas, Erdöl und Geoenergie e. V. (BVEG).
[28] Die Wirtschaftsvereinigung Stahl nahm an der zweiten Verbändeanhörung mündlich teil und ist dem BDI zugehörig, welcher sich auch schriftlich positionierte.
[29] Zu diesem Akteur liegen kaum Dokumente vor; da er jedoch über den BDI vertreten ist, stellt dies kein Problem der empirischen Sättigung dar.

5.2 Wirtschafts- und Energieverbände

Erneuerbare Energien
Neben den Gesellschaftsakteuren der fossilen Energien hatten an der Debatte auch organisierte Akteure der Branche der Erneuerbaren Energien teil. Auch sie vertritt ihre Interessen über verbandliche Organisationen, der Dachverband ist der Bundesverband Erneuerbare Energien e. V. (BEE).[30] Als Mitglieder sind zu nennen der Bundesverband Neuer Energieanbieter e. V. (bne)[31] und die Geothermische Vereinigung – Bundesverband Geothermie e. V. (BVG)[32] Letzterer ist in der frühen CCS-Debatte (2009–2012) als besonders aktiv zu vermerken. Daran verdeutlicht sich, dass innerhalb der Interessenvertretungen der Erneuerbaren Energien das Thema der tiefen Geothermie, also der energetischen Nutzung von Erdwärme, ein in die CCS-Debatte eingebrachtes Thema darstellt. Daran zeichnet sich bereits die mögliche Bedeutsamkeit der Umweltnutzung des Untergrunds ab, wie später noch deutlicher zum Vorschein kommt.

Wasserwirtschaft, Landwirtschaft
Anknüpfend an die Geothermie lässt sich durch die Teilhabe der Interessenvertretungen der Wasserwirtschaft und Landwirtschaft festhalten, dass auch hier die Themendimension der Umwelt, insbesondere der Nutzung von Land und des kollektiven Gemeingutes (Grund-)Wasser, inhaltlich repräsentiert wird. Namentlich ist zu den gesellschaftlichen Interessengruppen der Wasserwirtschaft vor allem die Allianz der öffentlichen Wasserwirtschaft e. V. (AöW) anzuführen. Die Teilhabe der landwirtschaftlichen Akteure geben einen Hinweis darauf, dass im Entstehungsprozesses des Gesetzes zur Regulierung der Demonstration von CCS auch der ländliche Raum und die Landwirtschaft thematisch involviert waren. Im landwirtschaftlichen Bereich sind die Arbeitsgemeinschaft der Grundbesitzerverbände e. V. (heute: Familienbetriebe Land und Forst) zu nennen ebenso wie der Deutsche Bauernverband e. V. (DBV). Dies deutet bereits auf mögliche Fragen der Umweltnutzung bzw. Landnutzung hin, wie sich später in der Debatte um Eigentumsrechte zeigt.

---

[30] Die formale Zuordnung sei hier angegeben, jedoch war der BEE nicht Teil der Verbändeanhörung des KSpG im Jahr 2010. Hier ist die Teilnahme des bne und des BVG zu nennen.

[31] Der bne nahm an der mündlichen Verbändeanhörung im Jahr 2010 teil, wie dem ministerialen Sitzungsprotokoll zu entnehmen ist. Anzumerken ist zudem eine Namensänderung von „Bundesverband Neuer Energieanbieter e. V." zu „Bundesverband Neue Energiewirtschaft e. V." (bne).

[32] Ebenfalls Mitglieder des BEE und anwesend bei der Verbändeanhörung 2010 sind die 8KU GmbH sowie Greenpeace Energy.

5.2.2 Akteure, Orte, Artefakte – zwischen „grüner Wiese" und Stadtraum

Dieser Abschnitt zielt darauf ab, einen Eindruck der in der Dokumentengruppe beschriebenen Landschaft an relevanten Akteuren, Orten und technischen Artefakten zu geben, gewissermaßen die Bühne der Debatte, die sich im Textmaterial eröffnet.

Zwischen bestehenden und antizipierten Orten und Artefakten
Die Stellungnahmen, Hintergrund- und Positionspapiere sowie Pressemitteilungen beschreiben eine konkrete Landschaft an Akteuren, Orten und Technologiekomponenten, der Abscheidung, Transportleitungen sowie Lagerstätten. Dies ist nicht allein als Beschreibung des Ist-Zustandes des damaligen Prozesses zu verstehen, sondern bezieht mögliche Entwicklungen antizipierend ein.

Im Textmaterial sind einerseits bestehende Orte und technische Artefakte benannt, zugleich wird auf deren mögliche, also zukünftige, Bedeutung eingegangen. Denn die Stellungnahmen, Hintergrund- und Positionspapiere beziehen sich auf das damals geplante Gesetz und die damit implizierten oder antizipierten Konsequenzen technischer oder politischer Dimension. Daran verdeutlicht sich, dass und wie die Interessenverbände einen Zusammenhang zwischen der noch nicht großflächig existierenden Technologie und deren möglicher Relevanz für bestehende Akteure, Orte und Artefakte formulieren. Die Beschreibungen können als aktive Bezugnahmen der organisierten Interessengruppen auf die Technologie in ihrem soziotechnischen Kontext gelesen werden. In diesen Bezugnahmen werden Orte der fossilen sowie der Erneuerbaren Energietechnologien aufgegriffen ebenso wie der ländliche Raum. Die Ortsbeschreibungen verdeutlichen die aktiven Verknüpfungen, welche die organisierten Gesellschaftsakteure zwischen dem möglichen Technologieeinsatz und der bestehenden oder künftigen technischen Infrastruktur herstellen, insbesondere der des Energiesystems. Hier wird demnach keine isolierte Technologie besprochen, sondern diese wird aus den jeweiligen gesellschaftlichen Standpunkten eingeordnet. Da das Technologie-Set aus mehreren Bestandteilen und Prozessen besteht, die wiederum an bestehende Infrastrukturen anknüpfen, zeichnet sich die Interdependenz zwischen Technik und Gesellschaft im Detail ab.

Die räumlichen Orte, die das Textmaterial beschreibt, lassen sich als kontrastreich beschreiben. Dieses Bild changiert zwischen eng bebauten Stadträumen und kleinen kommunalen Stadtkraftwerken, kontrastierend dazu steht das Bild der „grünen Wiese", also der großen Kraftwerksstandorte auf dem Land. Anhand dieser Räume skizziert das Textmaterial die unterschiedlichen Standortgegebenheiten

5.2 Wirtschafts- und Energieverbände

von punktuellen Emissionsquellen und die damit verbundenen Möglichkeiten und Grenzen von Abscheideanlagen, also dem Capture-Teil der Technologie. Insbesondere spielt hier im Material die Frage der Anwendung bei kleineren städtischen Kraftwerken eine Rolle, zum Beispiel mit Blick auf die Flächen für Abscheideanlagen und Transportleitungen.

Das Material diskutiert Transportleitungen und Lagerinfrastrukturen – teils auch als Speicher, selten als Endlager betitelt –, welche sowohl Stadt- als auch Landräume berühren (würden).[33] Hinsichtlich der Speicherorte spielt im Gesamtmaterial – bei Umwelt- und Wirtschaftsvereinigungen – das Norddeutsche Becken eine zentrale Rolle, da dieses Gebiet im Textmaterial grundlegend als mögliche geologische Speicherfläche kritisiert wird.

Akteure
Die Textdokumente der Wirtschafts- und Energieverbände benennen einige, teils branchenspezifische, Akteure, ebenso wie spezifische Orte und Technologiebestandteile, die hier für einen ersten Eindruck zusammengefasst sind. Insgesamt verweisen die genannten Akteurs- und Ortskonstellation in den Dokumenten auf eine Diskrepanz zwischen einerseits international organisierten Energiekonzernen des Strommarktes,[34] andererseits kommunalen Akteuren der Energiewirtschaft, im genaueren des Strom- als auch Wärmemarktes, und der Wasserwirtschaft. Zudem formulieren die Dokumente des Deutschen Bauernverbands gebündelt die Perspektiven landwirtschaftlicher Akteure.

Die Dokumente diskutieren die möglichen Verantwortungszuschreibungen, Rechte und Pflichten. Es handelt sich um Verantwortung von Verwaltungseinheiten wie Bund, Ländern und Gemeinden, die Rolle von Behörden, Marktakteuren, insbesondere kommunalen Wirtschaftsakteuren wie Stadtwerken sowie Betreibern von Technologie(-bestandteilen). Auf der politisch-administrativen Ebene adressiert das Textmaterial insbesondere die Rolle der Bundesländer, die im vorliegenden Prozess über den Bundesrat am Gesetzgebungsprozess teilhaben. In diesem Zusammenhang reflektiert das Textmaterial stellenweise die hier vorhandenen oder gewünschten Verantwortungszuschreibungen.

Es zeigt sich, dass CCS-Technologien durch die verschiedenen Bestandteile – Abscheideanlagen, Transportwege, Speicherorte – eine Vielzahl an Orten, infrastrukturell bebaute Stadtflächen und Landflächen, und Branchenakteure betreffen

---

[33] Die Verwendung des Konjunktivs soll hier auf die nicht umgesetzten Pläne hindeuten.
[34] Zum Beispiel gehörte die Braunkohlesparte der Lausitz damals dem Akteur Vattenfall – der Konzern änderte seine Rechtsform und sei deshalb zur Vereinfachung als „Vattenfall" angeführt.

würde. Allerdings bleibt der Konjunktiv zu betonen, weil die Textdokumente auf die mögliche Umsetzung, nicht nur der Demonstration, sondern auch einer möglichen Implementierung rekurrieren. Das vorliegende Material leistet eine Abwägung und Folgenabschätzung gesellschaftlicher Anliegen. Bereits in der Zusammenfassung der Akteure, Orte und technischen Artefakte verdeutlicht sich, dass sowohl energiepolitische Infrastrukturbestandteile als auch unterschiedliche Stadt- und Landflächen von Bedeutung sind, wie später detaillierter dargestellt. Auch zeichnet sich bereits hier ein Bild von einer Bandbreite an wirtschaftlichen Interessenvertretungen ab, indem sowohl energiewirtschaftliche als auch land- und wasserwirtschaftliche Orte und Organisationen Teil der Debatte sind.

5.2.3 Verständnisse von Gesellschaft: Allgemeinheit, Laien, Verbraucher*innen

Um das Verständnis zwischen Technik und Gesellschaft analytisch zu fassen, hilft ein Blick auf die Verständnisse von Gesellschaft im Material. In der Dokumentengruppe finden sich häufig Aufforderungen, Fragen und Kritik zur vorhandenen oder künftigen Einbindung von Gesellschaft und Öffentlichkeit. Diese variieren in der weiten Dokumentengruppe der Wirtschaftsverbände zwischen Informationsbedarf, Verantwortungsappellen und einer kritischen Besprechung des „Wohls der Allgemeinheit". Die Adressierungen der Öffentlichkeit und Gesellschaft können vornehmlich als Allgemeinheit, Laien oder Verbraucher*innen zusammengefasst werden: Erstens findet sich in den Dokumenten der Verweis auf die Notwendigkeit eines verstärkten Informationsbedarfs der Bevölkerung. In diesem Zusammenhang rücken die Akteure teilweise die Neuheit der Technologie sowie damit vermutetes Unwissen in den Vordergrund. Zweitens findet eine Adressierung der Gesellschaft statt, indem die Anwendung des Technologie-Sets als eine gesamtgesellschaftliche Aufgabe angesprochen wird. Drittens spielt das Rekurrieren auf das „Wohl der Allgemeinheit" eine bedeutsame Rolle, wie dieser Abschnitt ausführen wird.

Was kann daraus geschlossen werden? Die unterschiedlichen und teilweise widersprüchlichen Vorstellungen über die Rolle(n) von Öffentlichkeit und Gesellschaft im Textmaterial weisen mit Blick auf die Leitfrage der Untersuchung darauf hin, dass es sich hier vielmehr um Verhältnisse – im Plural – von Gesellschaft und Technik handelt.

Im Folgenden sind einige beispielhafte Zitate angeführt, welche die Verständnisse, Zuschreibungen und Erwartungen von (Zivil-)gesellschaft als Laien,

5.2 Wirtschafts- und Energieverbände

Bürger*innen und Allgemeinheit exemplarisch veranschaulichen. Die Ausführungen zu den im Textmaterial vorzufindenden Verständnissen von Gesellschaft als Eigentümer*innen und Verbraucher*innen erfolgen in den darauffolgenden Unterkapiteln.

Transparenz und Information: Fehlende Akzeptanz als Informationsproblem?
Eine oftmals im Textmaterial vorgefundene Argumentationsstruktur basiert auf der Implikation, dass durch mehr Informationen Akzeptanz hergestellt werden soll, um etwa einen Dialog aufbauen zu können. Dies sei anhand einiger Textstellen exemplarisch erläutert, welche diese Argumentationsstruktur verschiedentlich stark ausformulieren. Ein Zitat, das für den Blick auf die Öffentlichkeit, als eine zu informierende Akteursgruppe, steht, findet sich in der Pressemitteilung eines Industrieverbandes, welches ein Zitat des damaligen Hauptgeschäftsführers beinhaltet:

> „Die Industrie sieht im CCS-Gesetz die entscheidende Grundlage für eine Technologie, die in der Bevölkerung noch weitgehend unbekannt ist. [...*Der Hauptgeschäftsführer*]: ‚Wirtschaft und Politik müssen daher nun gemeinsam die Vorzüge von CCS in der Praxis der Öffentlichkeit begreifbar machen.'" (2009-04_BDI_Pressemitteilung)

Der Kontext bezieht sich auf den ersten Gesetzesentwurf aus dem Jahr 2009. Ein sicherer Rechtsrahmen wird im folgenden Zitat als Voraussetzung für eine Kommunikation mit der Zivilgesellschaft erachtet; wodurch ein Teilhabeverständnis zum Ausdruck kommt, welches Teilhabe an Technologieentwicklung als Frage der Akzeptanz sieht.

> „Ein zukunftssicherer Rechtsrahmen ist die unabdingbare Voraussetzung dafür, dass Demonstrationsanlagen in Deutschland installiert werden können, um die CCS-Technik als Klimaschutzoption zu entwickeln. Er ist auch Voraussetzung für die Schaffung von gesellschaftlicher Akzeptanz. Diese setzt zudem voraus, dass auch die Politik einen konstruktiven Dialog mit der Bevölkerung führt, wie er im Koalitionsvertrag der Bundesregierung angekündigt wird." (2010-08_BDI_Stellungnahme zum Referentenentwurf, S. 1)

Diese Argumentationsrichtung eröffnet einen Gegenpol zu Forderungen nach einer früheren und stärkeren gesellschaftlichen Einbindung in den Gesetzgebungsprozess, die sich teilweise unter den kritischen Stellungnahmen der Umweltorganisationen und unter einigen Wirtschaftsverbänden finden. Während letztere eine verstärkte politische Teilhabe – auf Grundlage von Transparenz – an der Technologieeinführung betonen, als Voraussetzung für die politische Meinungsbildung, hebt die Argumentation des obigen Zitats die Bedeutsamkeit von der Akzeptanz des Gesetzes hervor. Zudem verdeutlichte sich in diesem Abschnitt, dass innerhalb der Wirtschaftsvereinigungen, hier exemplarisch illustriert am Zitatausschnitt aus einer Stellungnahme, ein Bild von Technik und Gesellschaft wiederfindet, das die Rolle der Öffentlichkeit in der Zustimmung sieht.

Das „Wohl der Allgemeinheit"
Es finden sich des Weiteren Bezugnahmen auf (Zivil-)Gesellschaft, indem auf das „Wohl der Allgemeinheit" hingewiesen wird. Grundlegend zielt diese Phrase darauf ab, den notwendigen Schutz des öffentlichen Interesses zu beschreiben; dies findet sich in den Dokumenten der Wirtschaftsverbände sowohl in der Argumentation für den Technologieeinsatz als auch dagegen wieder. Entsprechend liefert die Formulierung die argumentative Legitimationsgrundlage für unterschiedliche Nutzungszuschreibungen der Technologie. Sie wird in den Dokumenten als Argumentationsgrundlage für bestimmte (zu unterlassende) Handlungen verwendet. Zum Beispiel argumentiert die AöW für eine Unterlassung der Technologieanwendung zum Schutz des Wassers und damit zum Wohl der Allgemeinheit. Zugleich finden sich Argumentationsstränge in der Dokumentengruppe der Wirtschaftsverbände, etwa der Braunkohle, welche die Formulierung verwenden, um damit den Bau der Technologie zu begründen; hierbei greifen sie auf Passagen im Gesetzentwurf zurück, welcher an einigen Stellen das „Wohl der Allgemeinheit" aufgreift.

Dies verdeutlicht sich besonders anschaulich an einem protokollierten Textauszug der mündlichen Stellungnahme des Deutschen Bauernverbands, der nicht allein die Nützlichkeit, sondern sogar die Begründung für den Einsatz der Technologie infrage stellt und dies mit dem „Wohl der Allgemeinheit" gegründet:

> „Insbesondere trage die Begründung für die CCS-Technologie nicht. Die Technologie sei nicht durch das Wohl der Allgemeinheit gerechtfertigt, da es völlig unklar sei, ob sie positiv für den Klimaschutz wäre." (2010-08-27_Protokoll_Verbandsanhörung CCS-Gesetz, S. 7)

Das Zitat rekurriert in der Benennung des „Wohls der Allgemeinheit" auf einen Wortlaut im damaligen Referentenentwurf des Gesetzes und kritisiert dies als Begründung für den Technologieeinsatz. Insofern findet sich hier keine Nützlichkeitszuschreibung (usability), sondern der Nutzen der Anwendung wird an sich infrage gestellt.

5.2 Wirtschafts- und Energieverbände

Auch die verbandlich vertretene AöW greift diese Formulierung auf, um kritisch darauf zu verweisen, dass sie der Technologie, selbst der Demonstration, keinen Nutzen zuschreibt. Im folgenden Zitat wird dies illustriert anhand eines Widerspruchs, den die AöW in ihrer Stellungnahme aus dem Jahr 2010 bezogen auf den ministerialen Gesetzesentwurf, also Referentenentwurf, erläutert:

> „Als Wohl der Allgemeinheit und bei der Abwägung der Ergebnisse der Umweltverträglichkeitsprüfung ist der Schutz des Grundwassers und der Trinkwasserversorgung im Gesetz als vorrangig festzulegen. Selbst ohne diesen Vorrang enthält der Paragraph bereits einen Widerspruch in sich. Nach Abs. 1 darf eine Planfeststellung oder Plangenehmigung nur erteilt werden, wenn u. a. sichergestellt ist, dass das Wohl der Allgemeinheit nicht beeinträchtigt wird, wenn die Langzeitsicherheit des Kohlendioxidspeichers gewährleistet ist, wenn Gefahren für Mensch und Umwelt im Übrigen nicht hervorgerufen werden können und wenn die erforderliche Vorsorge gegen Beeinträchtigungen von Mensch und Umwelt getroffen wird. Sichere Schutzmaßnahmen bei CCS gegen die Kontamination von Grundwasser sind bisher nicht bekannt. Konsequenterweise dürften grundsätzlich keine Planfeststellungen und Plangenehmigungen erteilt werden, wo Grundwasservorkommen sind. Dann aber sind die Gefahren für das Grundwasser einer Abwägung überhaupt nicht zugänglich und haben immer einen Vorrang." (2010-08_AöW_Stellungnahme zum Referentenentwurf, S. 7)

Dieser Zitatausschnitt zeigt beispielhaft, wie auch von wirtschaftlichen Gesellschaftsakteuren das „Wohl der Allgemeinheit" als Argument gegen die Technologie verwendet wird. Im obigen Zitat stellt das Grundwasser die ökonomisch genutzte Ressource dar, welche zugleich das Kollektivgut der Umwelt gilt, ebenso wie die Atmosphäre. Hier wird deutlich, dass in der Debatte um das CCS-Technologie-Set auch Fragen der Umweltnutzung eine tragende Rolle spielen. Eng daran geknüpft sind Fragen der Umweltethik, denn in den Dokumenten werden die Umweltkollektivgüter des lokalen Untergrunds, beispielsweise des Grundwassers, als normatives und ökonomisches Gut adressiert.

Teilhabe durch finanziellen Ausgleich?
In der Dokumentengruppe der Wirtschaftsverbände werden teils Zusammenhänge zwischen gesamtgesellschaftlichen Aufgaben und finanziellem Ausgleich betroffener Kommunen angeführt. Der geforderte oder abgelehnte Ausgleich bezieht sich auf die Umweltnutzung des Untergrunds. Die hier betrachteten Dokumente der Wirtschaftsverbände adressieren Fragen nach einem ökonomischen Ausgleich der beteiligten Kommunen, in deren Gebieten Speicher entstehen würden. Der folgende Textauszug illustriert beispielhaft die Frage nach der Verantwortlichkeit für diese Kostenübernahme. Der Kontext ist die Debatte um einen Paragraphen im 2010 veröffentlichten Referentenentwurf des Gesetzes.

> „Es ist nicht üblich, dass ein Unternehmen, welches eine Genehmigung beantragt und erhält, weil es alle sachlichen Genehmigungsvoraussetzungen erfüllt, über die Gewerbesteuer hinaus noch einen Sonderausgleich hinaus an die Gemeinde bezahlen muss. Abgesehen davon, dass Bedenken bestehen, ob eine solche Sonderabgabe finanzverfassungsrechtlich zulässig wäre, besteht die Gefahr, dass bei Verabschiedung des § 42 KSpG-E dieses Prinzip künftig auch auf andere Industriebereiche übertragen wird, welche in der Bevölkerung nicht nur Begeisterung auslösen (z. B. Mülldeponie, Abfallverbrennung, Geflügelzucht, …)." (2010-08_BDI_Stellungnahme zum Referentenentwurf, S. 6)

Aus dieser Passage geht nicht nur die Frage der Verantwortungsübernahme einer Ausgleichszahlung einher, sondern hier werden weitere Ereignisse der Umweltungerechtigkeit adressiert. Das Material eröffnet damit eine grundsätzliche ethische Frage nach der Verantwortungsübernahme von Ausgleichs- und Entschädigungskosten von industriellen Nebeneffekten. Vor diesem Hintergrund schlussfolgert die Textpassage mit der Überlegung, solche Ausgleichshandlungen auf das föderale Verwaltungssystem zu übertragen:

> „Zu überlegen wäre im Rahmen der Diskussion um die lokale Akzeptanz, den betroffenen Gemeinden im Rahmen der föderalen Finanzverfassung einen Ausgleich zukommen zu lassen. Damit würde auch dokumentiert, dass die Einführung und großtechnische Erprobung von CCS eine gesamtgesellschaftliche Aufgabe ist." (2010-08_BDI_Stellungnahme zum Referentenentwurf, S. 7)

An dieser Forderung des BDI zum Referentenentwurf des Gesetzes im Jahr 2010 zeigt sich beispielhaft, dass ein ökonomischer Ausgleich hier als eine Form der Entschädigung der lokalen Umweltnutzung diskutiert wird.

5.2.4 Zeitlichkeit und Sicherheit als Management- und Planungsproblem

In der Untersuchung des Gesamtmaterials wurde „Zeitlichkeit" als ergänzender Code identifiziert. Der Grund dafür ist, dass sich in den Dokumenten viele Problembeschreibungen um die Zeitlichkeit der Technologie drehen, insbesondere als Planungs- und Haftungsproblem. Dies spiegelt dieser Abschnitt wider, indem insbesondere auf den Zusammenhang zwischen Zeit und Planung eingegangen wird, welcher im Textmaterial der Interessenorganisationen der Wirtschaft, Industrie und Energieerzeugung eine bedeutsame Rolle spielt.

5.2 Wirtschafts- und Energieverbände

Die zeitliche Planbarkeit von Investitionen stellt sich als ein zentrales Moment der Deutungsgebung dieser gesellschaftlichen Bezugsgruppen dar. Die Dokumente adressieren die Dimension der Zeitlichkeit im Hinblick auf Planbarkeit, Investitionsentscheidungen und Antizipation künftiger Nutzungskonkurrenzen. Jedoch ist hervorzuheben, dass es sich um unterschiedliche Planungs- und Investitionsziele handelt, begonnen bei der Planung für kommunale Kraftwerke und der Sorge um mögliche Nutzungskonkurrenz, bis hin zur Investitionsplanung der Betreiber großer Kraftwerke oder Anlagen. Darüber hinaus wird die lange technologische Umsetzungsphase (zum Beispiel Aufbau von Pipelines), der Umgang mit der langen Speicherung (vor allem mit Blick auf Haftungs- und Verantwortungsfragen) sowie die Bedeutung der im Gesetz verankerten Umsetzungsfrist diskutiert. Auch finden sich vereinzelt Hinweise auf die zeitliche Begrenzung der Umsetzung der EU-Richtlinie, welche als ein Handlungsgrund zur Umsetzung der Gesetzesformulierung dargestellt wird. Zudem taucht in den Dokumenten der Begriff der Sicherheit auf, vornehmlich in Verbindung mit der Planbarkeit von Investitionsentscheidungen, teilweise in Verbindung zu Umweltaspekten.

Die Planungs- und Investitionssicherheit erweist sich als ein zentrales Thema der Wirtschaftsverbände, auch wenn sich diese jeweils auf diverse Planungsziele bezieht. Auf diese Weise kommen unter dem Thema Zeitlichkeit und Sicherheit unterschiedliche Sinnzuschreibungen (interpretative flexibilies) zum Ausdruck.

Schnelle Planungssicherheit von langfristigen Investitionen
Das folgende Zitat veranschaulicht exemplarisch eine Argumentationsweise, welche den – bis zu diesem Zeitpunkt fehlenden – Rechtsrahmen als ein Problem der ökonomischen Investitionsplanung beschreibt.

> „Die anstehenden Investitionsentscheidungen erfordern eine sichere und langfristig stabile Planungsgrundlage. Der BDI begrüßt daher, dass die bisherige CCS-Diskussion nun auf Basis der EU-Richtlinie in einen geordneten nationalen Rechtsrahmen überführt werden soll. Das Gesetz sollte die Vorgaben der EU-Richtlinie 1:1 umsetzen. Verschärfungen können Investitionen in die neue Technologie in Deutschland behindern." (2010-08_BDI_Stellungnahme zum Referentenentwurf, S. 1)

Im folgenden Auszug aus einer Stellungnahme des BDI verdeutlichen sich mehrere das Textmaterial charakterisierende Momente, wie die Forderung nach einer Sicherheit der langfristigen wirtschaftlichen Planbarkeit:

> „Es muss gelingen, die Technik großtechnisch zu demonstrieren und auch die langfristige Wirtschaftlichkeit sicherzustellen, damit spätere Projekte im Markt ohne finanzielle Unterstützung realisiert werden können. Wenn dies gelingt, wird auch den

deutschen Herstellern die Möglichkeit gegeben, in einem globalen Zukunftsmarkt eine führende Rolle einzunehmen." (2010-08_BDI_Stellungnahme zum Referentenentwurf, S. 1)

Der obige Auszug bezieht sich auf die antizipierte Zukunft des Marktes und der Wirtschaftlichkeit des Technologie-Sets. Eine Formulierung des VDMA, welche exemplarisch für die Verknüpfung von zeitlicher und wirtschaftlicher Planbarkeit steht, lautet:

> „Der Verband des Maschinen- und Anlagenbaus, dessen Mitgliedsunternehmen die Klimaschutztechnologien zur CO_2-Abscheidung und -Speicherung (CCS) entwickeln, und im gerade entstehenden Weltmarkt eine hervorragende Ausgangsposition haben, sieht in der Absage des einzigen deutschen Demonstrationsprojektes für diese Klimaschutztechnologie aufgrund des fehlenden Rechtsrahmens und unsicherer Investitionsbedingungen ein Alarmzeichen für die fehlende Zukunftsorientierung der Politik." (2011_VDMA_Pressemitteilung)

Die Zukunftsfrage rekurriert auf die fehlende Planungsmöglichkeit aufgrund des rechtlichen Rahmens. Als ethisches Argument werden hier Ziele des Klimaschutzes angeführt. Während es für die kommunalen Unternehmen die schnelle Einführung des Technologie-Sets – diese Zukunft wird im Textmaterial durchgespielt – darstellt, fordern die großen Dachverbände der Industrie eine zügige Umsetzung. Auch der BDI formuliert Forderungen hinsichtlich der Planbarkeit:

> „Ein ‚Demonstrationsanlagengesetz' sollte so lange gelten, dass erste Projekte tatsächlich eine Realisierungschance haben. Die Zeitspanne für die Exploration eines Speichers bis Ende 2015 ist angesichts des Umfangs der erforderlichen Tätigkeiten äußerst ambitioniert. Die Frist für einen bescheidungsfähigen Genehmigungsantrag für CO_2-Speicher bis Ende 2015 ist deutlich zu kurz und müsste bis 2020 ausgeweitet werden (§ 2 KSpG-E)." (2010-08_BDI_Stellungnahme zum Referentenentwurf, S. 2)

Das Zitat verweist auf im Textmaterial vorhandene komplexe institutionelle und rechtliche Bezüge, von Fragen der Umwelthaftung über das Emissionshandelssystem bis hin zum Bergrecht.[35] Textstellen wie diese verdeutlichen, dass das Technologie-Set nicht allein durch seine materiellen Komponenten mit bereits

---

[35] Der Forschungsspeicher in Ketzin ist nach dem Bergrecht geregelt, wie über die offizielle Webseite des brandenburgischen Landesamts für Bergbau, Geologie und Rohstoffe (LBGR) einzusehen ist: lbgr.brandenburg.de/sixcms/detail.php/622557, zuletzt abgerufen am 01. 12. 2020.

5.2 Wirtschafts- und Energieverbände

vorhandenen (fossilen) technischen Infrastrukturen verknüpft, sondern auch eng mit politisch-administrativen Strukturen verzahnt ist.

Demgegenüber sind die Argumente der kommunalen Wirtschaftsakteure einzuordnen, welche ebenso an Planungs- und Investitionszeit interessiert sind, jedoch formulieren sie die mögliche Pflicht der nachträglichen CO_2-Entnahme als Hindernis für die Handlungsfähigkeit kommunaler Akteure. Der VKU, ein Verein, der die kommunale Energie-, Wasser- und Abfallwirtschaft auf Bundesebene repräsentiert, nimmt auf die Planungssicherheit Bezug, indem diese als Argumentation für einen schnellen Gesetzesbeschluss genannt wird:

„In der heutigen Sitzung des Bundesrates zum umstrittenen Gesetzentwurf, zur dauerhaften Speicherung von Kohlendioxid (CCS), konnte keine Einigung zwischen Bund und Ländern erzielt werden. Der Bundesrat lehnt das Gesetz ab. Schwerpunkt war das Verhältnis zu Haftungsfragen und der kontrovers diskutierten Länderklausel. Um jedoch endlich Rechtssicherheit für die Unternehmen zu bekommen, ist aus Sicht des Verbandes kommunaler Unternehmen (VKU) eine schnelle Einigung geboten: ‚Wir brauchen hier Rechtssicherheit im Hinblick auf die Planung neuer Kraftwerke und zum Schutz des Grundwassers', erklärt [...*der*] VKU-Hauptgeschäftsführer. ‚Weitere Verzögerungen können wir den Unternehmen aber auch den Bürgerinnen und Bürgern nicht zumuten'." (2011_VKU_Pressemitteilung)

Konkret wird dies an anderer Stelle mit der Planungssicherheit für zu bauende oder zu modernisierende Kraftwerke gestützt:

„Besondere Bedeutung für die anstehenden Investitionsentscheidungen der Kommunalwirtschaft in Kraftwerksneubauten haben die möglichen Auswirkungen des CCS-Gesetzes für die Modernisierung und den Neubau von KWK-Anlagen." (2009-04_VKU_Stellungnahme zum Kabinettsentwurf eines Gesetzes, S. 3)

Der Wunsch nach Planbarkeit der kommunalen Unternehmen der Energie-, Wasser- und Abfallwirtschaft steht in enger Verbindung zur eigenständigen Handlungsfähigkeit hinsichtlich des Baus kleinerer Kraftwerke ebenso zur Umsetzung der Kraft-Wärme-Kopplungs-Anlagen (KWK), deren Ausbau der Verband schützen möchte. Wie sich diese adressierte Nutzungskonkurrenz aus Perspektive der kommunalen Unternehmen gestaltet, zeigt sich in einer Pressemitteilung aus dem Jahr 2009:

„Alleine die kommunalen Unternehmen planen als Einzelinvestor oder in Kooperation bis 2015 den Neubau von zwölf Großkraftwerken sowie zahlreichen kleineren und mittleren Anlagen. Mehr als 70 Prozent der Erzeugung kommunaler Energieversorger werden dann aus Kraft-Wärme-Kopplungs-Anlagen (KWK) stammen, die einen erheblichen Beitrag zur CO_2-Minderung leisten. ‚Ein nationales CCS-Gesetz muss die politisch gewollte Verdopplung des KWK-Anteils auf 25 Prozent der Stromerzeugung sichern', betonte [...*der Hauptgeschäftsführer*]. ‚Die notwendige Modernisierung des Kraftwerkparks in Deutschland darf durch die rechtlichen Regelungen zur Einführung und Entwicklung von CCS nicht behindert werden', so [...*der Hauptgeschäftsführer*] weiter." (2009_VKU_Pressemitteilung)

Das Zitat weist exemplarisch auf, wie die Interessenorganisationen eine Verbindung zwischen künftigen rechtlichen Vorgaben und den möglichen Auswirkungen auf bestehende Kraftwerke herstellen.

Kritik an der Kurzfristigkeit des Verfahrens und der Technologie
Andere Akteure in der Gruppe der Wirtschaftsverbände nehmen den Aspekt des Zeitdrucks, der dem Verfahren innewohnt, zum Anlass für Kritik. So ist dies etwa in einer BDEW-Stellungnahme nachzulesen und hier in einer Formulierung der norddeutschen Wasserversorgungsunternehmen. Denn diese

„[…] weisen darauf hin, dass bereits die Europäische CCS-Richtlinie ein erhebliches Gefahrenpotential für Mensch und Umwelt nicht ausschließt, was für ein umsichtiges Handeln und gegen den Aufbau eines künstlichen Zeitdrucks spricht." (2010-04-21_BDEW_ „Stellungnahme der norddeutschen Wasserwirtschaft", S. 4)

In dem Zitat findet die Kritik an der Schnelligkeit des Verfahrens Ausdruck. Als Argumentation wird auf die Notwendigkeit eines weitblickenden Handelns verwiesen, um die Umweltnutzung, insbesondere des Untergrunds, zu gewähren. Über die Abwägungen des schnellen oder langsamen Handelns wird das Thema der Umweltnutzung angeführt. Weiter argumentiert der Dachverband:

„Die norddeutschen Wasserversorgungsunternehmen treten dafür ein, den weltweiten Ausstoß von klimaschädlichen Gasen, zu denen auch CO_2 gehört, zu begrenzen, die Energieeffizienz in allen Lebensbereichen erheblich zu steigern, neue nachhaltige Energietechnologien zügig zu entwickeln und dadurch die erforderliche Energiemenge aus fossilen Verbrennungskraftwerken maßgeblich zu senken. Sie warnen jedoch vor einer kurzsichtigen und möglicherweise von wirtschaftlichen Erwägungen getragenen Zwischenlösung." (2010-04-21_BDEW_ „Stellungnahme der norddeutschen Wasserwirtschaft", S. 5)

Auch der zentrale Verbandsakteur der öffentlichen Wasserwirtschaft AöW kritisiert den kurzfristigen Charakter des Beitrags der Technologie zum Problem der anthropogenen Treibhausgase.

5.2 Wirtschafts- und Energieverbände

> „Zudem sei die Speichertechnologie nicht nachhaltig, da die Belastung der Atmosphäre mit CO_2 mittels CCS nur kurzzeitig gemindert werden könnte. Daher fordert der Verband Brüssel dazu auf, die Finanzmittel für Forschung und Förderung in regenerative weniger umweltbelastende Energien zu leiten, als in die CCS-Technologie." (2013-06-24_EUWID Wasser und Abwasser_Webseite_ „AöW: Maßnahmen der EU zur Förderung von CCS sind abzulehnen")

Das Zitat veranschaulicht, wie das Technologie-Set hinsichtlich seiner langfristigen Wirksamkeit beurteilt wird und in den Kontrast zu anderen Maßnahmen der Energieerzeugung gesetzt wird; das mündet hier im Ergebnis der Forderung nach einem Fördermitteleinsatz der EU Kommission in Brüssel, der Erneuerbare Energien bevorzugt behandelt.

Umwelt als zeitliches Haftungsproblem
Die Dokumente adressieren Umweltrisiken als zeitliches Haftungsproblem, das eng mit der Frage nach Verantwortungszuschreibung verbunden ist. Dies tritt insbesondere im Zusammenhang der Speicher zutage. Im Material verdeutlicht sich der Übergang der Technologie zur ökologischen Umwelt.

> „Die Länder kritisieren an dem Regierungsentwurf zahlreiche technische, ökologische als auch finanzielle Fragen. Eine zentrale Forderung des Bundesrates zielt auf eine bessere Verteilung der Lasten und Risiken zwischen Bund, Ländern und Betreibern. Insofern möchte er vor allem, dass der Bund die damit verbundenen Risiken einer dauerhaften Übernahme von Deponien – in diesem Fall die CO_2-Einspeicherung – allein trägt. Dies sei angemessen, da derzeit noch nicht abgesehen werden kann, ob die dauerhafte Speicherung tatsächlich ungefährlich ist." (2009-05-20_Informationsportal Tiefe Geothermie)

Während obiges Zitat der Frage der Verantwortungsverteilung nachgeht und diese als zeitliches Problem rahmt, hinterfragt das folgende Zitat die Grenzen der Haftbarkeit an sich. Auch seitens des Gesamtverbands der Versicherungen wird auf die Fragen der fehlenden Haftung rekurriert:

> „Die Versicherungswirtschaft steht demgegenüber nicht für die Abdeckung des Verlusts von Emissionsrechten zur Verfügung. Auch die im Kabinettsentwurf für ein Kohlendioxid-Speicherungsgesetz (KSpG-E) vorgesehenen Nachsorge- und Haftungszeiträume sowie die Deckungsvorsorgepflicht sind in ihrem jeweiligen Umfang aus Solvabilitätsgründen versicherungstechnisch schlichtweg nicht absicherungsfähig. Sämtliche Punkte, in denen der KSpG-E über die EU-Richtlinie über die geologische Speicherung von Kohlendioxid hinausgeht, stoßen daher auf erhebliche Bedenken." (2009-04_GDV_Stellungnahme zum Kabinettsentwurf, S. 1)

In der folgenden Textpassage schlägt der VKU eine Lösung für das Problem der mit der Haftungszeit einhergehenden Verantwortung der Risikoübernahme vor. Verantwortung wird hier insofern adressiert, dass die Verpflichtung der Betreiber, eine dauerhafte Speicherung zu garantieren, kritisiert wird. Die Lösung wird mit einer institutionell geregelten Verantwortungsunterteilung begründet:

> „Nach Ansicht des VKU sollte daher die Verantwortlichkeit für die Abgabe der Emissionshandelszertifikate entlang der CCS-Prozesskette (Anlagenbetreiber, Pipelinebetreiber, Speicherbetreiber) erfolgen, um eine sachgerechte und wirtschaftsnahe Risikoverteilung anhand der Verantwortlichkeitsbereiche sicherzustellen." (2009-03_VKU_Stellungnahme zum Referentenentwurf eines Gesetzes, S. 14)

Hinsichtlich der Fragen der Haftung, die sich insbesondere auf die Haftung für die Umwelt beziehen, formulieren die Stellungnahmen Vorschläge für verschiedene Regulierungen. Das folgende Zitat beschreibt einerseits den Zusammenhang, andererseits eine Kritik an der Verantwortungszuschreibung, da diese über gewöhnliche Maßstäbe der Umwelthaftungsregulierung hinausgehen.

> „§ 29 KSpG-E enthält Haftungsregelungen, die zum Teil erkennbar den Regelungen des Umwelthaftungsgesetzes nachgebildet sind. § 29 Abs. 2 S. 3 KSpG-E enthält allerdings eine zu Lasten der Betreiber der Kohlendioxidspeicher gehende verschärfende Verursachungsvermutung." (2010-08_BDI_Stellungnahme zum Referentenentwurf, S. 4)

Insgesamt wird die Dauer des institutionellen Verfahrens, des geplanten Technologie-Einsatzes sowie dessen Konsequenzen problematisiert. Die hier antizipierten Folgen des Technologie-Sets beziehen sich auch auf die Umweltnutzung des Untergrunds und die gesellschaftliche Verantwortungsverteilung. Diese Problemdefinition wird im Material des Weiteren als Rechts- und Finanzierungsproblem interpretiert.

Sicherheit als Verantwortungs-, Rechts- und Finanzierungsfrage
In den Prozessdokumenten der Wirtschafts- und Industrieverbände werden Fragen von Sicherheit als Rechts-, also Verantwortungs-, und als Finanzierungsproblem gerahmt. Deshalb sei im Folgenden insbesondere auf diese zwei Dimensionen eingegangen. Die Dokumentenanalyse verweist insgesamt auf konträre Verantwortungszuschreibungen ebenso wie teils widersprüchliche Erwartungen.

Die häufige Verknüpfung von Sicherheit mit Kostendimensionen beinhaltet wiederum Fragen der Verantwortungszuschreibung, in (versicherungs-)rechtlicher Dimension, wie aus der folgenden Stellungnahme des BDI hervorgeht:

5.2 Wirtschafts- und Energieverbände

> „Da Deckungssummen nicht jährlich neu verhandelt werden können und ein Deckungslimit zwingend notwendig ist, sollte das KSpG Haftungshöchstgrenzen vorschreiben. Dies entspräche der gängigen Praxis bezüglich der Haftung für Schäden, die durch einheitliche Umwelteinwirkungen entstanden sind, da auch das Umwelthaftungsgesetz Haftungshöchstgrenzen vorsieht." (2010-08_BDI_Stellungnahme zum Referentenentwurf, S. 5)

Die Grenzen der Absicherung drücken sich insbesondere für den Fall der Speicherung aus, wie aus einer frühen Stellungnahme des GDV deutlich wird:

> „Die Versicherungswirtschaft ist auf der Basis positiver Forschungsergebnisse und anspruchsvoller technischer Sicherheitsvorgaben bereit, neue und innovative Technologien abzusichern. Dies gilt umso mehr, sofern hierdurch ein Beitrag zum Klimaschutz geleistet werden kann. Die Risiken müssen jedoch stets beherrschbar bleiben. Bei der CCS-Technologie stoßen die Instrumente der Haftpflichtversicherung gleich an mehrere Grenzen. Dies bezieht sich zum einen auf die größtenteils unerforschten Langzeitrisiken der CO_2-Ablagerung, zum anderen auf die im KSpG-E anvisierte Pflicht zur umfassenden Deckungsvorsorge für gesetzliche Schadensersatzansprüche, solche nach dem Umweltschadensgesetz und die Abdeckung sämtlicher Nachsorgepflichten inklusive Nachsorgebeitrag." (2009-04_GDV_Stellungnahme zum Kabinettsentwurf, S. 2)

Während das obige Zitat den Hintergrund des Sicherheitsverständnisses aus der Perspektive der verbandlichen Dachorganisation (GDV) beschreibt, findet sich in der weiteren Formulierung eine deutliche Ein- und Abgrenzung der versicherungsfähigen Bestandteile des Technologie-Sets:

> „Eine Absicherung durch Versicherungsprodukte und die Entwicklung neuer Lösungen für diese Maßnahme zum Klimaschutz ist vorstellbar für die Phasen der Abscheidung, des Transports und der Injektion von Kohlendioxid in die Ablagerungsstätte. Die Versicherungswirtschaft steht demgegenüber nicht für die Abdeckung des Verlusts von Emissionsrechten zur Verfügung." (2009-04_GDV_Stellungnahme zum Kabinettsentwurf, S. 1)

Zudem adressiert ein Textauszug der obigen Stellungnahme etwas später den Unterschied zwischen versicherbaren Risiken im Gegensatz zu unternehmerischen Risiken, letztere stellen laut GDV im Kontext der Technologieanwendung einen nicht versicherbaren Bereich dar:

> „Aus Sicht der Versicherungswirtschaft ist gänzlich unklar, wie sich die Pflichten aus dem Emissionshandel gemäß § 30 Absatz 1 Nr. 3 KSpG-E in der Deckungsvorsorge widerspiegeln sollen. Sofern rein unternehmerische Risiken von der Deckungsvorsorge umfasst werden sollen, steht die Versicherungswirtschaft nicht als Risikoträger

zur Verfügung. Rein unternehmerische Risiken waren und sind nicht versicherbar, da ansonsten für den Unternehmer kein ernsthaftes Risiko mehr verbleiben würde und dem ‚moral hazard' Tür und Tor geöffnet wäre." (2009-04_GDV_Stellungnahme zum Kabinettsentwurf, S. 5)

Insgesamt beschreiben diese Zitate die Frage nach Sicherheit als Frage der Rechts(un)sicherheit. Auch aus der Perspektive der VKU wird auf das Zusammenspiel von Sicherheit und Risiko als Rechts(un)sicherheit hingewiesen:

„Die Begriffsbestimmungen sollten nach Ansicht des VKU die Grundlage für ein sachgerechtes Management der durch CCS entstehenden Umweltrisiken gewährleisten. Es sollten jedoch durch die Formulierung der Begriffsbestimmungen keine unangemessenen Anforderungen an den Betrieb von CO_2-Speichern gestellt oder Rechtsunsicherheiten verursacht werden." (2009-04_VKU_Stellungnahme zum Kabinettsentwurf eines Gesetzes, S. 10)

Das folgende Zitat des GDV weist darauf hin, dass die Herstellung von Sicherheit in Form finanzieller Absicherung nur in begrenztem Maß für möglich gehalten wird:

„Ein höheres Sicherheitsniveau wird nicht durch eine scharfe Haftung und allumfassende Deckungsvorsorgepflicht erreicht. Die Sicherheit von Kohlendioxid-Ablagerungsstätten ist vielmehr durch die Untersuchung der geologischen Formation, die technischen Anforderungen an die Anlage, Konzepte zur Unfallverhütung sowie Monitoring zu gewährleisten. Diese Aspekte sind im KSpG-E gelungen geregelt." (2009-04_GDV_Stellungnahme zum Kabinettsentwurf, S. 3)

In dem Abschnitt wurde dargestellt, dass und wie das Thema Sicherheit im Kontext des Technologie-Sets in Form konkreter vorgeschlagener Lösungsmaßnahmen adressiert wurde. Durch die formulierten Vorschläge und Anforderungen an die rechtliche und finanzielle Absicherung kommen Fragen der Verantwortungsverteilung zum Ausdruck.

5.2.5 Einbettung in soziotechnische Systeme

Die Textdokumente stellen auch konkrete Bezüge und Vergleiche zu technischen Komponenten her, zum Beispiel im Vergleich zu bestehenden Pipelines und

Transportnetzwerken. Ebenso wird Bezug genommen zu institutionellen Komponenten, beispielsweise der rechtlichen Regulierung bestehender Transportleitungen. Das folgende Zitat veranschaulicht den aus dem Material hervorgehenden Bezug zu bestehenden oder neu entstehenden großtechnologischen Systemen:

> „Die bisherigen Überlegungen gehen von dem Ausbau eines leistungsfähigen mehrere 1.000 km langen Pipeline-Netzes aus, in welches aus vielen nationalen und internationalen Standorten abgetrenntes und verflüssigtes CO_2 eingespeist und dieses CO_2-Gemisch an nur wenigen norddeutschen Standorten dauerhaft unterirdisch eingelagert werden soll. Das Pipeline-Netz soll dabei anderen europäischen Staaten und gegebenenfalls auch Drittländern diskriminierungsfrei zur Nutzung zur Verfügung gestellt werden." (2010-04-21_BDEW__ „Stellungnahme der norddeutschen Wasserwirtschaft", S. 3)

Es folgt eine Darstellung der besonders anschaulichen und erklärungsstarken Untercodierungen und Sinnzuschreibungen, um zu verdeutlichen, wie das Gesamtmaterial der Wirtschaftsvereinigungen Bezüge herstellt zu soziotechnischen Systemen und deren Komponenten.

Wissenschaft als „Stand von Wissenschaft und Technik"
Wissenschaft und Technik bespricht das Material insbesondere in der Dimension rechtlicher Begriffe und mit den einhergehenden Konsequenzen und Verantwortungszuschreibungen an bestimmte Akteure. Wie auch in den Textdokumenten der Umweltvereinigungen kommentieren die meisten Stellungnahmen, Hintergrund- und Positionspapiere sowie Pressemitteilungen der Akteursgruppe der Wirtschafts- und Energieverbände die Begriffe „Stand der Technik", „Stand der Wissenschaft" und „Stand von Wissenschaft und Technik". Als durchgängige Parallele erweist sich die Kritik an der im Entwurf des ersten Gesetzestextes enthaltenen Formulierung „Stand der Technik unter Berücksichtigung aktueller Kenntnisse". Sie wird durchgängig korrigiert, wenn auch mit unterschiedlichen Zielsetzungen. Aus dem Material geht hervor, dass „Stand der Technik" üblicherweise als Definition für gesetzte Technikstandards dient; die Formulierung oder Ergänzung „Stand der Wissenschaft" betont hingegen das nicht abgeschlossene Entwicklungsstadium. Eine Besprechung des „Stands von Wissenschaft und Technik" verweist auf damit verknüpfte Fragen der Verantwortung, denn die Entscheidung für eine genaue Definition birgt rechtliche Konsequenzen, wie das Material verdeutlicht. Der Großteil der Stellungnahmen verweist mehrfach kritisch darauf, dass es zwischen dem „Stand der Technik" und dem „Stand der Wissenschaft" zu unterscheiden gilt, da dies unterschiedliche Konsequenzen für die Einordnung des Technologie-Sets mit sich bringt.

Dieser Umstand verweist auf die starke institutionelle und rechtliche Einbettung, welche die Einführung des Technologie-Sets in den Stellungnahmen erfährt, und auf die soziotechnische Kontextualisierung, hier anhand der institutionellen und rechtlichen Komponente. Durch die enge Verknüpfung des Technologie-Sets mit bestehenden ebenso wie zukünftigen technischen Infrastrukturen auch im öffentlichen Raum tritt die Abhängigkeit zu vorhandenen soziotechnischen Systemen auch auf der rechtssprachlichen Ebene zum Vorschein. Zudem unterstreichen die sprachlichen Korrekturen die Bedeutsamkeit von Wissenschaft und Technik als rechtliche Handlungsgrundlagen, indem durch die Formulierung „Stand der Technik" oder „Stand der Wissenschaft" verschiedene Handlungsoptionen legitimiert oder ausgeschlossen werden. Eine konkrete Veranschaulichung findet sich in den folgenden Zitaten.

„3. ‚Stand von Wissenschaft und Technik': Bei sonstigen Industrieanlagen im Umweltrecht ist die Einhaltung des ‚Standes der Technik' üblich und bewährt. Bei der CCS-Technologie geht es um das großtechnische Zusammenspiel von erprobten Komponenten der CO_2-Abscheidung und des Transports. Der vorliegende Gesetzentwurf sieht in § 13 Abs. 1 Nr. 4 eine Verschärfung vor. Es ist die erforderliche Vorsorge nach dem ‚Stand von Wissenschaft und Technik' gefordert. Diese Kategorie ist zwar bekannt, allerdings insbesondere aus dem Atomrecht. Damit wird fälschlicherweise ein Gefahrenpotenzial von CO_2-Speichern entsprechend der Endlagerung radioaktiver Abfälle suggeriert." (2010-08_BDI_Stellungnahme zum Referentenentwurf, S. 3)

In diesem Zusammenhang verweist die vorliegende Stellungnahme zudem auf einen möglichen Konflikt zwischen der Notwendigkeit „nachhaltig wohlstandssichernder Investitionen" und einer Gefährdung dieser durch zu strenge Umweltregulationen für die Betreiber:

„Dynamische Betreiberpflichten bergen dann die Gefahr, dass sich grundsätzlich jegliche Investition in einem ständigen Genehmigungsprozess befindet und erschweren nachhaltig wohlstandssichernde Investitionen. Mit dem § 21 wird ein im Verwaltungsrechtsverfahren neuer Prozess eingeführt, der den Behörden im Umweltbereich faktisch ein Entscheidungsrecht bei Investitionen einräumt. Auch aus diesem Grunde sollte eine solche Regelung im vorliegenden Gesetz unterlassen werden." (2010-08_BDI_Stellungnahme zum Referentenentwurf, S. 3)

Auch beim GDV finden sich Bezugnahmen auf die diesen Begriffen – Stand der Wissenschaft, Stand der Technik – innewohnende Konsequenzen. Das folgende Zitat bezieht sich auf den ersten Gesetzestext.

5.2 Wirtschafts- und Energieverbände

„Für Pilot- und Demonstrationsprojekte ist auch eine Anpassung an den Stand der Wissenschaft sinnvoll. Sofern allerdings der ‚Vorsorgestandard' gemäß § 13 Abs. 1 S. 1 Nr. 4 vorgibt, dass industrielle Kohlendioxid-Speicheranlagen ebenfalls an die Erkenntnisse der Wissenschaft angepasst werden müssen, würde den Anlagen hierdurch ein fortwährender Prototypenstatus innewohnen. Aus Erfahrung der Versicherungswirtschaft mit anderen neuen Technologien besteht die ernsthafte Befürchtung, dass die CCS-Technik damit anfällig für (Serien-)Schäden wird. Der Optimierungsprozess wird sich daher in der Praxis deutlich auf die Prämienkalkulation auswirken." (2009-04_GDV_Stellungnahme zum Kabinettsentwurf, S. 4)

Der VKU stellt ebenfalls die Forderung nach einer eindeutigen Begriffsverwendung. Daran wird deutlich, dass die in das Gesetz einfließenden, wirkmächtigen Begriffe im Textmaterial kritisch diskutiert werden. Denn die verwendeten Definitionen eröffnen oder schließen Handlungsmöglichkeiten:

„Um Rechtsunsicherheiten zu vermeiden sollten im CCS-Gesetz keine neuen unbestimmten Technikstandards eingeführt werden. Vielmehr sollte sich das CO2ATSG wahlweise an einem der beiden bestehenden Technikstandards ‚Stand der Technik' oder ‚Stand der Wissenschaft und Technik' orientieren." (2009-03_VKU_Stellungnahme zum Referentenentwurf eines Gesetzes, S. 10)

In der Adressierung der begrifflichen Dimension verdeutlicht sich die Frage nach den damit verbundenen (Haftungs-)Verantwortlichkeiten. Die unterschiedlichen Forderungen und Korrekturen an die Begriffsverwendung „Wissenschaft und Technik" im Gesetzestext deuten darauf hin, dass mit dieser Definition über künftige Handlungsmöglichkeiten entschieden wird. Denn die Formulierung „Stand der Wissenschaft und Technik", die seitens der Organisationen der Wirtschaftsverbände gefordert wird, ist ein bereits vordefinierter Begriff und impliziert einen konkreten Handlungsspielraum. Hingegen wurde die im Entwurf des ersten Gesetzestextes enthaltene Formulierung „Stand der Technik unter Berücksichtigung aktueller Kenntnisse" als zu vage kritisiert, weil damit keine Standards verbunden sind und der Begriff nicht üblich ist.

Normierung und Zertifizierung einer „Zukunftstechnologie"
Auch an der Diskussion über Normierung verdeutlichen sich die Interdependenzen zu bestehender kritischer[36] Infrastruktur, die als soziotechnische

---

[36] Das Bundesamt für Bevölkerungsschutz und Katastrophenhilfe definiert kritische Infrastrukturen als „Organisationen oder Einrichtungen mit wichtiger Bedeutung für das staatliche Gemeinwesen, bei deren Ausfall oder Beeinträchtigung nachhaltig wirkende Versorgungsengpässe, erhebliche Störungen der öffentlichen Sicherheit oder andere dramatische Folgen eintreten würden" (BBK 2021).

Infrastruktur aufgefasst werden kann. Der folgende Abschnitt illustriert an ausgewählten Textstellen der Stellungnahmen, Hintergrund- und Positionspapiere und Pressemitteilungen der Wirtschaftsverbände die Verknüpfung zwischen sozialen Normierungen und Zertifizierungen der Technologie, die im vorliegenden Fall verbandlich reguliert sind. Dies dient als Veranschaulichung dafür, wie das Technologie-Set im Detail auf soziale Strukturen und Systeme trifft, also soziotechnisch eingebettet ist.

Im genaueren handelt es sich um die Normierung von Gasleitungen, welche hierzulande seitens des DVGW in Form eines Regelwerks organisiert ist, und die angedachte Übertragung auf mögliche Pipelines für den Transport von Kohlenstoffdioxid. Dieser Technologieaspekt fällt in die institutionelle Regulierung für Gasleitungen und berührt damit indirekt das Handlungsfeld der kritischen Infrastruktur, hier der Wasser- und Gasinfrastruktur.

> „Die Umsetzung der EU-Richtlinie zu CCS in deutsches Recht sollte eine Perspektive für eine klimaverträgliche Energieversorgung und eine CO_2-emissionsarme Industrieproduktion aufzeigen. Davon losgelöst, begrüßt der DVGW, dass die Erstellung der technischen Regeln für den CO_2-Transport in Pipelines analog § 49 Energiewirtschaftsgesetz geregelt ist und damit auf dem bewährten Instrument der technischen Selbstverwaltung des Gasfaches im DVGW gründet. Der DVGW wird daher entsprechende technische Regeln für die Errichtung und den Betrieb von Anlagen zum Transport von Kohlendioxid unter Beteiligung aller interessierten Kreise erstellen." (2011-10-25_DVGW_Pressemitteilung)

Aus der verbandseigenen Pressemitteilung des DVGW, einem technisch-wissenschaftlichen Verein, ist die Befürwortung zu entnehmen, formale Normierungsprozesse und Technologiebestandteile aus dem Energiewirtschaftsgesetz zu übertragen. Dies illustriert die Einbindung des damals zu demonstrierenden Technologie-Sets in bestehende soziale, hier verbandlich regulierte Handlungsanleitungen, die in Verbindung zu Normungsorganisationen stehen.

Ein Mitgliedsverband des VdTÜV, welcher als zentraler Akteur der Zertifizierung und Überprüfung von Technologien eingeordnet werden kann, bezeichnet CCS als „Zukunftstechnologie", wie der folgenden Mitteilung über einen Messeauftritt des Jahres 2010 zu entnehmen ist:

> „In Halle 13, Stand C41 präsentiert TÜV NORD den Besuchern Informationen rund um Industrieautomation, Energietechnologien, industrielle Zulieferung und Dienstleistungen sowie Zukunftstechnologien. Schwerpunkte sind dabei die erneuerbaren Energien (unter anderem On- und Offshore-Windenergie, Biogas, Photovoltaik),

5.2 Wirtschafts- und Energieverbände

Dienstleistungen im Kraftwerksbereich, Carbon Capture Storage (CCS) und die Energieeffizienz in Industrieanlagen." (2010_Verband der TÜV e. V._ Artikel Unternehmenswebseite)

An dieser Stelle muss angemerkt werden, dass der TÜV NORD ein Wirtschaftsunternehmen darstellt, das Teil des Verbands ist und als Schnittstelle zwischen verbandlichem und wirtschaftlichem Handeln fungiert. Zugleich sei hinzugefügt, dass die TÜV NORD-Gruppe, also ein Mitglied des VdTÜV, bereits im Jahr 2008 ein Zertifikat für den Technologieeinsatz bei Kraftwerken und das Bewertungskriterium der „Carbon Capture Readiness" entwickelte. Der in diesem Zuge erarbeitete Bewertungsstandard kann als eine frühe Antwort auf die EU-Richtlinie 2009/31/EG gelesen werden. Hier lässt sich die Entstehung einer Zertifizierung beobachten, bevor das dafür notwendige Gesetz verabschiedet war. Dies kann als eine aktive Bezugnahme auf bestehende technische Zertifizierungen und Überprüfungen gelesen werden, welche auch für andere (Groß-) Technologien angewendet wird. Die (teils verbandlich) organisierte, technische Zertifizierung kann als eine gesellschaftliche Komponente bestehender soziotechnischer Systeme, hier hinsichtlich der Kraftwerke und deren technischer Überprüfung aufgefasst werden.

„Der von TÜV NORD CERT entwickelte Standard Carbon Capture Readiness erlaubt es Kraftwerksbetreibern erstmalig, die an sie gestellten Anforderungen im Planungsstadium eindeutig nachzuweisen und bietet somit Transparenz gegenüber Dritten. Der entsprechende Rechtsrahmen wird zur Zeit auf nationaler und europäischer Ebene entwickelt. Mit dem neuen Standard Carbon Capture Readiness hat TÜV NORD einen Anforderungskatalog entwickelt, der erstmals eine eindeutige Begriffsdefinition erlaubt und dadurch eine erhöhte Transparenz für Betreiber, Behörden und die Öffentlichkeit bietet. Die geplanten E.ON-Kraftwerke in Wilhelmshaven und Antwerpen sind die ersten von TÜV NORD CERT anhand des neuen Standards zertifizierten Kraftwerke. TUV NORD CERT bietet die neue Dienstleistung inzwischen weltweit an." (2008_Verband der TÜV e.V._ Artikel Unternehmenswebseite)

Ferner berühren diese Zertifizierungs- und Überprüfungstätigkeiten demnach Fragen der Transparenz und Öffentlichkeit; im Zitat lautet die Argumentation, dass ein Zertifizierungsstandard eine eindeutige Begriffsdefinition und damit Transparenz gegenüber den Akteuren erlaubt. Diese Bezugnahme verweist auf bestehende, verbandlich organisierte Bewertungsstandards für Technologien, mit der auf der Ebene von technischen Standards eine Einbettung in bereits bestehende soziotechnische Systeme stattfindet. Diese technische Zertifizierung dient als ein konkretes Beispiel für eine Verknüpfung des Technologie-Sets mit bestehenden organisationalen Komponenten großer technischer Systeme. In dieser

Deutung der hier besprochenen gesellschaftlichen Bezugsgruppe drückt sich ein Problemlösungsverständnis aus, das die Definition von Standards, Zertifizierung und Prüfung impliziert. Damit erscheint das Problem der Uneindeutigkeit hinsichtlich des Technologie-Sets, hier des Capture-Anteils, als eine Frage der eindeutigen Definition und deren Bewertungsmöglichkeit; letztere kommt in der Festlegung des definierten Technikstands sowie der Erstellung eines Zertifikats zum Ausdruck, welches wiederum geprüft werden kann. Vor diesem Hintergrund kann das Zurückgreifen auf bestehende Organisationen und Zertifikate als eine Bezugnahme bestehender organisationaler Komponenten von soziotechnischen Systemen gedeutet werden.

Das Beispiel verweist auf die Verknüpfung zwischen der gesellschaftlichen Bezugnahme auf einen Bestandteil des Technologie-Sets, eines darauf basierenden Definitionsvorhabens sowie einer damit anvisierten Transparenz für die Öffentlichkeit. Dies impliziert gesellschaftliche Bezugnahmen und Einbettungen des Technologie-Sets in bereits vorhandene Formen der Regulierung und Überprüfung, wie das Beispiel der Abscheidung in Kohlekraftwerken veranschaulicht. Vor diesem Hintergrund verdeutlicht sich, wie das verhandelte Technologie-Set auf bereits vorhandene gesellschaftliche Strukturen trifft und nicht als isolierte Technologie zu betrachten ist, sondern bereits von Beginn an als Bestandteil der aktiven Bezugnahme gesellschaftlicher Interessenorganisationen einzuordnen ist.

(Keine) Teilhabe durch technische Infrastruktur?
An der Debatte zur Nutzung der potenziellen Transport- und Lagerinfrastruktur entfaltet sich, wie technologische Infrastrukturen Zugänge einer Technologienutzung ermöglichen oder verhindern. Die Nutzung dieser technischen Infrastruktur erscheint darüber hinaus nicht allein als eine gesetzlich zu regulierende Komponente innerhalb eines bereits vorhandenen soziotechnischen Systems, sondern auch als Teilhabefrage für potenzielle Marktteilnehmer, insbesondere kleinere Unternehmen. Teilhabe erweist sich hier als Frage der institutionellen Konditionen einer großtechnologischen Infrastruktur, zum Beispiel mit dem Zugang zum Netz oder der Teilhabe an Gewinn und Kosten.

> „Ein zentrales Anliegen der kommunalen Unternehmen ist die Gewährleistung eines diskriminierungsfreien, transparenten Zugangs zu Kohlendioxidtransportnetzen und Speichern zu angemessenen Bedingungen. Nur so kann sichergestellt werden, dass durch die Einführung von CCS der auf dem Erzeugungsmarkt entstehende Wettbewerb nicht zusätzlich behindert wird." (2009-04_VKU_Stellungnahme zum Kabinettsentwurf eines Gesetzes, S. 8)

5.2 Wirtschafts- und Energieverbände

Der VKU fordert nicht nur einen transparenten Zugang zur notwendigen großtechnischen Infrastruktur, sondern zieht – einige Sätze weiter im Dokument – als Vergleichsfolie die Netzanschlüsse im bereits bestehenden Strom- und Gasbereich heran. Auf diese Weise knüpft die Textpassage sowohl hinsichtlich der materiellen Infrastruktur als auch hinsichtlich der damit verbundenen rechtlich regulierten Zugangsmöglichkeiten zu bestehenden Großtechnologien an. Die dieser Kontrastierung innewohnende Argumentationsrichtung und Forderung verweist auf die mit dem Zugang zur Nutzung großtechnologischer Infrastrukturen verbundene Wettbewerbsfähigkeit, wie hier in Form eines Stichpunktes unterbreitet wird:

„Diskriminierungsfreie Zugangsbedingungen zu den für CCS notwendigen zentralen Infrastruktureinrichtungen, die angemessen und praktikabel sind, um mögliche Wettbewerbsverzerrungen zu verhindern." (2009-03_VKU_Stellungnahme zum Referentenentwurf eines Gesetzes, S. 3)

Neben solchen Bedenken findet sich bei vereinzelten Akteuren der Wirtschaftsverbände, insbesondere aus der Branche der Erneuerbaren Energien, die Befürchtung, dass sie Wettbewerbsnachteile erleiden könnten. Eine für diese Argumentationslogik beispielhafte Textstelle ist einem offiziellen Protokoll der Verbändeanhörung des UBA und BMWi am 27. August 2010 zu entnehmen:

„Herr [...] nimmt für den Bund der neuen Energieanbieter (bne) Stellung. Er bemängelt, dass in dem Gesetzentwurf zu viele unbestimmte Rechtsbegriffe vorhanden seien. Zudem drohe die Gefahr, dass durch die CCS-Technologie die wettbewerbliche Situation festgeschrieben werde, dass die vier großen Energiekonzerne eine starke Macht haben. Dies müsse verhindert werden." (2010-08-27_Protokoll_Verbandsanhörung CCS-Gesetz, S. 8)[37]

An dem Zitat wird deutlich, dass die hier artikulierte Bedeutungszuschreibung des Technologie-Sets als mögliche Störung eines anderen technischen Vorgangs gerahmt wird, hier der Ausbau der Erneuerbaren Energien, und keine Nützlichkeitszuschreibung erfolgt (usefulness). Dies äußert sich in der Zukunftssorge, dass die zentralisierte und monopolisierte Form der Energieerzeugung verstetigt wird. Aus Sicht der Anbieter für Erneuerbare Energien könnte dies den Ausbau vermutlich dezentraler Energieinfrastrukturen behindern.

---

[37] Der Personenname ist hier ausgelassen, da er von der Aussage des Zitats ablenken könnte und für die qualitative Inhaltsanalyse der Dokumente der organisierten Interessengruppen nicht von Bedeutung ist.

Das Abschnitt 5.2.5 befasste sich mit den Perspektiven der Wirtschafts- und Energieverbände auf die für sie relevanten Kontexte der geplanten Technikanwendung. Über die Themen der Tragweite der Definition „Stand von Wissenschaft und Technik", Prozessen der Normierung und Zertifizierung, sowie die technischen Teilhabeformen an der möglichen Infrastruktur zeichnet sich das Bild einer thematisch breit gefächerten Aushandlung und Abwägung über den Technologieeinsatz ab.

5.2.6 Nutzungskonkurrenz als technische, ökonomische und ressourcenbezogene Fragen

Nutzungskonkurrenz als Planungs- und Ressourcenproblem
In diesem Abschnitt erfolgt die zusammenfassende Darstellung aller Codierungen zur induktiven Kategorie der „Nutzungskonkurrenz" innerhalb der Fallgruppe der Wirtschafts- und Energieverbände. Die Struktur der Darstellung erfolgt entlang der zentralen Themen in dieser Kategorie, insbesondere entlang zentraler argumentativer Dimensionen wie kommunale Kraftwerke, Erneuerbare Energien sowie Wasser- und Landwirtschaft. In all diesen Dimensionen kommt das Thema der ober- und unterirdischen Flächenkonkurrenz zum Tragen. Sofern man den Storage-Anteil der CCS-Technologien als Ressourcensenke auffasst, handelt es sich um eine Auseinandersetzung zwischen der Nutzung von geologischen Flächen als Ressource oder Senke. Aus soziologischer Perspektive interessiert hier, welche Akteure (divergierende) Deutungen im Textmaterial formulieren und diesen Umstand politisieren.

Aus dem Textmaterial geht hervor, dass das Thema der Nutzungskonkurrenz, im Sinne der Flächennutzung und Technologiekonkurrenz, in den meisten Dokumenten einer differenzierten bis hin zu einer kritischen Kommentierung unterliegt. Es wird übergreifend als ein Problem konkurrierender Planungen und Ressourcennutzung dargestellt. Dieser Umstand legt die Frage nahe, welche Akteure als zuständig für eine Regulierung erachtet werden. Es folgen thematische Abschnitte, die exemplarisch aufweisen, wie Nutzungskonkurrenzen im Material adressiert werden; der Abschnitt geht insbesondere auf die Nutzung Erneuerbarer Energien und von Wasser- und Landwirtschaft ein.

Geothermie
Ein Aushandlungsfeld hinsichtlich der Nutzung stellt der Einsatz der Geothermie dar. Das folgende Zitat entstammt einer Pressemitteilung des BEE aus dem Jahr 2009 und beschreibt dessen Annäherung an die kritische Haltung des

5.2 Wirtschafts- und Energieverbände

wissenschaftlichen Beratungsgremiums (Sachverständigenrat für Umweltfragen) hinsichtlich möglicher Nutzungskonkurrenz für Erneuerbare Energien:

> „Der Bundesverband Erneuerbare Energie e. V. (BEE) sieht sich in seiner Kritik am Gesetzentwurf zur ‚Regelung der Abscheidung, des Transports und der dauerhaften Speicherung von Kohlendioxid' (CCS-Gesetz) durch die heutige Stellungnahme des Sachverständigenrates für Umweltfragen voll bestätigt. Das Gesetz, das am Nachmittag in erster Lesung im Bundestag beraten werden soll, würde nach Einschätzung der Umweltberater der Bundesregierung dazu führen, dass begrenzte unterirdische Speicher durch eingelagertes CO_2 langfristig blockiert würden. Das bedeute erhebliche Einschränkungen für Geothermieprojekte und behindere den Bau von Druckluftspeichern, mit deren Hilfe beispielsweise überschüssige Energie aus Wind- und Solarparks gespeichert werden könne." (2009-05-06_BEE_Pressemitteilung)

Auch Verbändevertreter*innen der Geothermiebranche kommentieren dies, etwa berichtet das Nachrichtenportal „Informationsdienst Wissenschaft" im Sommer 2009 über die Kritik des Bundesverbands Geothermie an den Vorhaben großer Energiekonzerne hinsichtlich geplanter Flächennutzungen. In diesem Zusammenhang findet sich folgendes Direktzitat des Präsidenten des Bundesverbands Geothermie e. V. (GtV). Er kritisiert einen Energiekonzern, der bereits zu diesem Zeitpunkt einen Antrag zur Flächenerkundung beim zuständigen Landesamt für Bergbau, Energie und Geologie in Clausthal gestellt hatte. Das Zitat verdeutlicht anschaulich die mit der hier kritisierten Flächenkonkurrenz verbundene materielle Komponente:

> „[...*Der Präsident des GtV – Bundesverband Geothermie*]: ‚Wenn E.ON-Vertreter tatsächlich behaupten sollten, Geothermie sei nur in Oberflächen-Schichten bis 200 m Tiefe sinnvoll, dann arbeiten sie mit Fehlinformationen. Der Deutsche Bundestag muss die Geothermie durch ein Gesetz wirksam schützen und den Vorrang der Erneuerbaren Energien absichern!'" (2009-06_Informationsdienst Wissenschaft)

Diese scharfe Kritik lässt sich vor dem Hintergrund des frühen Gesetzgebungsprozesses und dem zu diesem Zeitpunkt verfügbaren Bergrecht als Handlungsgrundlage einordnen:

> „Derzeit diskutiert der Deutsche Bundestag eine Gesetzesvorlage zur Einspeicherung von CO_2 aus Kohlekraftwerken (CCS-Gesetz). Der Ausgang ist offen. Die EGS greift einer Beschlussfassung vor, indem sie bereits jetzt Aufsuchungserlaubnisse nach BBergG stellt und so versucht, vollendete Tatsachen zu schaffen." (2009-06_Informationsdienst Wissenschaft)

In der folgenden Pressemitteilung des Bundesverbands der Geothermie findet sich die Kritik an einer möglichen Raumbeanspruchen der Energieversorgungsunternehmen:

„Berlin (iwr-pressedienst) – Der heute im Bundeskabinett zu beschließende Entwurf für ein CCS-Gesetz bedroht die Geothermie, aber auch Projektplanungen zu Druckluft- oder Erdgasspeichern. Der GtV-Bundesverband Geothermie fordert den Gesetzgeber auf, keine Benachteiligungen der Geothermie eintreten zu lassen. Die Erforschung und Entwicklung der Geothermie braucht ausreichende Untersuchungsflächen. Der vorliegende CCS-Gesetzentwurf begünstigt einseitig die CCS-Untersuchungen gegenüber den Geothermie-Untersuchungen." (2009-04_GtV-BV_Pressemitteilung)

Mit dieser Argumentationslogik schließt der Textbeitrag mit einer Zuschreibung der Handlungslogik der Exekutiven und verweist erneut auf den Aspekt der Zeitlichkeit, der sich hier in einer Bewertung der Kohlekraftwerke als „Vergangenheit" widerspiegelt:

„Die Bundesregierung setze weiterhin auf die langfristige Nutzung der Kohlekraftwerkstechnologie und schreibe damit die Vergangenheit in die Zukunft fort." (2009-05-26_Informationsportal Tiefe Geothermie)

Auf die mögliche Nutzungskonkurrenz im Kontext von Geothermie, eine oftmals als erneuerbar eingeordnete Energiequelle, findet sich zudem am konkreten Beispiel der Stadt Beeskow. Hier sei auf die Kooperation zwischen der Stadt Beeskow mit dem Wasser- und Abwasserzweckverband Beeskow eingegangen, die gemeinsam gegen das Landesamt für Bergbau, Geologie und Rohstoffe Brandenburg klagten, das eine geologische Erkundungserlaubnis für den Energiekonzern Vattenfall plante, wie in einer Pressemitteilung der Deutschen Presseagentur, veröffentlicht in einer Lokalzeitung, berichtet wird. Das folgende Zitat aus diesem Zeitungsartikel illustriert die kommunalen Interessenstreitigkeiten:

„Die Bürgermeister [...*von*] (Beeskow) und [...*von*] (Rietz Neuendorf) bekräftigen: ‚Wenn das Bergamt weitere Zulassungen erteilt, werden wir die zur Verfügung stehenden Rechtsschutzmöglichkeiten ausschöpfen, um zu verhindern, dass unser Gebiet als CO_2-Endlager herhalten muss. Andere Optionen der Untergrundnutzung wie die Trinkwasser- und Erdwärmenutzung dürfen nicht gefährdet werden!' Die Gemeinde Rietz Neuendorf ist mittlerweile dem Beispiel der Stadt Beeskow gefolgt und hat heute ebenfalls Widerspruch eingelegt. Damit hat Vattenfall die Gemeinden im nahezu gesamten Feld gegen sich." (2011-03-02_Zeitungsartikel_Niederlausitz aktuell)

5.2 Wirtschafts- und Energieverbände

In dem Zitat verdeutlicht sich neben der Beschreibung der konkreten lokalen Interessenüberschneidungen auch der Ort des Konflikts, hier der Untergrund, welcher vom Standpunkt der Stadt Beeskow für die Gewinnung der Erdwärme genutzt werden soll. Letzteres wird im Textmaterial als Widerspruch zu der bergrechtlichen Erkundungserlaubnis des Energiekonzerns Vattenfall eingeordnet. Insofern kristallisieren sich an diesem Beispiel und dem hier adressierten Untergrund die gegensätzlichen Interessenlagen von Kommune und (inter-)national agierendem Energiekonzern. Zudem verdeutlicht das Beispiel der Stadt Beeskow die für den Einsatz des CCS-Technologie-Sets hohe Bedeutsamkeit rechtlicher Regularien und Prozesse, wie zum damaligen Zeitpunkt mögliche Überschneidungen mit dem Bergrecht.

Nutzungskonkurrenz der ober- und unterirdischen Flächen
An den im Material diskutierten Flächen zeigt sich, dass die Nützlichkeit der Technologie oder vielmehr deren potenzielle Nutzungskonkurrenz Ausdruck findet. Das Textmaterial adressiert diese Konkurrenz auch allgemein hinsichtlich der geologischen und geographischen Flächennutzung und beschreibt Problem- und Lösungsformulierungen. Die Lösungsperspektiven bestehen grundlegend aus Regulierungen, Regeln und etablierten Verfahrensweisen zum Umgang damit. Es folgen einige Beispiele, die den Umgang der Textdokumente mit dem Thema Flächenkonkurrenz anschaulich darstellen.

Das Problem der Nutzungskonkurrenz wird beispielsweise in Bezug auf den Bau neuer Gasspeicher artikuliert, eine Lösungsperspektive basiert auf dem Planfeststellungsverfahren:

„Insbesondere Gasspeicher für Erdgas konkurrieren jedoch um vergleichbare geologische Formationen wie die geplanten CO_2-Lagerstätten. Notwendig ist daher ein Genehmigungsverfahren für CO_2-Speicher, das räumliche Nutzungskonflikte bewältigen kann und einen rechtlichen Gleichlauf der Genehmigungsverfahren verschiedener Nutzungsmöglichkeiten schafft. Dies ist insbesondere im Hinblick auf den angestrebten Bau neuer Gasspeicher bedeutsam, die zu einer Steigerung der Versorgungssicherheit beitragen können." (2009-03_VKU_Stellungnahme zum Referentenentwurf eines Gesetzes, S. 10)

Während das obige Zitat auf eine mögliche Konkurrenz von unterirdischen Speichernutzungen eingeht, wird des Weiteren der institutionelle Regulierungsverfahren des Planfeststellungsverfahren als mögliche Lösung eröffnet.

"Dabei sollte nach Auffassung des VKU auf das bereits bekannte und praxiserprobte Verfahren der Planfeststellung zurückgegriffen werden, das bei raumbedeutsamen Vorhaben im Rahmen einer dauerhaften Lagerung bzw. Speicherung von Stoffen in anderen Teilen des Umweltrechts bereits zur Anwendung kommt." (2009-03_VKU_Stellungnahme zum Referentenentwurf eines Gesetzes, S. 10)

Der folgende Textabschnitt vertieft eine Diskrepanz zwischen den Kraftwerkstandorten im städtischen Raum und auf der „grüner Wiese", indem die vorhandenen und möglichen Nutzungskonkurrenzen von Flächen in Ballungsräumen problematisiert werden. Der im Textmaterial genannte Hintergrund ist, dass KWK-Anlagen nahe der Wärmeverbraucher[38] erbaut werden und städtische Regionen als Wärmesenken fungieren können. Der siedlungsnahe Bau stellt, aus der Perspektive des Textmaterials, nicht nur für den Platzbedarf von potentiellen Technologiekomponenten am Kraftwerk, sondern auch für die logistische Planung der möglichen Speicherorte eine Hürde dar. Dies beschreibt der folgende Materialausschnitt exemplarisch:

"Diese notwendigerweise verbrauchernahen Standorte bedingen aber vielfältige zusätzliche Problemstellungen im Hinblick auf den Einsatz von CCS. So ist es insbesondere aufgrund der Siedlungsdichte an vielen Standorten nicht möglich, die für CCS notwendigen Flächen bereitzustellen oder zuzukaufen [...]. Zudem sind die Grundstückspreise in Ballungsräumen erheblich teurer als ‚auf der grünen Wiese'. Auch der Aufbau der für CCS notwendigen Pipelineinfrastruktur und der für eine CO_2-Abscheidung notwendigen Anlagenteile ist in Siedlungsgebieten mit erheblichem Mehraufwand und zusätzlichen Akzeptanzproblemen verbunden." (2009-04_VKU_Stellungnahme zum Kabinettsentwurf eines Gesetzes, S. 4)

Während das letzte Zitat die mögliche Flächennutzung von CCS-Technologiekomponenten im Zusammenhang mit Kraftwerkstechniken im Stadtraum problematisiert, befasst sich das nächste Beispiel mit Nutzungs- bzw. Eigentumsfragen zwischen ober- und unterirdischen Flächen. Letztere beziehen sich auf mögliche Speicherflächen. Beide Beispiele weisen auf bereits vorhandene soziotechnische Infrastrukturen und gesellschaftliche Nutzungsansprüche von Flächen hin, auf die das Technologie-Set im Textmaterial trifft.

---

[38] Verbraucher werden im hier behandelten Textmaterial im Zusammenhang mit der Grundversorgung durch Kraftwerkstechnik adressiert. Neben den Wärmeverbrauchern von KWK-Anlagen, werden vornehmlich die Stromverbraucher des Energiemarktes aufgelistet. Insgesamt finden sich eine Reihe von Verbraucherrollen oder –aspekten, die übergreifend gemein haben, dass sie indirekt mit den intendierten und nicht-intendierten Auswirkungen der Technologienanwendung zu tun haben.

5.2 Wirtschafts- und Energieverbände

Es folgt ein Beispiel für einen im Textmaterial formulierten Lösungsvorschlag hinsichtlich möglicher Nutzungskonkurrenzen von Flächen, indem vorgeschlagen wird, zwischen Oberflächeneigentümer*innen und Speicherformation zu trennen. Dies verweist auf die Bedeutsamkeit der Rolle von Grundstückseigentümer*innen, welche bei Planfeststellungsverfahren zu Infrastrukturmaßnahmen gewöhnlich intervenierend teilhaben können.

„Nach wie vor wäre es zur klaren Grenzziehung richtig, die Speicherformationen aus dem Geltungsbereich des Oberflächeneigentums herauszulösen, wie es bei den meisten Bodenschätzen der Fall ist. Nur so kann die Frage, ob der Oberflächeneigentümer ein Ausschließungsinteresse an der Formation hat, ohne Beschreitung des langwierigen Rechtsweges eindeutig und investitionssicher beantwortet werden." (2010-08_BDI_Stellungnahme zum Referentenentwurf, S. 3)

Der Abschnitt weist auf, dass das Technologie-Set eng verknüpft ist mit rechtlichen und ökologischen Raumnutzungsfragen, zugleich stellt die unter- und oberirdische Flächennutzung einen bereits vielfältig genutzten Gegenstand dar, der nicht frei von anderweitigen gesellschaftlichen Nutzungsansprüchen ist.

Wasser- und Landwirtschaft
Auch bei der Wasser- und Landwirtschaft findet sich statt einer Nützlichkeitszuschreibung die Betonung der Nutzungskonkurrenz. Vor allem die Ressource Wasser wird in den Prozessdokumenten der Wasserwirtschaft kritisch hervorgehoben. Das folgende Zitat der AöW rückt das Ziel der Nachhaltigkeit auf UN-Ebene, das den Schutz des Wassers beinhaltet, in den Vordergrund. Da die AöW als Vertretung der kommunalen, öffentlichen Wasserwirtschaft die UN-Klimaschutzziele befürwortet, deckt die Organisation einen möglichen Widerspruch zum UN-Ziel der Nachhaltigkeit auf, der sich am Gegenstand CCS entfaltet. Der Verein formuliert diesen Widerspruch in seiner Stellungnahme zur Verbändeanhörung im Sommer 2009:

„Die international geführten Diskussionen um die Klimaschutzziele und die Absicht, in Deutschland mit diesem Gesetz dazu einen Beitrag zu leisten, nehmen wir ernst. So wie die Klimaschutzziele verfolgt werden, muss jedoch für den Wasserbereich auch der Nachhaltigkeitsgedanke aus dem UN-Weltgipfel 2002 in Johannesburg beachtet werden. Aus dem Ziel der Nachhaltigkeit wurde für den Schutz des Wassers das Vorsorgeprinzip hergeleitet. Danach sind Maßnahmen zu unterlassen, die potenziell gravierende Schäden hervorrufen, selbst wenn die Wahrscheinlichkeit des Schadenseintritts niedrig oder das Risikopotenzial noch unbekannt ist. Außerdem sollen nach dem Reversibilitätsprinzip Maßnahmen rückgängig gemacht werden können. Zudem wurde erst kürzlich mit Unterstützung von Deutschland das

Menschenrecht auf Zugang zu sauberem Trinkwasser und hygienisch unbedenkliche Sanitärversorgung von den UN anerkannt. Es könnte der internationalen umweltpolitischen Glaubwürdigkeit von Deutschland schaden, wenn eine existenzielle Ressource, wie das Grundwasser und die Lebensgrundlage Nr. 1 wie die Trinkwasserversorgung, gegenüber den energiepolitischen Zielen zurückgestellt würden." (2010-08_AöW_Stellungnahme zum Referentenentwurf_S. 1)

Die im Zitat benannten Zielkonflikte weisen auf eine größere Debatte hin.[39] Der hier beschriebene Nutzungskonflikt zwischen dem Wasserschutz und dem Speicheranteil der CCS-Technologie wird in der nachfolgenden Beschreibung näher definiert.[40] Daraus lässt sich schlussfolgern, dass das Technologie-Set trotz des innovativen Demonstrationscharakters als Bestandteil möglicher oder Verstetigung bestehender Infrastrukturen erachtet wird. Das Zitat beschreibt die mit der Technologie verbundene Nutzung weiterer geographischer und geologischer Flächen, die für die Trinkwassernutzung von Bedeutung sind:

„Für die Lagerung von Kohlendioxid (CO_2) wird derzeit vor allem die Speicherung in tiefen salinaren Aquiferen und ausgedienten Erdöl- und Erdgaslagerstätten diskutiert. Potenzielle Speichergesteine, die zur dauerhaften Einlagerung von größeren Mengen CO_2 geeignet sein könnten, vermutet die Bundesanstalt für Geowissenschaften und Rohstoffe (BGR) im gesamten nordostdeutschen Becken. Hier wird vor allem der Buntsandstein als günstig erachtet, dessen potenziell nutzbares Porenvolumen sich im Lauf der Erdgeschichte mit salinarem Porenwasser gefüllt hat." (2010-08_AöW_Stellungnahme zum Referentenentwurf_S. 2)

Insgesamt verdeutlicht die Inhaltsanalyse der Prozessdokumente der Wirtschafts- und Energieverbände, dass insbesondere die Wasser- und Landwirtschaftsverbände mögliche Nutzungskonkurrenzen der ober- und unterirdischen Flächen scharf kritisieren. Das folgende Zitat veranschaulicht die auch seitens der Bauernverbände geäußerte Kritik hinsichtlich der möglichen Flächennutzung:

„Durch den Bau von Rohrleitungen, Pumpstationen und Hochdruck-Verpressungsanlagen müssten zahllose Grundeigentümer und Landnutzer zwischen den Lausitzer Kohlekraftwerken und den geplanten Endlagern in ihren Rechten beschnitten werden, kritisiert [...*eine Person aus dem Vorstand*]: ‚Dazu kommt die Gefahr von Kohlendioxid-Leckagen und einer Versalzung des Grundwassers,

---

[39] Dies findet sich auch in der Fachdebatte über den Einsatz von Senken, siehe etwa Strefler et al. (2018).

[40] Diese Problembeschreibung kann zudem als Beschreibung der Überschneidung der Technologie zu bestehenden soziotechnischen Systemen, hier ausgebeuteter Erdöl- und Erdgaslagerstätten, sowie der institutionellen Komponente der Behördenzuständigkeit gedeutet werden.

5.2 Wirtschafts- und Energieverbände

wodurch unsere Böden praktisch wertlos würden.' Die Landwirtschaft kämpfe deshalb geschlossen gegen CCS, erklärt [...*eine Person aus dem Vorstand*] und führt als Beleg an, dass sich inzwischen auch der mit dem Bauernbund konkurrierende Deutsche Bauernverband unmissverständlich gegen die umstrittene Technologie ausgesprochen hat [...]." (2010-09-09_ Bauernbund Brandenburg_Pressemitteilung)

Das folgende Zitat aus der *Agrarzeitung*, welche als ergänzende empirische Quelle für die Perspektiven aus der organisierten Landwirtschaft dient, beschreibt den Widerstand der Landwirtschaft exemplarisch am Fall von Brandenburgs Bauernverband, welcher sich auf den Deutschen Bauernverband bezieht:

„Die Landwirtschaft fürchtet sich vor den Risiken einer dauerhaften Speicherung von CO_2 aus Kohlekraftwerken im Boden. Die Bundesregierung verabschiedete heute den dafür notwendigen Gesetzentwurf. Das Gesetz zur Demonstration und Anwendung von Technologien zur Abscheidung, zum Transport und zur dauerhaften Speicherung von Kohlendioxid (CO_2) passierte heute das Bundeskabinett. Damit ist die gesetzliche Grundlage dafür geschaffen, dass CO_2 in Gesteinsschichten unter der Erde gepresst werden kann. Wo das geschehen soll, dürfen allerdings die Länder entscheiden. In Brandenburg gibt es bereits weitreichende Planungen vom Energiekonzern Vattenfall für die CCS (Carbon Capture and Storage) Technologie. Dagegen formiert sich dort Widerstand in der Landwirtschaft." (2011-04-13_Agrarzeitung_ „Landwirte wehren sich gegen CCS-Gesetz")

Weiter beschreibt der Zeitungsartikel die Kritiken, welche sich auf Themen des Eigentums und der Nutzung von Grundstücken beziehen:

„Der Bauernbund Brandenburg warnt seinen Wirtschaftsminister [...], das CCS-Gesetz in Brandenburg umzusetzen. Man wolle nicht das ‚Versuchskaninchen' sein, sagte Bauernbund-Vorstandsmitglied [...], Ackerbauer aus Wilhelmsaue im Oderbruch. Auch der Deutsche Bauernverband (DBV) sieht die Technologie kritisch. ‚Mit dem Gesetzentwurf werden die Eigentumsrechte der betroffenen Grundstückseigentümer und Grundstücknutzer nicht hinreichend gewahrt', heißt es beim DBV heute. Außerdem seien die Auswirkungen einer CO_2-Speicherung auf die Landwirtschaft weiterhin nicht vollständig absehbar." (2011-04-13_Agrarzeitung_ „Landwirte wehren sich gegen CCS-Gesetz")

Das Zitat stellt beispielhaft dar, dass seitens der Interessenorganisationen der Landwirtschaft die Sorge vor einer Flächennutzung formuliert wird.

Das Abschnitt 5.2. befasste sich systematisch mit den Policy-Dokumenten der Wirtschafts-, Energie- und Industrieverbände und strukturierte sich dabei entlang ausgewählter, teils kombinierter, Codes. Das Textmaterial wurde von verschiedenen thematischen Blickwinkeln untersucht. Begonnen mit einem Überblick der relevant gemachten Akteure und Orte, eröffnet sich ein Blick auf die kontrastreichen angeführten Orte der Debatte, von der grünen Wiese zum engen, innerstädtischen Raum. Die Gesellschaftsverständnisse in der Dokumentengruppe zeichnen sich durch eine Betonung von Gesellschaft als Laien und Verbraucher aus, sowie dem „Wohl der Allgemeinheit". Die zeitliche Dimension der Technologie drückt sich hier als Management-, Planungs-, und Investitionsfrage aus. Die Nutzungskonkurrenz zeigt sich vorrangig als Konkurrenz der Ressourcennutzung. Die Einbettung in soziotechnische Systeme findet über die Definitionsfrage des „Stands von Wissenschaft und Technik" statt, zudem spielt die Interaktion mit Infrastrukturbestandteilen eine Rolle.

5.3 Gewerkschaften

Die Gewerkschaften als Arbeitnehmervertretungen haben ebenfalls an der bundesweiten Debatte zu CCS teilgenommen und stellen neben den Umweltorganisationen sowie Wirtschafts- und Energieverbänden eine weitere Akteursgruppe der organisierten Interessengruppen dar. Die prozessgenerierten Dokumente der Arbeitnehmervertretungen bieten einen Einblick, welche möglichen Konsequenzen, Bedenken und Forderungen die Gewerkschaften der betroffenen Branchen mit Blick auf den Technologieeinsatz formulieren. Hier werden die Handlungskontexte der Kohlebranche und Grundstoffindustrie sichtbar, insbesondere mit Blick auf den Kohlesektor steht die Aussicht auf die Verstetigung von Arbeitsplätzen in dieser Branche im Vordergrund. Zugleich finden sich Bedenken hinsichtlich der Arbeitssicherheit und -gesundheit. Insgesamt bleibt festzuhalten, dass auch in der Analyse dieser Akteursgruppe die Auseinandersetzung um CCS zum damaligen Zeitpunkt vor allem von Zukunftsplänen geprägt ist; dies steht im Zusammenhang mit dem Demonstrationscharakter von CCS sowie damit in Verbindung stehenden Hoffnungen und Befürchtungen für die Kohlebranche und teils Industrie. Das Ziel des Kapitels ist es, gewerkschaftliche Zugriffspunkte in der Gesamtdarstellung zu skizzieren. Es ist strukturell ähnlich zu den beiden vorhergehenden Abschnitten 5.1 und 5.2.

5.3.1 Übersicht der Akteurslandschaft der Gewerkschaften

Auch in der Akteurslandschaft der Gewerkschaften gibt es teils unterschiedliche Gewichtungen auf Bundes- und Landesebene sowie zwischen den über den

5.3 Gewerkschaften

Deutschen Gewerkschaftsverbund (DGB) vereinten Einzelgewerkschaften. Während der DGB darum bemüht ist, die Arbeitnehmerinteressen unterschiedlicher Branchen zu vertreten, repräsentieren die Dokumente der Industriegewerkschaft Bergbau, Chemie, Industrie (IG BCE) die Arbeitnehmerinteressen der Kohlebranche und der Industrie. Im Folgenden steht vornehmlich der Dachverband DGB im Vordergrund, jedoch werden teils Ergänzungen von dessen Mitgliedsorganisationen wie ver.di und IG BCE angeführt. Der DGB veröffentlichte als Dachverband stellvertretend für Einzelgewerkschaften in der CCS-Debatte Stellungnahmen sowie Positionspapiere und Pressemitteilungen. Auch die Gewerkschaft ver.di war in die schriftlichen Verbändeanhörungen involviert. Darüber hinaus finden sich bei der IG BCE[41] schriftliche Kommentierungen zum Thema, auch wenn letztere nicht an den Verbändeanhörungen teilnahm.

Grundlegend findet sich auch in den Positionierungen der Gewerkschaften die energiepolitische Dimension der CCS-Debatte wieder, weil hier sowohl Interessen von Arbeitskräften des Kohletagebaus als auch der Erneuerbaren Energien vertreten sind. Insgesamt illustrieren die Stellungnahmen, Positionspapiere und Pressemitteilungen die mit dem Technologie-Set verbundene Nähe zu energiepolitischen Fragen, mit Blick auf bestehende und zukünftige Arbeitsplätze. Mit der Zukunft der Arbeitsplätze der Kohlebranche sind indirekt auch Fragen der Umweltnutzung des Untergrunds verbunden, hier der Nutzung der Kohleressourcen. Die drei übergreifenden Deutungsrahmen sind also auch hier Energiepolitik, Zukunftsplanung sowie Fragen der Umweltnutzung (Untergrund). Durch die unterschiedlichen Zugriffspunkte auf die Konsequenzen des Technologieeinsatzes für die jeweiligen Branchen erklärt sich jedoch die Bandbreite an differenzierten und teils widersprüchlichen Argumentationen im Textmaterial der Gewerkschaften.

Das Material der Gewerkschaften zeigt, wie unter dem Deutungsrahmen der Energiepolitik andere Sinnzuschreibungen verhandelt werden als in den bisher behandelten Interessengruppen: Während die mögliche Verstetigung der Kohleindustrie aus Sicht der Umweltvereinigungen größtenteils als Befürchtung formuliert wird, stellt sich dieses energiepolitische Handlungsfeld für die Arbeitnehmervertretungen der fossilen Energiebranche als Frage der Arbeitsplätze dar. Dies kann als beispielhaft für die interpretative Flexibilität der Deutungszuschreibungen hinsichtlich des Technologie-Sets gelesen werden.

---

[41] Die IG BCE lieferte schriftliche Beiträge zur Debatte, zugleich ist sie nicht der Liste der teilnehmenden Akteure der schriftlichen Verbändeanhörung zu entnehmen.

Interessant ist zudem, wie Fragen der Sicherheit im Zusammenhang mit der CCS-Technologie besprochen werden. Sie tauchen als Fragen der Arbeitssicherheit auf. Hingegen adressieren die Umweltvereinigungen das Thema Sicherheit stärker im Zusammenhang mit ökologischen Fragen. Bei den Wirtschaftsverbänden wurde der Themenaspekt oftmals im Zusammenhang mit Planungssicherheit genannt. Bereits dieser beispielhafte Themenkomplex illustriert die unterschiedlichen Zugriffe auf die jeweiligen gesellschaftlichen Bedeutungen von Sicherheit des Technologie-Sets.

Die Nutzenzuschreibung an das Technologie-Set fungiert im vorliegenden Fall als mögliche Zukunftsaussicht für die Kohlebranche und damit die Verstetigung der damit verbundenen soziotechnischen Systeme wie Infrastrukturen und Berufsbilder. Besonders das Thema Arbeitsplatzerhalt betont die gesellschaftliche Dimension der Interessen der Arbeitnehmer*innen in der soziotechnischen Infrastruktur der Kohleverstromung. Die Diskussion zu zukünftigen Arbeitsplätzen kann als eine weitere soziale Dimension der soziotechnischen Debatte gelesen werden. Interessant ist, dass die Ausformulierungen, besonders des DGB und der IG BCE, hinsichtlich der möglichen Verstetigung der Kohleindustrie als Arbeitsbranche, wie sie durch die Anwendung von CCS entstehen könnte, im Grunde als Zukunftsvorstellung aufgefasst werden kann. Dies verweist auf die aktive Rolle der Gewerkschaften als organisierte Akteure der Arbeitnehmer*innen in der CCS-Debatte. Mit Blick auf die Nutzungszuschreibung des Technologie-Sets lässt sich auch hier festhalten, dass diese in enge Verbindung zur Kohleindustrie als Arbeitsbranche gesetzt wird und somit weniger das Technologie-Set an sich als vielmehr der weitere Nutzungskontext und dessen Konsequenzen besprochen werden.

5.3.2 Akteure, Artefakte, Orte: Beschäftigte, Anlagen, Kraftwerksstandorte

Dieser Abschnitt skizziert, welche Organisationen, Orte und Gegenstände im Textmaterial der Gewerkschaften in den Vordergrund gestellt werden, um einen Gesamteindruck des Materials zu erhalten.

Auch im Textmaterial der Gewerkschaften werden die zentralen klimapolitischen Übereinkommen als Referenzpunkt für die CCS-Debatte angeführt, wie die Klimarahmenkonvention der Vereinten Nationen, und in Relation zur Situation vor Ort gesetzt. Beispielsweise zieht der DGB-Bezirk Brandenburg-Berlin in

5.3 Gewerkschaften

einer Stellungnahme die Konsequenz, dass langfristig der Ausbau der Erneuerbaren Energien im Fokus stehen solle, zugleich jedoch die lokalen Gegebenheiten beachtet werden müssten:

> „Die Diskussion über industrie- und klimapolitische Strategien in Brandenburg muss das heutige Niveau und die Struktur der Brandenburger Industrie berücksichtigen. Brandenburg verfügt aktuell über 72.000 sozialversicherungspflichtige Arbeitsplätze in der Industrie – auf die Einwohnerzahl bezogen ist dies weniger als die Hälfte des Bundesdurchschnitts. Der verbliebene industrielle Kern muss erhalten und ausgebaut werden. Denn Wertschöpfung, Ausbildung und Nachfrage entstehen maßgeblich in der Industrie. Neue industrie- und klimapolitische Strategien müssen deshalb auch beantworten, welchen Beitrag sie zur industriellen Beschäftigungsentwicklung leisten werden." (2011-03-04_DGB_Positionspapier: „Chancen und Risiken der CCS-Technologie in Brandenburg", S. 6)

Das Zitat drückt exemplarisch aus, dass und wie innerhalb des DGB der Blickwinkel auf neue Technologien aus dem grundlegenden Interesse des Arbeitsplatzerhaltes erfolgt. Am Beispiel Berlin-Brandenburg zeigt sich, wie genau klimapolitische Ziele und soziotechnische Strukturen vor Ort, also technische Infrastrukturen und damit verbundene Arbeitsplätze, in der Debatte verknüpft werden. Hierbei wird in den Dokumenten auf ortsansässige Energieunternehmen in ihrer Funktion als Arbeitgeber Bezug genommen, wie in dem folgenden Auszug der schon genannten Stellungnahme:

> „In Deutschland besitzt Brandenburg einen technologischen Vorsprung bei der Entwicklung von CCS. Zur Erprobung der CO_2-Abscheidung betreibt Vattenfall am Standort Schwarze Pumpe eine Oxyfuel-Pilotanlage. Planungen zur Errichtung einer Demonstrationsanlage in Jänschwalde liegen vor. Im Rahmen des Pilotprojekts CO2Sink des GeoForschungszentrums (GFZ) Potsdam werden Ausbreitung und Reaktionsvermögen von CO_2 bei einer geologischen Speicherung in Tiefenlagen von ca. 800 m bei Ketzin untersucht. Für große Tiefen ist weitere Grundlagenforschung notwendig.
>
> Kommerzielle CCS-Anlagen existieren derzeit noch nicht. Zunächst sind Erforschung und Erprobung dieser Technologie erforderlich. Dabei geht es auch um die Herausforderung, dass Brandenburg als moderner Industriestandort mit CO_2-intensiven Branchen zukunftsfähig bleibt. CCS könnte für diese Industrien zu einer wichtigen Option werden." (2011-03-04_DGB_Positionspapier: „Chancen und Risiken der CCS-Technologie in Brandenburg", S. 7)

Die Diskrepanzen zwischen den Arbeitnehmervertretungen des DGB drücken sich auch beispielhaft in den unterschiedlichen Haltungen zur Integration der Länderklausel in das Gesetz aus:

„‚Wer berechtigte Einwände von BürgerInnen missachtet, indem Verfahren verkürzt und landesrechtliche Interventionsmöglichkeiten nicht genutzt werden, erschwert die Akzeptanz für neue Technologien', sagt [...*die*] Geschäftsführerin der DGB-Region Schleswig-Holstein Nordwest im Hinblick auf die Bundestagsentscheidung zur Speicherung von Kohlendioxid aus Kraftwerken und Industrieanlagen." (2011_DGB Schleswig-Holstein Nordwest_Pressemitteilung)

Die landesrechtlichen Widerspruchsmöglichkeiten, welche durch die Ergänzung einer Länderklausel konkreten Einsatz in das Gesetz finden würden, werden im obigen Zitat für wichtig erachtet. Zeitgleich wird die mögliche Länderklausel im Gesetz in einem anderen DGB-Bezirk kritisiert:

„In diesem CCS-Gesetz müssen die rechtlichen Rahmenbedingungen bundesweit ohne Länderausstiegsklauseln Geltung erlangen. Energiepolitik nach dem Sankt-Florians-Prinzip lehnt der DGB-Bezirk Berlin-Brandenburg ab. Der notwendige Strukturwandel muss gerecht von allen Teilen der Bundesrepublik getragen werden." (2011-03-04_DGB_ Positionspapier: „Chancen und Risiken der CCS-Technologie in Brandenburg", S. 17)

Um diese unterschiedlichen Zugriffspunkte auf die Länderklausel zu verstehen, ist es hilfreich, einen Blick auf die bestehenden energie- und industriepolitischen Gegebenheiten zu werfen. Während der Einsatz von CCS in Brandenburg auf eine stark ausgeprägte energie- und industriepolitische Infrastruktur trifft und damit Fragen der Arbeitsplätze berührt, waren für Schleswig-Holstein vornehmlich Speicherflächen geplant.

Neben dem Zusammenhang zwischen Technologieeinsatz und damit verknüpften Arbeitsplätzen – Erhalt bestehender Arbeitsplätze als auch Schaffung neuer Tätigkeitsbereiche – zeigt das Textmaterial der Gewerkschaften, dass das Thema Sicherheit als Arbeitssicherheit adressiert wird. Damit verbunden sind auch die Orte der Arbeit der Beschäftigten im Zusammenhang mit der Technologie. Hier wird besonders auf die Untersuchungen des Untergrunds eingegangen, gebündelt mit einer Reihe von Anforderungen an den Arbeitsschutz. Auch die ethische Dimension ist hier an Fragen der Arbeitssicherheit gekoppelt. Das folgende Zitat illustriert beispielhaft, wie detailliert die Stellungnahmen der Gewerkschaften über die möglichen Arbeitsorte auf das Thema der Sicherheit zu sprechen kommen:

„Die Schutzbestimmungen für Beschäftigte als auch Anwohner haben nach Ansicht des DGB grundsätzlich zu erfolgen. Dies gilt auch für den Bereich oberhalb des Speichers und in seinem möglichen Austrittsgebiet. Darüber hinaus fordern

5.3 Gewerkschaften

wir ein Alleinarbeitsverbot oberhalb des Speichers und im möglichen Austrittsgebiet, mindestens aber im Umkreis von 10 km um den Speicher herum." (2010-08_DGB_Stellungnahme zum Referentenentwurf eines CCS-Gesetzes, S. 4)

Das Thema Arbeitssicherheit wird im Textmaterial zudem oftmals verbunden mit den Werten Gesundheit und Umwelt. Das folgende Zitat führt als Priorität den Gesundheits- und Umweltschutz an, der auch bei der CO_2-Speicherung als Umwelt- beziehungsweise Klimaschutzmaßnahme vor Ort als besonders relevant erachtet wird:

> „Bei Industrieprojekten zur CO_2-Abscheidung kann derzeit noch nicht abgesehen werden, welcher CO_2-Reinheitsgrad des abgeschiedenen und zu verpressenden Rauchgases technisch realisiert wird. Da die Sicherheit der Speicherstandorte und der Umweltschutz bei der CO_2-Einlagerung oberste Priorität haben, ist ein solcher Reinheitsgrad erforderlich, der die Integrität der Speicherstätte und der Pipeline nicht nachteilig beeinflusst und kein Risiko für die Umwelt und menschliche Gesundheit darstellt." (2011-03-04_ DGB_Positionspapier: „Chancen und Risiken der CCS-Technologie in Brandenburg", S. 9)

Das Zitat beschreibt das Zusammentreffen von Interessen, die eine Priorisierung der Arbeitssicherheit und -gesundheit beinhaltet sowie die Sorge um die ökologische Umwelt vor Ort. Im Ansatz berührt dies Fragen eines möglichen grün-grünen Konflikts zwischen Umweltschutz vor Ort und globalem Klimaschutz, denn der initiale Einsatz von CCS steht im Zusammenhang mit Klimaschutzzielen, wie im Kapitel zur EU-Klimapolitik deutlich wurde.

Hierin spiegelt sich die Besonderheit der Datenauswahl wider, die Einblicke in die gesellschaftlichen Aushandlungen liefert und damit die Einbettung und das Antizipieren des Technologieeinsatzes im Sinne von Arbeitsplätzen, Gesundheits- und Umweltschutz zeigt. Die Dokumente besprechen auch, wie die Zukunftsplanung aus Arbeitnehmersicht in Relation gesetzt wird zu den langfristigen Klimaschutzzielen am Beispiel der hier diskutierten CCS-Maßnahme. Die Besprechung der Technologie und der konkreten Konsequenzen vor Ort zeigt sich hier differenziert und abwägend.

Nicht zuletzt sei darauf hingewiesen, dass in den Dokumenten auch über mögliche Überschneidungen zum Emissionshandel gesprochen wird, denn der Einsatz von CCS könnte für emissionshandelspflichtige Unternehmen unter ökonomischen Gesichtspunkten eine Rolle spielen. Wäre CCS großflächig einsatzbereit, könnten Unternehmen statt in den Zukauf von Verschmutzungszertifikaten in die Technologie investieren, so der Tenor im Gesamtmaterial der Gewerkschaften.

5.3.3 Adressierung von Gesellschaft als Arbeitnehmer*innen

„Im Hinblick auf den Schutz Beschäftigter legt § 7 (1) Nr. 5 fest, dass die Genehmigung zur Untersuchung des Untergrundes auf seine Eignung zur Errichtung und zum Betrieb von Kohlendioxidspeichern zu erteilen ist, wenn die erforderlichen Maßnahmen zur Abwehr von Gefahren für Leben, Gesundheit und zum Schutz von Sachgütern, Beschäftigter und Dritter getroffen werden. Der DGB kritisiert, dass diese Vorgabe nicht für Untersuchungen gelten soll, bei denen weder Vertiefungen in der Oberfläche angelegt noch Verfahren unter Anwendung maschineller Kraft, Arbeiten unter Tage oder mit explosionsgefährlichen oder zum Sprengen bestimmten explosionsfähigen Stoffen durchgeführt werden. Der Schutz Beschäftigter hat im Gegenteil nach Ansicht des DGB grundsätzlich zu erfolgen." (2009-03_ DGB_Stellungnahme zum CCS-Gesetzentwurf, S. 3)

Das Zitat veranschaulicht beispielhaft, wie die involvierten Gewerkschaften, hier vertreten durch den DGB, dezidiert die Anliegen der potentiell an und mit der Technologie Beschäftigten adressiert. An diesen Forderungen wird deutlich, dass hier das Verhältnis von Technik und Gesellschaft kein abstraktes ist, sondern eine klar definierte soziotechnische Interaktion mit verschiedenen Tätigkeitsbereichen darstellt, die arbeitsrechtlich zu regulieren sind.

Während in den Dokumenten der Wirtschafts- und Umweltverbände diverse Vorstellungen von Zivilgesellschaft vorzufinden waren, liegt die Sichtweise der Dokumente der Gewerkschaften auf der Rolle von Arbeitnehmer*innen vor Ort und teils der Anwohner*innen. Hier adressieren die Dokumente sowohl die Dimension der bestehenden oder zukünftigen Arbeitsplätze als auch die mit der Anwendung der Technologie verbundenen Tätigkeitsbereiche. Zugleich finden sich in Pressemitteilungen der DGB-Landesverbände kritische Kommentierungen in Bezug auf die Notwendigkeit der demokratischen Mitwirkung der Betroffenen, womit sowohl Anwohner*innen als auch Beschäftigte gemeint sind. Auch die Bedeutsamkeit der Ländervertretungen und ihre Rolle im Bundesrat wird damit unterstrichen.[42] Hier findet sich die Ansprache von (Zivil-)Gesellschaft unter der Perspektive der Arbeitnehmer*innen sowie damit verbundene Fragen nach Arbeitsplatzsicherung einerseits und nach Sicherheit der Gesundheit andererseits. Zudem werden die Beschäftigten in ihrer Rolle als Mitbestimmungsakteure im Prozess der geplanten Demonstration genannt.

---

[42] Vgl. Pressmitteilung DGB Schleswig-Holstein Nordwest aus dem Jahr 2011 (DGB 2011).

5.3.4 Zeitlichkeit als Frage der Zukunft der Kohleindustrie und Planungssicherheit

Auch der Aspekt der Zeitlichkeit ist in den Dokumenten der Gewerkschaften zu finden, so etwa in einer Stellungnahme des DGB, der konkret auf eine (mögliche) Zukunft der Kohleindustrie und dortige Arbeitsplätze verweist:

> „Die Frage, ob und ggf. unter welchen ökonomischen und politischen Rahmenbedingungen die CCS-Technologie künftig eingesetzt werden kann, wird wesentlich darüber mitentscheiden, ob Kohlekraftwerke in Grund- und Mittellast im deutschen Energiemix weiterhin eine bedeutende Rolle spielen können. Damit entscheidet sich auch die Zukunft zahlreicher Arbeitsplätze in diesem Bereich." (2010-08_DGB_Stellungnahme zum Referentenentwurf eines CCS-Gesetzes, S. 3)

Auch die IG BCE ordnet die CCS-Technologie als Bestandteil der Kohlekraftwerke und deren Rolle im künftigen Energiesystem ein, formuliert dies jedoch weniger offen als der DGB, indem die Bedeutung der Braunkohle betont wird:

> „Nach Einschätzung der IG BCE wird die Stromerzeugung aus Braunkohle für die nächsten Jahrzehnte dringend benötigt – als eine Brücke in die Zukunft der erneuerbaren Energien. Die Bundesregierung strebt mit der Energiewende einen Anteil erneuerbarer Energien an der Stromversorgung bis 2050 von 80 Prozent an. Braunkohle, Steinkohle und Gas werden auch nach 2050 die deutsche Stromversorgung sichern müssen. Deswegen, so [...*der stellvertretende Vorsitzende des geschäftsführenden Vorstandes*], begrüßt und unterstützt die IG BCE die Initiativen für neue, effizientere Braunkohlekraftwerke in Profen, Sachsen-Anhalt, Jänschwalde, Brandenburg, und im rheinischen Revier. Sie werden dringend benötigt, um die Energiewende abzusichern'." (2012-02_IG BCE_Webseite_ „Kernenergie reicht ohne Kohle nicht aus")

Das Zitat veranschaulicht, wie im Textmaterial der Gewerkschaften der Zusammenhang zwischen Energiepolitik, hier der Kohlebranche, und der Zukunftsplanung von Arbeitsplätzen hergestellt wird. Mit der Frage nach der Rolle der CCS-Technologie für die Zukunft der Kohleindustrie kommt seitens der Gewerkschaften auch das Thema der zukünftigen Arbeitsplätze zum Tragen. Durch diese Thematisierung verdeutlicht sich eine weitere soziale Dimension, die in der CCS-Debatte im Kontext der soziotechnischen Infrastruktur der Kohleindustrie zum Vorschein tritt. Wie der DGB zukünftige Energieinfrastrukturen gewichtet, wird im folgenden Zitat eines DGB-Bezirks beispielhaft aktualisiert:

„Auf seiner 5. Ordentlichen Bezirkskonferenz im Januar 2010 hat sich der DGB-Bezirk Berlin-Brandenburg für die Verfolgung zweier strategischer Ansätze ausgesprochen: sowohl möglichst schnell eine 100 %-Versorgung mit erneuerbaren Energien zu erreichen als auch fossile Brennstoffe weiterhin zu nutzen, dabei aber die CO_2-Emissionen mittels CCS abzuscheiden und unterirdisch zu speichern. Dazu wurde von der Politik eine rasche Klärung der rechtlichen Rahmenbedingungen für eine transparente Forschung und Entwicklung der CCS-Technologie und der dazugehörigen Speicherung des abgeschiedenen CO_2 eingefordert." (2011-03-04_DGB_Positionspapier: „Chancen und Risiken der CCS-Technologie in Brandenburg", S. 4)

Zudem ist das Thema der Planungssicherheit in den Textdokumenten der Gewerkschaften relevant, insbesondere des DGB. Das folgende Zitat aus dem Jahr 2009 illustriert den Schnittpunkt der ökonomischen und ökologischen Forderungen, die im Kontext der Technologie als zentral dargestellt werden:

„Die Erprobung und Nutzung der CCS-Technologie bedarf gesicherter rechtlicher Rahmenbedingungen. Auf der einen Seite ist für die wirtschaftliche Anwendung Planungs- und Investitionssicherheit erforderlich. Auf der anderen Seite müssen geeignete Regelungen zur Gewährleistung eines dauerhaften Schutzes des Klimas sowie zum Schutz von Mensch und Umwelt geschaffen werden." (2009-03_DGB_Stellungnahme zum Referentenentwurf eines Gesetzes, S. 2)

Das Zitat steht exemplarisch für eine Spannung zwischen Planungssicherheit, Klimaschutzzielen und Gesundheitsschutz, wie sie im Textmaterial deutlich wird. Während in der ersten Stellungnahme im Jahr 2009 die zeitliche Dimension der wirtschaftlichen Planbarkeit angedeutet wird, betont der DGB diese Dimension in der Stellungnahme von 2010 noch stärker. Letztere baut verstärkt auf der Argumentation auf, dass der Einsatz von CCS als ein zentraler Scheidepunkt für die Zukunft der Kohleverstromung und der damit verbundenen Arbeitsplätze eingeordnet wird:

„Angesichts des immensen Modernisierungs- und Neubaubedarfs allein in der Zeit bis 2020 und der bekannten Planungshorizonte für große Kraftwerksanlagen von mehreren Jahren ist allerdings zu befürchten, dass jede weitere Verzögerung in der Verabschiedung eines CCS-Gesetzes sich als gravierendes Hemmnis für die optimale Gestaltung des zukünftigen Energiemix im Rahmen eines von der Bundesregierung geplanten Energiekonzeptes erweisen könnte. Umso mehr drängt der DGB darauf, dass das Gesetz nun zeitnah – also noch in diesem Jahr – verabschiedet wird und damit Rechtssicherheit für die geplanten CCS-Projekte eintritt." (2010-08_DGB_Stellungnahme zum Referentenentwurf eines CCS-Gesetzes, S. 4)

Der Auszug adressiert den Nutzen des Technologie-Sets für die Wirtschaftlichkeit der Kohleindustrie und eröffnet dadurch den Blick auf die damit verbundene Frage nach der Zukunft der Arbeitsplätze in dieser Branche. Insofern stellt sich der Technologienutzen als eng verwoben mit der Bedeutung der fossilen Kohlebranche und den hier angesiedelten Tätigkeiten heraus. Da das CCS-Technologie-Set in der zitierten Stellungnahme in den Kontext der Kraftwerksanlagen gestellt wird, zeigen sich technische und arbeitsrechtliche Berührungspunkte zwischen neuer Technologie und bestehender soziotechnischer Infrastruktur. Zugleich betont der DGB in der zweiten Stellungnahme die mögliche Bedeutung des Technologie-Sets für den industriellen Sektor. Dieser Umstand verweist beispielhaft auf die Verwobenheit zwischen technischen und sozialen Komponenten innerhalb soziotechnischer Systeme.

5.3.5 Soziotechnische Systeme: Kohleverstromung im Fokus

Im Textmaterial wird das Technologie-Set nicht allein in den Kontext des fossilen Energiesystems gestellt, sondern die Rolle der Braun- und Steinkohle wird grundlegend in die energie- und industriepolitischen Fragen dieser Zeit eingeordnet. Das folgende Zitat eines DGB-Bezirks eröffnet einen beispielhaften Einblick in die Sinnzuschreibung von Kohle als Brückentechnologie auf dem Weg zur Energieversorgung durch Erneuerbare Energien. Zudem unterstreicht es die Rolle von CCS in Industrieprozessen:

> „Auch auf dem 19. Ordentlichen Bundeskongress im Mai 2010 hat sich der DGB für den Umbau der Energieversorgung hin zu einer Deckung aus erneuerbaren Energien und für Kohle als Brückentechnologie eingesetzt und gefordert: wenn die CCS-Technologie einsatzfähig ist, muss CO_2 abgeschieden und gespeichert werden. Neben CCS seien darüber hinaus CO_2-Recyclingtechnologien (CCU) von besonderer Bedeutung für eine nachhaltige Energiepolitik." (2011-03-04_DGB_ Positionspapier: „Chancen und Risiken der CCS-Technologie in Brandenburg", S. 4)

Da die Kohlebranche als Brückentechnologie bezeichnet wird, erklärt sich, warum auch CCS teilweise als Brückentechnologie betitelt wird. Nicht die einzelne Technologie erfährt hier eine gesellschaftliche Bewertung, sondern sie wird im Licht der jeweils erwünschten energiepolitischen Szenarien eingeordnet.

Die IG BCE stellt die Bedeutsamkeit der Kohleenergie für die Zukunft des Energiesystems in Relation zur Debatte um den Ausstieg aus der Kernenergie und begründet aus dieser Stoßrichtung kommend die Notwendigkeit von „sauberer

Kohle" und damit CCS. Das folgende Zitat veranschaulicht die zum damaligen Zeitpunkt diskutierte Frage der Verstetigung der Kohleverbrennung:

> „Anlässlich der heutigen Bundestagsdebatte über die Verlängerung der Laufzeiten von Kernkraftwerken und der damit verbundenen Proteste hat der IG-BCE-Vorsitzende [...] davor gewarnt, einseitig auf Kernenergie zu setzen. ‚Das ist eine hoch riskante Politik. Die Kernenergie reicht als Brücke in das Zeitalter der regenerativen Energien nicht aus.'" (2010-10_IG BCE_Webseite, _ „Kernenergie reicht ohne Kohle nicht aus")

Die Notwendigkeit, die Kohleverstromung zu verstetigen, verstärkt sich seitens der IG BCE anlässlich der Nuklearkatastrophe von Fukushima im Jahr 2011 und der daraufhin erneuten und verstärkten bundesdeutschen Debatte um den Ausstieg aus der Kernenergie. Vor diesem Hintergrund fordert der IG BCE den Ausbau der Erneuerbaren Energien, doch sieht sie hier die Kohlebranche als wichtige Übergangsindustrie, wie aus folgendem Textauszug des IG-BCE-Beirats zu „Anforderungen an eine Energiepolitik bis 2050" hervorgeht:

> „Die Stromerzeugung aus Kohle ist für die nächsten Jahrzehnte als Brücke in eine erneuerbare Energiezukunft unverzichtbar. Um Strom aus Steinkohle und Braunkohle zukünftig klimaverträglicher erzeugen zu können, brauchen wir neue, effizientere und flexiblere Kraftwerke und die zügige Erprobung von CCS. Das CCS-Gesetz darf nicht aus wahltaktischen Gründen und Ländeuegoismen verzögert werden. Die heimische Steinkohle muss angesichts steigender Weltmarktpreise für Kraftwerkskohle neu bewertet werden." (2010_03_IG BCE_Webseite, _ „Kernenergie reicht ohne Kohle nicht aus")

Hier wird eine Brücke geschlagen zwischen der energiepolitischen Entscheidung, aus der Atomenergie auszusteigen und der Bedeutung, die damit dem soziotechnischen System der Kohlebranche laut IG BCE zukommt. Vor der argumentativen Hintergrundfolie einer energiepolitischen Planung, in der die Kohleenergie eine bedeutsame Rolle spielt, wird CCS als Zukunftstechnologie gerahmt:

> „Die IG BCE unterstütze alle Bemühungen, Erfolge beim Klimaschutz auch durch technische Lösungen zu erreichen. Dazu würden auch neue Braunkohle-Kraftwerke mit einem höheren Wirkungsgrad und andere Innovationen gebraucht, besonders die CCS-Technologie. ‚Für die großflächige Weiterentwicklung dieser Zukunftstechnologie zur Abscheidung und Speicherung von CO_2 müssen jetzt dringend die politischen Rahmenbedingungen insbesondere für Pipelines und CO_2-Speicher gestaltet werden', forderte [...*der Vorsitzende der IGBCE*]. Dazu gehöre die zügige Verabschiedung des längst entworfenen CCS-Gesetzes." (2010-10_IG BCE_Webseite, _ „Kernenergie reicht ohne Kohle nicht aus")

5.3 Gewerkschaften

Doch nicht nur die energiepolitische Dimension wird von den Gewerkschaften im Zusammenhang mit CCS genannt, sondern auch die Grundstoffindustrie sei als Arbeitsbranche von den Vor- und Nachteilen betroffen. Das nachfolgende Zitat illustriert am Beispiel des Zusammenschlusses von Gewerkschaften und Betriebsräten in einem Bezirk des DGB, dass sowohl energie- als auch industriepolitische Fragen in der alten CCS-Debatte berührt wurden. Welche Auswirkungen dies für die Arbeitsplätze der beiden Branchen aus Gewerkschaftssicht habe, veranschaulicht die Beteiligung der Arbeitnehmervertretungen:

> „Der DGB-Bezirksvorstand Berlin-Brandenburg hat im Frühjahr 2010 einen Arbeitskreis CCS eingesetzt. Der Arbeitskreis setzt sich aus Vertretern der Gliederungen des DGB-Bezirks Berlin-Brandenburg und seiner Gewerkschaften sowie Betriebsräten Brandenburger Unternehmen aus den Branchen Energiewirtschaft, Zementherstellung, chemischer Industrie und Raffinerien zusammen. In diesem Arbeitskreis und auf der gemeinsam mit dem DGB-Bezirk Sachsen durchgeführten Konferenz ‚Die Lausitz – Energieland gestern, heute, morgen' am 6.12.2010 in Cottbus wurde mit Befürwortern und Kritikern der CCS-Technologie diskutiert – entsprechend dem Auftrag des DGB-Bezirksvorstandes mit Blick auch auf industrie- und beschäftigungspolitische Aspekte." (2011-03-04_DGB_Positionspapier: „Chancen und Risiken der CCS-Technologie in Brandenburg", S. 4)

Mit der Zielsetzung einer nachhaltigen Energie- und Industriepolitik – Nachhaltigkeit bezieht sich im zitierten Dokument auf „Umweltschutz, Versorgungssicherheit, Sozialverträglichkeit und Wirtschaftlichkeit" (2011-03-04_DGB_Positionspapier: „Chancen und Risiken der CCS-Technologie in Brandenburg", S. 5) – rekurriert der DGB-Bezirk Brandenburg-Berlin auf den Einsatz neuer Technologien. Diese erfüllen in der Perspektive des Dokuments eine zentrale Rolle zur nachhaltigen Entwicklung der zugehörigen Infrastruktur:

> „Diese industrie- und klimapolitischen Ziele erreichen wir nicht von selbst. Notwendig ist eine politische Strategie für gezielte Investitionen in neue Technologien, die Wohlstand und Arbeit auf umweltfreundliche Weise sichern, die CO_2-Emissionen stark reduzieren, zu einer nachhaltigen Energieversorgung beitragen und dabei gleichzeitig Wertschöpfung vor Ort bringen.

> Der rasche Ausbau der erneuerbaren Energien allein reicht aber nicht aus, um heute die Weichen für eine nachhaltige Industrie- und Energiepolitik zu stellen. Notwendig sind darüber hinaus Innovationen und neue Technologien zur Ausschöpfung der enormen, bislang nicht gehobenen Ressourceneffizienzpotentiale, für Kraftwerke, die hocheffizient und schnell regelbar sind, für systemische Energiespeichertechnologien, den Ausbau intelligenter Übertragungs- und Verteilnetze, für Brennstoffzellentechnik, Supraleitung, Thermoelektrik etc. und nicht zuletzt für CO_2-Reduktionstechnologien wie CCS." (2011-03-04_ DGB_Positionspapier: „Chancen und Risiken der CCS-Technologie in Brandenburg", S. 5)

Der exemplarische Ausschnitt der Arbeitsgruppe zu CCS im DGB-Bezirk Brandenburg-Berlin zeichnet das Bild von bestehenden soziotechnischen Infrastrukturen, hier Technologien des Energie- und Industriebereichs, sowie die damit verbundenen Arbeitsplätze als soziale Dimension. Für die soziotechnischen Voraussetzungen wird der Einsatz einer nachträglichen, technischen Abscheidung des nicht intendierten Nebeneffekts der Entstehung von CO_2 diskutiert. Das zeigt, wie in den prozessgenerierten Daten der organisierten Interessenvertretungen das neue Technologie-Set in Relation zu bestehenden Energieinfrastrukturen sowie ihrer erwünschten zukünftigen Entwicklung gesetzt wird. Der konkrete soziale Handlungskontext hier ist die Energieversorgung in Brandenburg:

> „Auf absehbare Zeit bleiben thermische Kraftwerke die wichtigsten Stromlieferanten. In Brandenburg entfällt rund die Hälfte des Primärenergieverbrauchs auf Braunkohle. Beim Verbrennen fossiler Energieträger entsteht allerdings das klimaschädliche Treibhausgas Kohlendioxid (CO_2). Eine mögliche Antwort auf die Frage, wohin mit dem CO_2, lautet CCS (carbon dioxide capture and storage, CO_2-Abscheidung und -Speicherung), eine Technologie, um CO_2 aus den Abgasen abzutrennen und auf Dauer unterirdisch einzuschließen. Ob die Speicherung auf Dauer sicher ist, bedarf der Erforschung der dabei ablaufenden physikalischen, chemischen, geologischen und biologischen Prozesse." (2011-03-04_ DGB_Positionspapier: „Chancen und Risiken der CCS-Technologie in Brandenburg", S. 5)

Der letzte Satz verdeutlicht gut, dass auch Positionierungen für CCS die negativen Auswirkungen der Technologie kritisch reflektieren. Insgesamt ergibt sich der Eindruck einer differenzierten Debatte um CCS im Textmaterial der Arbeitnehmervertretungen.

Besonders der antizipative Charakter der Debatte ist auffallend, der sich bereits sprachlich durch die Verwendung der Zeitform Futur I, Konjunktive und durch konkrete Hinweise auf die Zukunft zeigt. Zudem aktualisieren sich in der Gewerkschaftsdebatte verschiedene Deutungsdimensionen, insbesondere die Bedeutsamkeit von CCS für die Arbeitsplatzsicherung in der Kohlebranche zum damaligen Zeitpunkt. Letzteres unterstreicht den übergeordneten Deutungsrahmen der Energiepolitik, das Spannungsfeld von fossiler Energiebranche und deren möglicher Verstetigung sowie dem Ausbau der Erneuerbaren Energien. Abschließend lässt sich auch mit Blick auf das Prozessmaterial der Gewerkschaften festhalten, dass hier ein Verständnis der Deutungsrahmen der organisierten Gesellschaftsakteure hilfreich für die Einordnung der gesellschaftlichen Auseinandersetzung ist. Denn es ergänzt die Deutungsangebote der Umweltorganisationen sowie der gesellschaftlichen Interessenorganisationen im Wirtschafts- und Energiesektor um die Perspektiven der Arbeitsplätze, die im soziotechnischen Ensemble der Energie- und Industriebranche mit dem Technologie-Set betroffen wären. Die Betroffenheit bezieht sich einerseits auf den argumentierten Erhalt von Arbeitsplätzen, andererseits auf die körperliche Arbeit mit Technologiebestandteilen, die mit Blick auf Arbeitssicherheit thematisiert wird.

5.4 Diskussion: CCS als Energiepolitik, Zukunftsplanung, Umweltnutzung

Das Kapitel befasste sich mit den gesellschaftlichen Auseinandersetzungen zur Demonstration und möglichen Implementierung der nachgeschalteten (Groß-) Technologie CCS im Kontext der Umsetzung des Gesetzgebungsprozesses, das im heutigen KSpG mündete. Bereits in den Jahren 2009 bis 2012 wurde die rechtliche Grundlage für die Demonstration der Technologie erarbeitet, als Ergebnis der Umsetzung der EU-Richtlinie 2009/31/EG. Basis für die Analyse waren Stellungnahmen, Hintergrund- und Positionspapiere sowie Pressemitteilungen von Umweltorganisationen, Wirtschafts- und Energieverbänden und den Gewerkschaften.

Ziel der Diskussion ist es, Kernaussagen aus der Ergebnisdarstellung der Abschnitt 5.1, 5.2 und 5.3 herauszuschälen und eine Verknüpfung zu den theoretischen Überlegungen dieser Arbeit zu schaffen. Insbesondere soll hier deutlich werden, dass ein auf den ersten Blick technisches Thema, eine umstrittene Klimaschutztechnologie, sich in den Auseinandersetzungen als vielschichtiges soziologisches Phänomen präsentiert.

Vor dem Hintergrund der hier ausgewerteten Dokumente stellen sich die (zivil-)gesellschaftlichen Auseinandersetzungen um CCS-Technologien weniger als Fall (fehlender) Akzeptanz um eine Technologie dar, sondern sie artikulieren energiepolitische, umweltethische und zukunftsbezogene Fragen. Dabei spielt erstens die Frage der Verstetigung der fossilen Infrastrukturen eine Rolle, zweitens die Nutzung des Untergrunds.

Die Untersuchung zielt darauf ab, zu analysieren, wie das Technologie-Set von gesellschaftlichen Akteuren gedeutet und politisiert wurde. Deshalb können in der Diskussion Aussagen über die Perspektiven dieser sozialen Bezugsgruppen sowie zur theoretischen Einbettung der Technologie in soziotechnische Systeme getroffen werden.[43] Bezogen auf die Leitfrage der Arbeit – Wie gestaltet sich das Verhältnis von Technik und Gesellschaft in den Auseinandersetzungen um CCS? – muss konstatiert werden, dass sich dieses Verhältnis im Material nur teilweise als eines zwischen Gesellschaft und Technik erweist. Fragen der Umweltnutzung und -ethik sowie Energiepolitik stehen im Vordergrund der Debatte. Daher zeigt sich das Verhältnis eher als eines zwischen Mensch, Technik und Nutzung der Umwelt, insbesondere des Untergrunds, und darauf bezogene konfligierende Ansprüche. Ich gelange zu der Erkenntnis, dass hier ein stark vermitteltes Verhältnis zu beobachten ist: Normen und Werten, Rechtsstaat, Institutionen und Wirtschaftsinteressen. In diese gesellschaftlichen Sphären ist die Debatte eingebettet.

Es folgt eine Diskussion, in der erstens auf die Bezüge zu den soziotechnischen Systemen und der besonderen Rolle der Energiepolitik (5.4.1) eingegangen wird, zweitens auf die vorgefundene Politisierung des Untergrunds (Abschnitt 5.4.2) und drittens auf die Nutzungszuschreibungen und damit verbundene Planungen (Abschnitt 5.4.3). Abschließend beleuchtet das Abschnitt 5.4.5. die Perspektiven auf die Öffentlichkeit im Kontext der Technologiedemonstration, die ebenfalls übergreifend im Material auftauchen.

5.4.1 Energiepolitik: Einbettung in bestehende soziotechnische Systeme

Im Gegensatz zu den eindeutigen Zielen bezüglich des Technologie-Sets seitens der klimapolitischen Empfehlungen und der EU-Richtlinie aktualisieren die gesellschaftlichen Auseinandersetzungen den kontingenten Charakter des Technologie-Sets. Ebenso werden Kontexte und politische Rahmenbedingungen adressiert und kritisiert und CCS als mögliches zukünftiges Verfahren politisiert. Der vertiefte Blick in die Kontroversen macht deutlich, dass die in der CCS-Debatte genannten Streitaspekte als Kristallisationspunkt einer breiteren Debatte um Klimaschutz, Kohleausstieg und Generationenverantwortung verstanden werden können. CCS, insbesondere im Kontext der Kohleverstromung, ist wie andere

---

[43] Bedingt durch das Erkenntnisinteresse und die fachliche Perspektive erlaubt diese Arbeit keine Einordnung oder technische Einschätzung des Technologie-Sets an sich.

5.4 Diskussion: CCS als Energiepolitik, Zukunftsplanung ...

Großtechnologien der zentralisierten, fossilen und nuklearen Energiewirtschaft eine teils öffentlich subventionierte Infrastruktur(-planung).[44] Im Gegensatz zu anderen Alltagstechnologien spielen hier die räumliche Dimension der Infrastrukturbestandteile (Pipelines und Speicher) sowie die politisch-administrative Planung und rechtliche Regulierung eine besondere Rolle.

Das soll hier beispielhaft skizziert werden, um zu verstehen, in welchem Kontext bereits bestehender soziotechnischer Systeme (Hughes 1986) sich die frühe Debatte um CCS bewegt. Das Technologie-Set CCS ist in dieser Zeit eng verknüpft mit dem fossilen Energiesystem, in späteren Debatten verstärkt auch mit emissionsschweren Industrieanlagen, zum Beispiel der Grundstoffindustrie wie der Zement- oder Stahlproduktion. Beide soziotechnischen Systeme – das Energiesystem und emissionsschwere Industrieanlagen – lassen sich aufgrund ihrer geographischen Ausdehnung und zeitlichen Dauer, der technischen Komplexität und sozialen Verwobenheit als ein großes technisches System (LTS) verstehen. Somit kann CCS als Teil von soziotechnischen Systemen aufgefasst werden, des Energieerzeugungssystems und teils karbonintensiver Industriezweige. Hierbei sei auf den großtechnologischen und infrastrukturellen Charakter des fossilen Energiesystems verwiesen, der im Fall des großtechnisch angewandten CCS mitgedacht werden muss.

Diese Einordnung als nachträgliche technische Maßnahme, etwa im Rahmen bereits bestehender soziotechnischer Systeme, erweist sich als erklärungsstark. Die Technologie bewegt sich damit nicht nur auf materiell-technischer Ebene, sondern auch aus gesellschaftspolitischer Sicht an einem symbolisch bedeutsamen Ort zwischen dem alten fossilen und atomaren, zentralisierten Energiesystem und der klimapolitischen Debatte um den Ausstieg. Insofern verweist der nachgeschaltete technische Charakter auf das langjährig verfestigte soziotechnische System oder soziotechnische Ensemble (Bijker 1995) der fossilen Energieerzeugung. Deshalb sind die gesellschaftlichen Kritiken am Technologie-Set auch vor diesem Hintergrund aufzufassen. Verschiedene soziale Bezugsgruppen formulieren unterschiedliche Interessen am Erhalt oder Ausbau des soziotechnischen Systems des fossilen Energiesystems. Es wäre daher verkürzt, das Technologie-Set als isoliertes Artefakt aufzufassen, welches Befürwortung, Akzeptanz oder fehlende Akzeptanz erfährt.

---

[44] Zur Ausführung der Förderlinien siehe Kapitel 4.

5.4.2 Umweltnutzung: Eine Politisierung des Untergrunds

Umstrittener Untergrund: Geothermie, Braunkohle, Fracking, Endlager
Aus dem Textmaterial ergibt sich der Eindruck, dass die damalige gesellschaftliche Auseinandersetzung um CCS, hier untersucht am Beispiel der beteiligten Umweltorganisationen, Wirtschaftsverbände, Energieverbände und Gewerkschaften, weniger als eine Debatte um eine Technologie darstellt, sondern eher um Energiepolitik sowie Umweltnutzung und -ethik. Im Vordergrund der Debatte der Wirtschafts- und Energieverbände und Umweltorganisationen stehen Verhandlungen über die Nutzung des Untergrunds unter ethischen, energiepolitischen und rechtlichen Dimensionen.

Die Dokumente der Interessenorganisationen im Kontext des Gesetzgebungsprozesses eignen sich als anschauliches prozessgeneriertes Textmaterial aus der damaligen Debatte auf Bundesebene. In den verschiedenen Nutzungs- und Zweckvorstellungen der CCS-Technologie, etwa fossiler Kontext vs. Erneuerbare Energien, äußern sich konfligierende umweltethische (zum Beispiel die räumliche Distanz zwischen Punktquelle und Speicherort), energiepolitische (vor allem fossile vs. erneuerbare Infrastrukturen) und privatrechtliche Interessen und Werte (etwa Eigentum von Böden). Im genaueren handelt es sich um eine Politisierung hinsichtlich der Nutzung des Untergrunds, wie aus dem Material hervorgeht. Insofern verweist die Debatte darauf, dass CCS-Technologien und insbesondere der Storage-Anteil nicht allein Technologien, sondern Formen der Umweltnutzung (als Senke oder Ressource) darstellen. Die im Material artikulierten Umweltnutzungen des Untergrunds beinhalten für die Akteure sehr unterschiedliche Bedeutungen und Werte, so der übergreifende Gesamteindruck der Inhaltsanalyse. Die divergierenden Deutungszuschreibungen auf die Technologie entfalten sich als eng verknüpft mit vorhandenen Komponenten soziotechnischer Systeme wie technische Infrastruktur, Flächennutzung sowie der Umwelt als Ressource und Senke.

Im analysierten Dokumentenkorpus werden zudem mögliche zukünftige Nutzungskonflikte und Interessenlagen anschaulich. Wie dies auch bei anderen (Groß-)Technologien der Fall ist, spielen Entscheidungen über den Zweck und Nutzen eine zentrale Rolle. Doch im vorliegenden Fall erweist sich die Verknüpfung so interdependent, dass die gesamte Debatte um die Technologie nur verstanden werden kann, wenn der Kontext beachtet wird. Die Nutzungsvorstellungen sind verbunden mit Vorstellungen über (zukünftige) soziotechnische Systeme, insbesondere im Spannungsfeld zwischen fossiler Kohleenergie und den Erneuerbaren Energien.

5.4.3 Flexible Nutzenzuschreibung der Technologie: CCS als Vorsorge, Nachsorge oder Verstetigung?

Divergierende Nutzungszuschreibungen und gesellschaftliche Zwecke
Entlang zentraler inhaltlicher Kategorien untersuchte das Kapitel die Deutungsangebote der Interessengruppen, insbesondere hinsichtlich des der Technologie zugeschriebenen Nutzens.[45] Letztere Perspektive führte zu dem Ergebnis, dass CCS grundlegend verschiedene Nützlichkeitsvorstellungen zugeschrieben wurden, die eng mit energiepolitischen Zukunftsszenarien verknüpft sind.

Es verdeutlichte sich, dass über die Zuschreibung von Nützlichkeit eine Nähe zu bereits bestehenden technischen Infrastrukturen und sozialen Strukturen, zum Beispiel Fragen nach Nutzungsrechten oder Haftung, hergestellt wird. Anhand von Beschreibungen, Forderungen, Kritik und Fragen der Stellungnahmen, Hintergrund- und Positionspapiere wird verständlich, dass und wie die verhandelte (Groß-)Technologie hinsichtlich ihrer künftigen Konsequenzen und Folgen hinterfragt wird. Dabei beziehen sich die im Textmaterial artikulierten Vorstellungen auf bestehende oder zukünftige Energietechnologien sowie ober- und unterirdische Flächennutzungen. Eng damit verbunden sind ältere umweltethische, energiepolitische und ökonomische Interessenlagen. Diese Interessen artikulieren sich exemplarisch in den Prozessdokumenten der Umweltorganisationen, Wirtschafts- und Energieverbände und Gewerkschaften, die eingeladen waren, sich am Gesetzgebungsprozess zu beteiligen. Es entsteht der Eindruck, dass sich im Untersuchungszeitraum die Kritiken weniger auf die technologischen Bestandteile beziehen (etwa Abscheideanlagen, Transportleitungen), sondern auf die zugeschriebenen und in der Technologie implizierten Bedeutungen über den Einsatzweck sowie damit verbundene gesellschaftspolitische Kontexte.

Die Analyse der Textdokumente zeigt, dass das Technologie-Set auf vielfaltige Weise in bereits bestehende soziotechnische Systeme und deren technische, institutionelle und rechtliche Komponenten eingebettet ist. Jedoch betonen und problematisieren die Dokumentengruppen jeweils andere Bestandteile des Technologie-Sets wie dessen Verknüpfungen zu soziotechnischen Komponenten. Der oftmals kritische Fokus liegt in den Dokumenten der Umweltorganisationen auf der CO_2-Speicherung im Untergrund und diesbezüglich auf bisherigen Erfahrungen mit der Nutzung dieser Standorte. Hingegen thematisieren die Dokumente

---

[45] Meyer und Schulz-Schaefer argumentierten bereits im Jahr 2006, dass sich die interpretative flexibility im SCOT-Ansatz vornehmlich auf die verhandelte Nützlichkeit technologischer Artefakte bezieht. Die vorliegende empirische Untersuchung spiegelt diese Dimension, die unterschiedlichen Deutungsgebungen hinsichtlich des gesellschaftlich zugeschriebenen Nutzens des Technologie-Sets, exemplifizierend wider.

der Wirtschafts- und Energieverbände diesen Aspekt zwar ebenso als Frage möglicher Nutzungskonkurrenzen, stärker jedoch als rechtliches, institutionelles und ökonomisches Problem. Die unterschiedlichen Haltungen zur Technologie stehen eng im Zusammenhang mit dem assoziierten gesellschaftlichen Nutzen und damit verbundene Zukunftspläne.

5.4.4 Gesellschaft im Technikkontext: Wohl der Allgemeinheit, Bürger, Arbeitnehmer, Eigentümer

Mit Blick auf die Verständnisse von Zivilgesellschaft und Öffentlichkeit finden sich im Material unterschiedliche Bezugnahmen. Eine prominente Vorstellung von öffentlicher Teilhabe an Technik bezieht sich auf die adressierte Relevanz von Informationen und Transparenz. Jedoch enthält dieser Aspekt im Gesamtmaterial weitere Zuschreibungen, denn während einerseits Informationen als Grundlage für Technologieakzeptanz eingeordnet werden, stellen für viele Akteure seitens der Umwelt- und Naturschutzverbände, -vereine und -stiftungen transparente Informationen die Grundlage für jegliche weitere Form der politischen Teilhabe dar. Aus analytischer Sicht bleibt die Frage offen, inwiefern sich die Forderungen nach Informationen auf die konkrete Erarbeitung von Informationen bezieht oder auf die Zugangsmöglichkeit zu bereits vorliegenden Daten.

Ferner verweist auch die Auswahl des Materials, die Policy-Dokumente der kollektiven gesellschaftlichen Akteure, auf eine Form der gesellschaftlichen Teilhabe. Die Verbändeanhörungen auf Bundesebene und die damit verbundene öffentliche Einladung an die organisierte (Zivil-)Gesellschaft stellt eine Form der umgesetzten Teilhabe dar. Auf diese Weise beleuchtete die Untersuchung die vorhandenen Wege und Arten der formalen Einbindung von Gesellschaft, hier über die organisierten Gesellschaftsakteure, die Teil des Verfahrens sind. (Zivil-)gesellschaftliche Einmischung ist in dem Fallbeispiel eine relevante Form der eingeladenen und nicht eingeladenen Teilhabe, zugleich dient eine Analyse eines Teilausschnittes der Debatten einem aufschlussreichen soziologischen Verständnis der Auseinandersetzungen. Zudem wurde die Gesellschaft als Arbeitnehmer*innen adressiert. Ebenso spielte die Gesellschaft als Steuerzahler*innen eine Rolle, insbesondere mit Blick auf die diskutierte Haftungsübernahme der Speicher. In dem Moment, in dem Treibhausgase, hier CO_2, lokal eingespeichert sind, stellen sich die Fragen der Haftung und Verantwortung, die beispielsweise in den Diskussionen über das „Wohl der Allgemeinheit" zum Ausdruck kommen. Bereits mit Ausblick auf künftige CDR-Maßnahmen wirft dies die Frage auf, wer haften soll.

Die Betonung des Akzeptanzproblems im Forschungsstand verweist auf Vorstellungen eines linearen Modells von wissenschaftlicher Expertise und Gesellschaft. Der Anlass in dieser Untersuchung ist die Entwicklung eines deutend-verstehenden Einblicks in die schriftlich dokumentierte Debatte. Dies geschah, indem ein ausführlicher Blick auf die bereits in der organisierten Gesellschaft formulierten Perspektiven, Erwartungen und Bedenken gelegt wurde. Statt mögliche oder erwünschte Partizipation zu reflektieren, lenkte das Kapitel den Blick auf die tatsächliche Teilhabe organisierter (Zivil-)gesellschaft.

5.4.5 Zwischenfazit

Unter umwelt- und klimasoziologisch informierter Perspektive deutet das Textmaterial auf bereits vor dem Untersuchungszeitraum 2009 bis 2012 zu beobachtende gesellschaftliche Auseinandersetzungen um die Bedeutung fossiler Energieträger. Gesellschaftliche Kritik an der Wirkungskette dieser Energieträger, zum Beispiel vom Braunkohleabbau bis zur Freisetzung von Emissionen, erscheint nicht als neue gesellschaftspolitische Debatte. Insofern berührt die Debatte um die Abscheidung und Einlagerung von Treibhausgasen im Kontext der Kohleverstromung ein größeres umwelt- und klimapolitisches Handlungsfeld. An dieser Stelle verdichtet sich die Argumentation dahingehend, dass das Technologie-Set kaum losgelöst von den bereits bestehenden gesellschaftspolitischen Debatten um Ressourcennutzung und Energieerzeugung eingeordnet werden kann. Die Politisierung der materiellen Komponenten der Technologie in den Stellungnahmen beschreibt insbesondere die Technologiedimension der Speicherung, eine Schnittstelle zur Ressource Untergrund – ein typischer Konfliktgegenstand im Politik- und Handlungsfeld der Umwelt.

Es stellt sich weniger so dar, als ob eine „neutrale" technische Maßnahme unerwartet Kritik erhält. Stattdessen spiegelt sich in der Kritik eher eine Auseinandersetzung um Interessenlagen und damit verbundene Einstellungen zum Klimaschutz, die in den Einsatzzielen für CCS-Technologien bereits implizit angelegt sind und auf diese Weise politisiert und explizit gemacht werden. In den Kritiken verschiedener Akteure unter anderem aus der organisierten (Zivil-)gesellschaft zeigen sich gesellschaftspolitische Fragen zu Technologien im Kontext der Dekarbonisierung. Demnach lässt sich das Technologie-Set als eine gesellschaftlich als kontingent aufgegriffene Technikvision verstehen. Sie stellt jedoch bislang keine bereits implementierte Infrastruktur dar, wie zum Beispiel Gaspipelines. Daher erscheinen die gesellschaftlichen Interpretationen umso bedeutsamer. Durch die Kritiken wird die Technikvision der CO_2-Entnahme herausgefordert, politisiert und kritisch in verschiedene Kontexte gesetzt. Die sozialwissenschaftliche Untersuchung eines Teilausschnitts der Auseinandersetzungen um CCS rückt die Prozesshaftigkeit und Dynamik dieser soziotechnischen Anwendung in den Mittelpunkt. Auf diese Weise zeichnet sich ein Technologieverständnis ab, das die vielfältigen Verknüpfungen gesellschaftlicher Bezugsgruppen und Kontexte betont, ebenso wie die informelle Technikbewertung seitens kollektiver gesellschaftlicher Akteure.

Fazit und Ausblick: CCS im Spannungsfeld der Interessen 6

Das Fazit rekapituliert zunächst das Vorgehen, woraufhin die Unterfragen und die Leitfrage (Abschnitt 6.1) beantwortet werden. Abschließend wird ein Ausblick gegeben (Abschnitt 6.2).

Die Dissertation versteht sich als eine theoretisch-verortende empirische Untersuchung der gesellschaftlichen Auseinandersetzungen um die Demonstration einer nachgeschalteten (Klimaschutz-)Technologie. Die Analyse der Auseinandersetzungen im EU-Mitgliedstaat Deutschland (2009–2012) diente als Fallstudie, welche als Beispiel einer technischen Senke fungiert, die auch als frühe Anwendung einer technischen CDR-Maßnahme eingeordnet werden kann. Aktuell werden CO_2-Entnahmen – allgemeiner formuliert Senken und Kompensation – schädlicher Treibhausgase klimapolitisch erneut diskutiert. Deshalb können aus der Untersuchung Lehren für soziologische Perspektiven auf die aktuelle Senken-Debatte – insbesondere technische Senken – gezogen werden. In der Untersuchung wurden die Auseinandersetzungen um die Demonstration von CCS als konfligierende Deutungszuschreibungen der sozialen Interessengruppen analysiert. Die Stellungnahmen sowie die Hintergrund- und Positionspapiere der kollektiv organisierten (zivil-)gesellschaftlichen Akteure auf Bundesebene dienten als empirischer Ausgangspunkt. Die Herangehensweise stützte sich auf den theoretischen Rahmen der konstruktivistischen Wissenschafts- und Techniksoziologie und fasst das Technologie-Set als Teil bestehender soziotechnischer Systeme auf. Insbesondere institutionellen Komponenten kommt hierbei eine große Relevanz zu. Die Einsicht der engen Verknüpfung und Interdependenz von Technik und Gesellschaft erweist sich als Schlüssel zum Verständnis der gesellschaftlichen Auseinandersetzungen auf Bundesebene. Diese Perspektivübernahme ermöglichte ein Verständnis für die unterschiedlichen gesellschaftlichen Zugriffspunkte auf das Technologie-Set. Die theoretisch begründete Leitfrage – Wie gestaltet sich das Verhältnis von Technik und Gesellschaft im Untersuchungsfall? – wurde in zwei Unterfragen unterteilt, die zugleich die Arbeit strukturieren. Die erste Unterfrage und Erklärungsdimension bezieht sich auf eine klimapolitische Kontextualisierung der untersuchten Maßnahme (Kapitel 4). Hierfür wurde Fachliteratur analysiert und zentrale Policy-Dokumente auf EU-Ebene wurden hinzugezogen. Daran anschließend befasst sich die zweite Unterfrage mit den Deutungsrahmen der Gesellschaftsakteure (Kapitel 5).

6.1 Politisierung einer nachgeschalteten Technologie. Umwelt als Senke?

Durch die vielfältige Adressierung des Untergrunds drängte sich die Frage auf, inwiefern eine Technologie besprochen wird oder nicht vielmehr Fragen der Untergrundnutzung verhandelt werden. (Groß-)Technologien werden auf gesellschaftlicher Mesoebene ausgehandelt. Sie sind nicht die einzigen Gegenstände der Wahrnehmung oder der Politikinhalte. Sie sind im Kontext der Anwendung und der Interessenlagen zu deuten. An der Teilhabe der vielen Akteure aus Umweltorganisationen, Wirtschafts- und Energieverbänden sowie Gewerkschaften wird deutlich, dass CCS auf ein Spannungsfeld gesellschaftlicher Interessen trifft. CCS erweist sich in den prozessgenerierten Dokumenten als Debatte um die Verstetigung oder Beendigung der fossilen Energiepolitik, als Frage branchenspezifischer Zukunftspläne – von Arbeitsplatz- und Investitionssicherheit bis hin zur Generationenverantwortung der heutigen Umweltnutzung. Zum damaligen Zeitpunkt traf auch die Aussage zu, dass es (noch) keine Technologie ist. Es zeigt sich, dass die Frage nach dem Demonstrations- oder Implementierungscharakter des Technologieeinsatzes umstritten war. Die organisierten Akteure antizipieren und formulieren die sozialen Bedeutungen mit Blick auf energiepolitische Zukünfte, auf die Planungssicherheit für Investitionen, auf Eigentumsrechte von Land, Umweltnutzung und -ethik, auf die ortsgebundenen Speicher sowie auf Fragen der Generationenverantwortung. In dem Moment, in dem das in der Atmosphäre schädliche Treibhausgas gelagert wird, stellen sich vollkommen neue Fragen der Verantwortung und Haftung. Vor dem Hintergrund der Vielfalt an industriellen, eigentums-, umwelt- und naturschutzrechtlichen Perspektiven erscheint die Lagerung mehr oder weniger legitim. Doch dies ist verbunden mit der Herkunft der Emissionen und der Bewertung der Legitimität.

Es wurde deutlich, dass ein Charakteristikum des betrachteten Falls in der damals vorherrschenden Verknüpfung zur fossilen Kohleverstromung liegt. Hingegen dreht sich die heutige Debatte um CO_2-Entnahmetechnologien verstärkt um Restemissionen aus der Industrie und um das klimapolitische Ziel der Erzeugung negativer Emissionen und mithilfe von Senken. Netto-null-Emissionen bilden einen eigenen Themenkomplex mit spezifischen Abwägungshorizonten, Akteurkonstellationen und Policies.

Die auf der gewählten Untersuchungsperspektive und dem -ausschnitt basierenden theoretischen und empirischen Ergebnisse lassen sich in drei Antwortdimensionen zusammenfassen. Die Ergebnisse werden entlang der analysierten Hauptdeutungsrahmen Energiepolitik, Zukunftsplanung und Umweltnutzung (Untergrund) strukturiert. Erstens verweist die Kontextualisierung in der EU-Klimapolitik auf die institutionelle Vermittlung der Technologie durch kontinuierliche Förderprogramme und Richtlinien, die sich wiederum auf Klimaschutzziele beziehen. (6.1.1). Zweitens zeigt sich als übergreifendes Thema der gesellschaftlichen Verhandlungen in der Länderfallstudie die energiepolitische Debatte im Spannungsfeld zwischen Energiewende und der bisherigen Kohleverstromung, die als ein zentraler Deutungsrahmen der organisierten Interessengruppen gelesen werden kann. Darunter kommen divergierende Zukunftspläne, -erwartungen und -wünsche zum Ausdruck, die das Technologie-Set als Nachsorge, Verstetigung oder Vorsorge deuten (6.1.2). Drittens erweist sich der Deutungsrahmen der Umweltnutzung und -ethik als weiteres Ergebnis der Hauptdeutungen des Gesamtmaterials (6.1.3). In einer Gesamtschau beantwortet Abschnitt 6.1.4 die Leitfrage der Arbeit.

6.1.1 Divergierende Zukunftspläne statt Zukunftstechnologie: Institutionelle Vermittlung vs. gesellschaftliche Deutungsrahmen

Insgesamt können die Policy-Dokumente als Ausdruck einer (zivil-)gesellschaftlichen Technikbewertung gelesen werden. Das Material zeigt, wie organisierte gesellschaftliche Akteure aus Umwelt und Wirtschaft geplante Technikentwicklungen aufgreifen und Konsequenzen antizipieren. Die Dokumente zeigen auf, wie die Akteure die Technologie aktiv in ihren organisationalen sowie weiteren gesellschaftspolitischen Kontext stellen. Mit diesen Verknüpfungen treten auch unterschiedliche Zeitachsen und -planungshorizonte der Akteure hervor, die vorausschauend sind – etwa Überlegungen zur Generationenverantwortung oder Investitionspläne. Die Reflexionen bestehender soziotechnischer Infrastrukturen im Material, wie die Koexistenz zentraler fossiler Energiesysteme und dezentrale Erneuerbarer Energien und deren Entwicklung, manifestieren sich in divergierenden Planungsansprüchen. Insofern findet hier eine gesellschaftliche Folgenabschätzung einer Technologie statt, die unter anderem eine mögliche Verstetigung des fossilen Energiesystems und damit einhergehende Machtverhältnisse der Energiebranche kritisiert, aber auch mögliche Umwelt- und Flächenkonflikte diskutiert. Die untersuchten Dokumente zeigen exemplarisch, wie internationale Klimaschutzziele und -maßnahmen aufgegriffen und in konkrete Handlungskontexte auf nationaler und lokaler Ebene gestellt werden.

Mit Blick auf die erste Unterfrage – Wie verortet sich das Technologie-Set in der Klimagovernance? – erweist sich das Verhältnis von Technik und Gesellschaft im Untersuchungsfall als stark institutionell vermittelt. Beispielsweise drückt sich dies in den Förderlinien der Technologieentwicklung aus. Kapitel 4 zur Kontextsetzung von CCS-Technologien in das Agenda Setting der EU-Klimapolitik verdeutlichte, dass sich hier eine komplexe Forschungs- und Technologieförderlandschaft beobachten lässt. Das verweist auf eine enge institutionelle Vermittlung der Technologieentwicklung über die EU-Klima- und Energiepolitik. Die aktuelle Debatte um CDR zeigt, dass es interessante Parallelen und Unterschiede zwischen den Zweckzuschreibungen an das Technologie-Set damals und heute gibt. Die Ähnlichkeiten beziehen sich auf die grundlegend nachgeschaltete Handlungslogik, weil die Emissionen nicht von vorneherein vermieden, sondern nachträglich abgeschieden und gespeichert werden. Die Unterschiede beziehen sich auf die gesellschaftlichen Nutzungskontexte des Technologieeinsatzes wie das Ausgleichen und Kompensieren von CO_2 oder das Erzeugen von negativen Emissionen, was erst heute ein wichtiger Teil der Diskussionen um CCS ist. Das ist von Relevanz, weil damit erklärt werden kann, wie die gleiche Technologie in veränderten gesellschaftspolitischen Kontexten eine neue Bedeutungszuschreibung erhält. Übergreifend kann die aktuelle EU-klimapolitische Debatte um CO_2-Entnahmemaßnahmen als Fortsetzung eines Kontinuums betrachtet werden, insofern dies im Licht der frühen CCS-Debatte in den 2010er Jahren gesehen wird.

Am Beispiel der Analyse der Deutungsrahmen der organisierten Zivilgesellschaft – wie Umweltorganisationen, Wirtschafts- und Energieverbände sowie Gewerkschaften – der alten CCS-Debatte im „gescheiterten" Fallbeispiel Deutschland zeigt sich eine Bandbreite an Technologieeinordnungen als Nachsorge, Vorsorge oder Verstetigung. Beispielsweise drückt sich dies in Zuschreibungen wie Endlager, Klimaschutz oder Brückentechnologie aus.

Die analysierten zentralen Sinnzuschreibungen verweisen auf eine Kontrastierung zu den mit CCS verbundenen energiepolitischen Zukunftsplänen aus politisch-administrativer Sicht. Es wurde deutlich, dass die gesellschaftlichen

Interessenvertretungen vor Ort nicht nur unterschiedliche Zukunftspläne hinsichtlich des Technologieeinsatzes entwerfen, sondern auch andere zeitliche Planungshorizonte eine Rolle spielen. Die gesellschaftlichen Akteure vor Ort setzen jeweils eigene Prioritäten, teils andere als in den langfristigen Energieszenarien der EU-Politik beschrieben.

Während sich in den klimawissenschaftlichen und -politischen Berichten die Tendenz zur Konstruktion einer offenen Zukunft beobachten lässt (Carton et al. 2020, S. 4), zeigt das Fallbeispiel, dass gegebene soziotechnische Kontexte und gesellschaftliche Deutungszuschreibungen ebenfalls von Bedeutung sind. Ein Blick in die Deutungsrahmen der organisierten (Zivil-)gesellschaft hilft, die vorhandenen soziotechnischen Infrastrukturen und die damit einhergehende Flächennutzung (zum Beispiel für Erneuerbare Energien, Landwirtschaft oder Tourismus) zu verstehen. Die Debatte verankert die geplante Technologiedemonstration oder „Zukunftstechnologie" in den sozialen Kontexten, welche von einem möglichen CCS-Einsatz berührt wären. Die artikulierten Erwartungen, Kritiken und Forderungen sind allerdings qua Dokumententyp politischer Natur und keine wissenschaftliche Folgenabschätzung. Zugleich finden sich in den Policy-Dokumenten Bezugnahmen zur EU-Richtlinie 2009/31/EG und dem hier erwähnten Klimaschutz. Auf diese Weise leisten die (zivil-)gesellschaftlichen Akteure einen inhaltlichen Brückenschlag, indem sie sowohl auf die jeweils relevanten soziotechnischen Begebenheiten vor Ort verweisen und auf das mit der Umsetzung der Richtlinie übergeordnete Ziel des Klimaschutzes.

6.1.2 CCS als energiepolitische Auseinandersetzung der organisierten Akteure

Die Untersuchung hat auch gezeigt, dass die gesellschaftlichen Auseinandersetzungen um die nachträgliche Technologie eng an bereits bestehende energiepolitische soziotechnische Systeme anknüpfen. Im vorliegenden Fall handelt es sich nicht lediglich um eine Debatte für und wider eine Technologie mit eindeutigen Positionierungen von Akteuren, sondern um eine energiepolitische Aushandlung ebenso wie um Fragen der Umweltnutzung und -ethik.

Bereits zu Beginn dieser Arbeit entstand der Eindruck, dass sich ein Forschungsfokus auf die reine Pro-contra-Debatte und eine Zuordnung der Positionen nicht als hinreichend erweisen würde, weil sie den klima- und gesellschaftspolitischen Kontext der Debatte in den Hintergrund rückt. Hingegen war ein Blick auf die inhaltliche Strukturierung der Deutungsrahmen als ergiebig für das Kontextverständnis. Denn statt Positionierungen um eine isolierte Technologie findet sich eine facettenreiche Politisierung der mit der CCS-Technologie verbundenen energieproduzierenden Zukunft. Hierbei spielen unterschiedliche energiepolitische und (umwelt-)ethische Argumente für die Nutzung des Untergrunds als Ressource bzw. als Senke für Treibhausgase eine Rolle. Dies spiegelt sich gerade in den Positionierungen der Umweltorganisationen und Wirtschaftsverbände wider, die nicht konsistent sind.

Vor diesem Hintergrund kann erklärt werden, dass die gleiche Technologieanwendung unter veränderten energiepolitischen Bedingungen neue gesellschaftliche Deutungsrahmen erhält. Die veränderte Klimapolitik und ein argumentatives Entkoppeln des Technologie-Sets von der fossilen Infrastruktur zeigt, wie es zu den polarisierenden Sinnzuschreibungen der Technologie kommt. Nicht die Technologie an sich ist „tot" oder „lebendig", sondern die soziotechnischen Kontexte und die Positionen der Akteure rahmen die Technologieanwendung unterschiedlich. Da sich das untersuchte Textmaterial auf die Debatte der möglichen Technologiedemonstration bezieht, drücken sich in den Prozessdokumenten auch Vorstellungen und Deutungsrahmen zum Kontext und zu den möglichen Konsequenzen des Einsatzes aus. Gerade der hypothetische Charakter, die rechtlich geplante Technologiedemonstration und deren mögliche Implikationen eröffnen den Diskursraum für Deutungen und Bewertungen variierender erwünschter oder befürchteter energiepolitischer Zukünfte.

In den untersuchten Prozessdokumenten wurden zudem Fragen nach der Verstetigung bestimmter soziotechnischer Infrastrukturen formuliert. Insbesondere bewegt sich die Debatte hier im Spannungsfeld zwischen Infrastrukturen der zentralisierten fossilen Braunkohleerzeugung sowie dem Ausbau der tendenziell dezentral organisierten Infrastrukturen von Erneuerbaren Energien. Hinsichtlich der Kontextsetzung zu bestehenden soziotechnischen Systemen überrascht, dass das geplante CCS zwar einerseits als neue, zu demonstrierende Technologie gehandelt wurde (zum Beispiel in der EU-Richtlinie von 2009), zugleich jedoch eine deutliche Verknüpfung zu bereits bestehenden (sozio-)technischen Infrastrukturen erkennbar ist. Dies verweist auf die enge soziotechnische Einbindung – also technische sowie institutionelle, wirtschaftliche und gesellschaftspolitische Einbettung – in das System der fossilen Energieerzeugung und damit verbundene Interessenkonflikte.

6.1.3 Umwelt als Senke? Von der Atmosphäre als begrenztem Deponieraum zum Untergrund als umstrittene Ressource

Ein weiteres Ergebnis der Untersuchung, welches sich in den Sinngehalten der organisierten (Zivil-)gesellschaft zeigt, ist, dass sich die Auseinandersetzungen nicht lediglich um eine Technologieanwendung drehen, sondern um die damit verknüpften (ethischen) Nutzungsansprüche der Umwelt – insbesondere des Untergrunds als ausgleichende Senke. Zugespitzt könnte sogar hinterfragt werden, ob es sich hier um eine Technologie handelt. Das greift die Arbeit schon mit der Begriffsverwendung des Technologie-Sets auf, doch mit Blick auf die Umweltnutzung stellt sich die Frage, wie die Speicher zu beurteilen sind – als Technologie oder Umweltnutzung?

Mit den soziotechnischen Systemen – zum Beispiel fossilen Infrastrukturen –, die in der Debatte als relevant herausgearbeitet werden konnten, gehen bereits bestimmte Formen der Umweltnutzung einher. Während in der (inter-)nationalen Klimapolitik der Debattenfokus auf der Atmosphäre als begrenztem Deponieraum liegt (Edenhofer und Jakob 2017, S. 38), lenkt das Textmaterial den Blick auf die Nutzung der ober- und unterirdischen Umwelt als Ressource und Senke sowie damit verbundene divergierende Nutzungsinteressen. Insbesondere in der Debatte um die Speicherung handelt es sich um die Adressierung der Umwelt- und Untergrundnutzung als Senke.

Die Untersuchung zeigt, dass in den frühen Auseinandersetzungen der organisierten Zivilgesellschaft um das CCS-Gesetz nicht lediglich eine Technologie verhandelt wurde, sondern auch das Verhältnis zwischen fossilem Energiesystem und den Erneuerbaren Energien, Nutzungskonkurrenzen der ober- und unterirdischen Umwelt sowie damit verbundene Fragen der Haftung, Verantwortung und des Eigentums. Eine zentrale Erkenntnis der Fallstudie ist, dass sich die inhaltlichen Deutungszuschreibungen vornehmlich auf gesellschaftspolitische Konflikte in diesen Bereichen beziehen, etwa auf das Spannungsfeld zwischen Infrastrukturen der Braunkohleverstromung und dem Einsatz von Erneuerbaren Energien wie tiefe Geothermie. Zudem spielen umweltethische Argumente für den Schutz der Wasserwirtschaft eine Rolle ebenso wie symbolische und ortsbezogene Vergleiche zur radioaktiven Endlagerung. Beispielsweise findet sich in dem gesellschaftlichen Debattenausschnitt auf Bundesebene die Thematisierung der Untergrundnutzung durch Geothermie, Fracking, Gaskavernen, Grundwassernutzung und der radioaktiven Endlagerung wieder.

Insgesamt drückt sich im Textmaterial die Debatte um die Rolle der fossilen Energieträger in der Energiewende aus und weniger ein Streit um das CCS

Technologie-Set an sich. Dies knüpft an das anfängliche Zitat von Pinch an, der konstatiert: Keine Technologie ist eine Insel, sondern immer Teil bestehender soziopolitischer und technologischer Strukturen.

6.1.4 Beantwortung der Leitfrage

Die Arbeit begann mit der Fallanalyse zu einer oft als gescheitert bezeichneten Technologie. Als Ergebnis stehen drei gesellschaftliche Deutungsrahmen: Energiepolitik, Zukunftsplanung sowie Umweltnutzung und -ethik. Die Untersuchung beleuchtete eine zentrale Ebene der gesellschaftlichen Aushandlung. Statt einem Technikkonflikt fanden sich energie- und gesellschaftspolitische Auseinandersetzungen und damit die Politisierung eines zunächst als entpolitisiert erscheinenden technischen Expertendiskurses.

Für die Leitfrage – Wie gestaltet sich das Verhältnis von Technik und Gesellschaft in den Auseinandersetzungen um CCS? – lässt sich festhalten, dass Gesellschaft und Technik im vorliegenden Fall in einem vielseitigen Verhältnis zueinanderstehen. Zudem trug die Untersuchung dazu bei, ein differenziertes Bild von „der" Gesellschaft und „der" Technologie zu zeichnen. Das vielschichtige Verhältnis äußert sich auf politisch-administrativen Wegen, als formal begrenzte Teilhabemöglichkeit und gesellschaftliche Streitigkeiten zu energiepolitischen, umweltethischen und privatrechtlichen Fragen. Diese Aspekte spiegeln sich in den diversen Sinnzuschreibungen der sozialen Bezugsgruppen wider, die das Thema politisieren.

Anhand der Deutungsrahmen wurden die komplexen Interdependenzen zwischen soziotechnischen Energiesystemen, Umweltnutzung (Untergrund) und Zukunftsplanung (statt Zukunftstechnologie) deutlich. Diese zentralen Themenstränge und Handlungsebenen finden sich in der frühen CCS-Debatte der organisierten (Zivil-)gesellschaft und spitzen sich hier zu. Im Vordergrund steht das Spannungsfeld von zentralisierten, fossilen vs. dezentralen, Erneuerbaren Energien (Energiepolitik), doch auch grundlegende Fragen der Umweltethik und Umweltnutzung (Untergrund) spielen eine Rolle, wie das Textmaterial belegt. Eng damit verbunden sind die Zukunftspläne und damit verknüpfte Nutzungsinteressen der Technologie. Vor dieser Kontrastfolie wird das Technologie-Set von den organisierten Akteuren als Nachsorge, Vorsorge oder Verstetigung gelesen. Die Deutungsrahmen verdeutlichen zudem, dass die Technologie im soziotechnischen Kontext betrachtet werden muss, um die Auseinandersetzungen zu verstehen. CCS ist eine Technologie, die zum damaligen Zeitpunkt noch nicht großtechnisch existierte. Doch bereits die geplante Demonstration erweist sich als stark politisiert. Das Verhältnis zwischen Technik und Gesellschaft gestaltet sich im vorhandenen Fall vornehmlich als eine Debatte über die möglichen Reibungspunkte der zukünftigen Technologieanwendung; und damit als gesellschaftspolitisch vorbelastet, da CCS vor Ort nicht als neue Technologie gedeutet, sondern im engen Kontext mit vorhandenen soziotechnischen Strukturen gesehen wurde.

Die sozialen Interessengruppen – hier die Umweltorganisationen und Wirtschaftsverbände sowie Gewerkschaften – hatten zwar aktiv an der CCS-Debatte teil, diese Teilhabe erfolgte jedoch teils auf institutionelle Einladung. Insofern handelt es sich einerseits um eine Reaktion und andererseits um eine eingeforderte Sinnzuschreibung. Der soziotechnische Kontext, auf den das Technologie-Set trifft, ist relevant, da die Deutungszuschreibungen der Gesellschaftsakteure darauf eingehen. Hier ist jedoch festzuhalten, dass aus Perspektive der untersuchten Interessengruppen unterschiedliche soziotechnische Kontexte aktiviert wurden. Wie sich die Reibungspunkte in einem konkreten Demonstrationsversuch gestalteten zeigte die vorliegende Arbeit.

Die Ergebnisse führen zu der Einsicht, dass sich der anfänglich gewählte Untersuchungsfall, der häufig als gescheitert bezeichneten Technologiedemonstration durch die Brille der organisierten Interessensakteure als politisierter Gegenstand offenbart. Daran zeigt sich exemplarisch, dass Technik(-entwicklung) hier auf der Ebene der Organisationen und Institutionen verhandelt wird und als soziales Phänomen aufzufassen ist. Was konnte in diesem Kontext gelernt werden? Die Politisierung lässt sich unter den drei Hauptdeutungsrahmen inhaltlich bündeln. Dies zusammengedacht mit der Ebene des EU-politischen Agenda-Settings zeigt, dass das Technologie-Set bereits hier institutionellen Deutungszuschreibungen unterlag.[1] Der Fall wies auf, wie diese Ziele und Zwecke in der organisierten gesellschaftlichen Debatte aufgegriffen und in den Kontext der jeweiligen gesellschaftlichen Interessen gesetzt wurden.

6.2 Anschlussüberlegungen zu Theorie, Methode, Fall

Dieser Ausblick strukturiert sich entlang von Anschlussüberlegungen zur Theorie (6.2.1), zur Datenauswahl (6.2.2) und zum Thema (CDR-Maßnahmen, 6.2.3).

---

[1] Die Kontrastierung wirft die Frage auf, inwiefern die Deutungszuschreibungen der organisierten Gesellschaftsakteure auch als Repolitisierung aufzufassen sind, weil das Technologie-Set bereits hier durch klima- und energiepolitische Ziele sowie Sinnzuschreibungen gerahmt ist.

Die dreigeteilte Struktur ist angelehnt an eine Überlegung zur Verwendung qualitativer Forschungsergebnisse, wie sie Kardorff (2012, 616 f.) anstellt.

Er differenziert zwischen drei verschiedenen Verwendungsweisen qualitativer Forschung, auf die hier als Hintergrundfolie zurückgegriffen wird. Genauer schlägt er vor, in Form von drei Ebenen über die Verwendung qualitativer Forschung nachzudenken. Erstens gilt zu prüfen, inwieweit eine Theorie oder Konzept an sich übertragbar ist. Zweitens, wie nützlich Forschungsergebnisse für weitere Untersuchungsfelder sind und drittens können Methoden auf ihre Übertragbarkeit hin bewertet werden.

Der Technologieeinsatz wird hierzulande mittlerweile nicht mehr für den fossilen Energiekontext diskutiert, sondern für die sogenannten unvermeidbaren Restemissionen der Industrie. Deshalb erweist sich ein Blick auf die damalige Kontroverse als lehrreicher Ausblick für weitere CDR-Maßnahmen insbesondere in technologischer Form. Statt den Blick auf die Technologie und auf Fragen nach der (fehlenden) Akzeptanz zu richten, lohnt es sich, die Orte der Verhandlungen ausfindig zu machen, wie es im vorliegenden Fall die bundesweite Debatte der organisierten (Zivil-)Gesellschaft aufzeigte. Dies hilft, die gesellschaftlichen Deutungsrahmen zu erfassen. In dieser Untersuchung wurde ein zentraler Schauplatz der gesellschaftlichen Debatte auf Bundesebene beleuchtet und damit, wie die mögliche Einführung der nachträglichen Technologie von Umweltorganisationen, Wirtschaft- und Energieverbänden sowie den Gewerkschaften politisiert wurde.

6.2.1 Theorie

Will man gesellschaftliche Debatten über neue institutionell geförderte (Groß-)Technologien analysieren, eignen sich Theoriekonzepte, die auf der Mesoebene greifen. Der hier verwendete Ansatz aus der konstruktivistischen Wissenschafts- und Technikforschung SCOT erfüllt dieses Kriterium. Zudem erfasst er die Phase der Technologieentwicklung, indem die Herstellung der Bedeutungen einer Technologie in den Vordergrund gerückt wird. Beim untersuchten Fall handelt es sich um die Auseinandersetzung einer zu demonstrierenden Technologie, die in den Deutungen der Akteure auch mit Blick auf ihre möglichen gesellschaftlichen Folgen der Implementierung bewertet wurde. Denn das CCS-Technologie-Set ist im Kontext bestehender soziotechnischer Infrastrukturen zu sehen. Die Kombination der Ansätze SCOT und LTS bildet eine strukturierte theoretische Analysefolie, die genutzt wurde, um ausgewählte Interessengruppen und deren Deutungsrahmen zu fassen und anhand dieser theoriebasierten Annahmen zugleich die Interdependenz zwischen Technik und Gesellschaft zu betrachten. Das Vorgehen der Theoretisierung ist übertragbar auf ähnlich gelagerte Technikentwicklungen, insbesondere die aktuelle klimapolitische Debatte um die Rolle von technischen Senken.

Wie spricht der konkrete Untersuchungsfall zur Theorie? Am Beispiel der CCS-Technologien verdeutlicht sich die Dynamik der gesellschaftlichen Deutungszuschreibungen im Kontext der jeweiligen Einsatzbereiche. Die Herangehensweise bot eine exemplarische Theorieanwendung mit Blick auf die sozialen Interessengruppen und deren flexible Deutungszuschreibungen auf eine sich entwickelnde (Groß-)Technologie. Der theoretische Mehrwert ist, dass die involvierten Interessengruppen, die sich über ihr Aufgreifen der Technologie definieren, als perspektivischer Ausgangspunkt genommen wird, statt Gesellschaft von vornherein theoretisch zu verengen auf die Dimension des fehlenden Expertenwissens und als Störfaktor der Implementierung. Ausgehend von diesen Überlegungen sind weitere Fragen möglich, etwa welche Rolle die organisierte (Zivil-)gesellschaft in der Entwicklung und Anwendung von Großtechnologien spielt.

Die konstruktivistische STS-Forschung fasst Technologien von Beginn an als Teil von Gesellschaft auf – im SCOT-Ansatz liegt die Betonung auf den social interest groups und deren meanings sowie interpretative flexibilities – und betont dadurch die Interdependenzen. SCOT erlaubt es, auf gesellschaftliche Sinngehalte zu verweisen, die in die Technologie eingeschrieben sind und die sich in der gesellschaftlichen Debatte aktualisieren. Das ist von epistemischer Relevanz, weil in älteren Technologieverständnissen – zum Beispiel bei der Technokratiedebatte (Mai 2011, 132 ff.) – Technologien als gegeben dargestellt werden. Zwar hat die Theoriedebatte zwischen Technikdeterminismus und -konstruktivismus in der Techniksoziologie bereits eine lange Tradition, doch lohnt sich ein sensibilisierender Blick, weil technikdeterministische Vorstellungen im (fach-)öffentlichen Diskurs teilweise weiterhin Bestand haben (Wyatt 2008). Dieser Eindruck ergibt sich in mancher Hinsicht auch mit Blick auf die frühe CCS-Debatte, weil lineare Vorstellungen von Expert*innen und Laien ein Bestandteil dieser sind. Insbesondere die sozialkonstruktivistischen Ansätze sind hier hilfreich, vor allem für eine Analyse der Organisations- und Institutionsebene, wo Technologien auf die Interessen organisierter Gesellschaftsakteure treffen. Der implizierte sozialkonstruktivistische Ausgangspunkt ordnet die Technologien als sozialen Bestandteil und technische Expertise als eine soziale Realität ein. Diese Sichtweise erklärt, dass in und mit Technologien gesellschaftliche Werte und Deutungszuschreibungen vorhanden und verbunden sind. Die Analyse der Bedeutungen und flexiblen Interpretationen der aktiv involvierten sozialen Interessengruppen bieten einen erklärungsstarken Zugriffspunkt, weil das die aktiv involvierten Gesellschaftsakteure beleuchtet. Von diesem Standpunkt aus lässt sich das politische Einbettungsmoment der Maßnahme deutend und verstehend nachvollziehen. Das Konzept der soziotechnischen Systeme (LTS) erlaubt einen erklärenden Einblick, um die gesellschaftspolitischen, technologischen und rechtlichen Ebenen der Einbindung von CCS-Technologien in bestehende großtechnologische Systeme zu erfassen. Das Konzept soziotechnischer Systeme oder Ensembles hilft dabei, weil es verschiedene (nicht-)technische Komponenten in den Analysevordergrund rückt, welche für eine neue (Groß-)Technologie relevant sind. Auf operativer Ebene wurde LTS hier als Hintergrundannahme genutzt, die in der Dokumentenanalyse aktualisiert wurde, indem die Technikeinordnungen in den gesellschaftlichen Deutungsrahmen als soziotechnische Verknüpfung gelesen wurden. Beispielsweise war dies direkt der Fall, wenn von der Nutzung bestehender Infrastrukturen die Rede war oder wenn auf energiepolitische Infrastrukturen und deren erwünschte Verstetigung oder deren Abbau (vor allem der Kohleverbrennung) verwiesen wurde. Diese Theorieperspektive mittlerer Reichweite eignet sich zum Verständnis der Einbettung einer neuen Technologie in bestehende Infrastrukturen und damit verknüpfte institutionelle Arrangements. Die verwendeten Theorien wurden weniger durch die Ergebnisse der Untersuchung weiterentwickelt; vielmehr wurden die beiden Ansätze SCOT und LTS miteinander verknüpft, um das Defizit des SCOT-Ansatzes – die Beachtung der Wirkmächtigkeit bereits bestehender technologischer Infrastrukturen – auszugleichen. Dies beinhaltet Erkenntnisse für eine theoretische Ergänzung des SCOT-Ansatzes: Die Interpretationen der sozialen Interessensgruppen sind durch die jeweils relevanten Large Technological Systems (LTS) zu ergänzen, um das interdependente Verhältnis zwischen Bezugsgruppen, Technologie und Kontext zu zeigen. Auf diese Weise wird einem Forschungsdesiderat der mesosoziologischen Analyse in der STS-Forschung begegnet, das im Theorieteil identifiziert wird.

6.2.2 Erschließung eines neuen Datenzugangs

Es handelt sich um eine stark technisch-wissenschaftliche Debatte, in der die Deutungsrahmen organisierter (Zivil-)gesellschaft die gesellschaftspolitischen Dimensionen zum Ausdruck bringen. Die Analyse von Stellungnahmen zu Gesetzgebungsprozessen – ebenso wie das Handlungsfeld der zuständigen Ausschüsse und der dort eingeladenen Expert*innen – bieten einen interessanten

6.2 Anschlussüberlegungen zu Theorie, Methode, Fall

Materialzugang, der sich auch für anderes umweltbezogenes Analysematerial eignet. Neu an diesem Materialzugang ist die erst seit kurzer Zeit verpflichtende Transparenz und öffentliche Auflistung von Stellungnahmen, die seit 2018 zu Verbändeanhörungen bei Gesetzgebungsprozessen und zu Expertenanhörungen in den jeweiligen Ausschüssen des Deutschen Bundestags eingereicht werden. So werden auf ministerialer Ebene etwa Stellungnahmen für die aktuelle Novellierung des Klimaschutzgesetzes (KSG) zentralisiert veröffentlicht. Ein weiteres Übertragungsbeispiel sind die Stellungnahmen in der laufenden Novellierung der Abfallgesetzgebung, die wie das KSpG eine Umsetzung einer EU-Richtlinie darstellt (BMU 2020), jedoch im journalistisch-öffentlichen Raum weniger kontrovers diskutiert wird. Auch die Novellierung des Erneuerbare-Energien-Gesetzes (EEG) ist zu nennen, für das sich eine Analyse der Stellungnahmen gesellschaftlicher Akteure lohnt, um die zentralen gesellschaftspolitischen Standpunkte und absehbaren Konsequenzen deutend zu verstehen.[2] Dieser Materialzugang ist geeignet, um einen Einblick in die Sichtweisen der organisierten Gesellschaftsakteure und Branchenvertretungen zu erhalten. Die Policy-Dokumente können als eine Form der Folgenabschätzung der jeweiligen Technologien gelesen werden, vielleicht sogar als eine Gesellschaftsfolgenabschätzung. Dies ist ein Plädoyer für eine stärkere Beachtung gesellschaftlicher Interessen-, Problem-, und Konfliktlagen im Handlungsfeld der Klima- und Technikpolitik – als Ergänzung zur Technikfolgenabschätzung mit einer Akzeptanzdimension. Kritisch bleibt festzuhalten, dass dieser Materialzugang nicht die informellen Formen der Einflussnahme bestimmter organisierter (Zivil-)Gesellschaften erfasst.

Die Übertragungsbeispiele zeigen, wie die prozessgenerierten Stellungnahmen, Hintergrund- und Positionspapiere organisierter Gesellschaftsakteure für andere Fälle legislativer Novellierungen oder Neueinführungen genutzt werden können, etwa für künftige Implementierungen anderer CDR-Maßnahmen. Das Material hilft, die früh am legislativen Prozess angesiedelten Gesellschaftsdebatten um technologiebezogene Themen zu analysieren. Für das sich hier neu eröffnende Feld – die zentralisierte Veröffentlichung der Textdokumente von Zivilgesellschaft in Gesetzgebungsverfahren – eignet sich die Inhaltsanalyse als Auswertungsmethode, weil ein strukturierter Überblick gewonnen werden kann. Wie Kapitel 3 darlegt, musste der Datenzugang für den vorliegenden Fall (2009–2012) aufwendig rekonstruiert werden, weil die zentralisierte Veröffentlichung

---

[2] Die Stellungnahmen der Verbände zum EEG sind hier einsehbar: www.bmwi.de/Navigation/DE/Service/Stellungnahmen/EEG21/stellungnahmen-eeg-2021.html, zuletzt abgerufen am 23. 05. 2021. Wie die Exekutive, hier das BMWi, die Stellungnahmen aufgreift, zeigt sich im zugehörigen Video-Pressestatement: www.bmwi.de/Redaktion/DE/Videos/2020/20200923-pressestatement.html, zuletzt abgerufen am 23. 05. 2021.

dieses Dokumententyps erst seit 2018 verpflichtend ist. Wenn aktuelle Fälle der gesetzlichen Technikeinführung untersucht werden, bietet sich auch eine teilnehmende Beobachtung der Verbände- und Expertenanhörungen in den jeweiligen Ausschüssen an; durch die aktuellen pandemischen Umstände werden diese zudem einfacher digital zugänglich.

Mit diesem Dokumententypus können generell die formal organisierte und demokratische Einbindung gesellschaftlicher Akteure und deren verschriftlichte Bezugnahmen zu aktuellen Themen der Gesetzgebung erfasst werden. Die Art der Dokumente eignet sich grundlegend für eine Typenbildung nach Akteuren. Das heißt, für jegliche umwelt- und klimapolitischen Themen, die gesetzlich verankert werden, kann dieser Materialzugang sinnvoll sein.

Die in den Dokumenten erfassten sozialen Realitäten sind die verschriftlichten Positionierungen organisierter Gesellschaftsakteure, die formal in den Gesetzgebungsprozess eingebunden sind, und sind daher besonders für einen Zugang auf mesosoziologischer Ebene wertvoll. Auf erkenntnistheoretischer und methodischer Ebene fungiert das Datenmaterial insbesondere für die klassische qualitative Forschung, denn Stellungnahmen als Dokumententyp bieten sich für die Beschreibung von Prozessen der Herstellung sozialer Realitäten für das Anwendungsfeld der organisationalen Handlungsebene an (Flick et al. 2012, S. 19). Dieser Untersuchungsstandpunkt, der sich grundlegend für die Analyse von Lebenswelten und Organisationen eignet, biete sich an, weil er Mikro- und Makroanalysen verbindet.

6.2.3 Thematische Anschlussüberlegungen

Die Untersuchungsperspektive und Datenauswahl zeigt: Mit einem umfassenden Verständnis des gesellschaftlichen Kontexts kann nachvollzogen werden, warum die CCS-Technologieanwendung in neuen klimapolitischen Debatten, in denen Klimaneutralität als Ziel diskutiert wird, als „lebendig" gelten kann, während sie im alten Kontext „tot" erschien. Jetzt ist der Begründungskontext umweltethisch und energiepolitisch anders gelagert. Er beinhaltet das moralische Argument der Unvermeidbarkeit von bestimmten Emissionen (der Industrie, nicht des Energiesektors) und die dadurch begründete Notwendigkeit für CDR. Das Argument hat sich verändert, auch wenn die nachträgliche Handlungslogik der Technologie erhalten bleibt. Zugleich tritt in der aktuellen Debatte deutlicher hervor, dass es um ein Nebeneinander verschiedener Maßnahmen geht und nicht um eine Entweder-oder-Entscheidung.

6.2 Anschlussüberlegungen zu Theorie, Methode, Fall

Neu ist das damit einhergehende Ausmaß, denn diese Form der Abscheidung eines nicht intendierten und umweltschädlichen Gases bedarf aufwändigerer Speicherorte als bei anderen Umweltproblemen und deren früherem Ausgleich. Die gesellschaftliche Kritik an diesem Ausmaß (zum Beispiel Bau neuer Pipelines, Nutzung großer Flächen des Untergrunds) spiegelt sich in den untersuchten Prozessdokumenten wider. Es handelt sich nicht lediglich um Fragen der technischen Machbarkeit, sondern auch um eng damit verknüpfte gesellschaftliche Themen wie das grundlegende Spannungsfeld zwischen den Interessenvertretungen, die das zentrale fossile Energiesystem erhalten wollen, und denen, die dezentrale Erneuerbare Energien ausbauen möchten. Es wurden Fragen der Umweltethik artikuliert, insbesondere wenn eingefangene Emissionen am Produktionsort an einem weit entfernten Ort eingespeichert werden sollen. Dies wirft besonders für die Umweltorganisationen Fragen nach dem vorrangigen Erhalt und der Nutzung bestimmter Umweltgüter insbesondere des Untergrunds auf. Damit hängen rechtliche Fragen des Eigentums zusammen – ähnlich wie bei Umsiedlungen von Dörfern im Braunkohletagebau – und damit Fragen der Nutzung des Kollektivguts Umwelt. Hieran wird deutlich, dass es sich nicht um eine Expertendebatte und einen Technologiediskurs handelt, auf den die Bevölkerung lediglich passiv reagiert, sondern im Kern um energiepolitische Fragen und um Fragen der Umweltnutzung und -ethik. Aufgrund dieser politischen und ethischen Grundsatzfragen erscheint es nicht verwunderlich, dass das Problem nicht einfach mit Wissen und Informationen beseitigt werden kann. Stattdessen tritt bereits in den Stellungnahmen der ENGOs und der Wirtschaftsverbände zum Vorschein, dass das hier zu beobachtende technisch-regulative Paradigma einer Technologieeinführung an eine Grenze gestoßen ist.

Mit der aktuellen Aufmerksamkeit, die weitere CDR-Maßnahmen erhalten, kann die Hypothese aufgestellt werden, dass es – trotz des neuen Begründungskontexts negativer Emissionen – auch hier zu Problemen der Implementierung kommen könnte, sofern dies unter dem linearen Paradigma erfolgt. Wenn man sich die technischen Skizzen aktueller Diskursakteure ansieht, in denen CDR-Maßnahmen portfolioförmig nebeneinander visualisiert sind, stellt sich die Frage, in welche bereits jetzt existierenden soziotechnischen Infrastrukturen diese technischen Maßnahmen fallen. In der Einleitung dieser Arbeit habe ich Begriffe des journalistisch-öffentlichen Diskurses genannt, mit denen die Polarität zwischen der Verheißung und Verdammung der Technologie illustriert wird. Ähnliche Debattenstrukturen lassen sich im Ansatz auch bei neueren CDR-Maßnahmen beobachten. Aus wissenschafts- und techniksoziologischer Sicht bieten diese neuen Fälle ein fruchtbares Anwendungsfeld für das analytische Instrumentarium, das einen nüchternen Blick auf das Geschehen erlaubt. Ein schillerndes Begriffsfeld kann auf diese Weise in seinen soziotechnischen Bezügen durchleuchtet werden. Als dienlich erwies sich neben den spezifischen Theorien begrenzter Reichweite (Lindemann 2015) das grundlegende analytische Handwerkszeug der Soziologie, um der Frage auf den Grund zu gehen, was der vorliegende Fall empirisch *ist*: ein Politikinstrument, eine Zukunftsvorstellung, eine teilweise bestehende Technologie, eine unternehmerische Handlung auf dem Energiemarkt, eine gesellschaftspolitische Auseinandersetzung. Der Fall um CCS vereint diese vielfältigen gesellschaftlichen Handlungsebenen.

Um künftige CDR-Maßnahmen, auch erneute Formen der CCS-Anwendung, als Forschungsgegenstand fassen zu können, kann nach den zentralen gesellschaftlichen Deutungsrahmen gefragt werden, um die Verknüpfung zwischen Technik und Gesellschaft einzuschätzen: Inwiefern unterstützt, verfestigt oder blockiert die Maßnahme bestehende soziotechnische Systeme (etwa in der Energiepolitik)? Welche Formen der Umweltnutzung gehen damit einher (zum Beispiel ober- oder unterirdische Flächen und Landschaften) und welche potenziellen gesellschaftlichen Nutzungskonkurrenzen beinhaltet dies? Auf welche Weise unterstützt eine Senkenfläche welche Energieinfrastrukturen oder konkurriert sie mit Flächen oder Strukturen? Wie beeinflusst die Maßnahme die gesellschaftliche Verteilung oder Teilhabe zu Umweltgütern wie Ressourcen und Senken? Statt die Technologie als gut oder böse, tot oder lebendig zu beurteilen und die gesellschaftliche Reaktionsmöglichkeit auf ein (fehlendes) Akzeptieren zu lenken, stellt sich auch für künftige Implementierungsversuche vielmehr die Frage, in welchem soziotechnischen Zusammenhang eine Maßnahme steht.

Am 12. Dezember 2019 wurde das KSG verabschiedet. Die daran anschließende zivilgesellschaftliche Kritik hat dazu geführt, dass sich das Bundesverfassungsgericht mit dem Gesetz befasste und die Bundesregierung zur Nachjustierung aufforderte (BVerfG 2021). Dies verweist auf zweierlei. Erstens illustriert es das Zusammenspiel von – hier nicht eingeladenem – zivilgesellschaftlichem Engagement und dem Gesetzgebungsprozess, das interessanterweise jenseits eines formal regulierten Verfahrens stattfindet. Es wird deutlich, dass die zivilgesellschaftlichen Akteure, hier Umweltorganisationen, für die Akzeptanz von klimaschutzbezogenen Technologien eine gestalterische, aktive und nicht lediglich passive Rolle spielen. Zweitens zeigt sich an den ambitionierten Zielen, die in der Novellierung des Gesetzes zum Ausdruck kommen, dass aktuell eine neue Debatte um die Bedeutung von Senken beginnt, weil diese in die Berechnungen zum Umweltziel der Treibhausgasneutralität eingeplant sind. Es bleibt zu beobachten, wie die im internationalen Klimaregime einberechneten Senkenleistungen zur Erzeugung negativer Emissionen von Akteuren aus Politik,

6.2 Anschlussüberlegungen zu Theorie, Methode, Fall

Interessenorganisationen und Zivilgesellschaft gedeutet und umgesetzt werden. Auch welche Handlungsspielräume Akteure aus der Industrie- und Energiebranche in diesem Spannungsfeld der Interessen bespielen, ist noch nicht ganz klar. Eine Tendenz wäre sicherlich in den aktuellen Stellungnahmen zum KSG erkennbar. In einer aktuellen Pressemitteilung der Bundesregierung werden natürliche Senken betont, was als eine Form der Politisierung international empfohlener Zielvorgaben eingeordnet werden kann:

> „Der Senkenausbau benötigt einen langen Vorlauf. Darum beginnt die Bundesregierung schon jetzt, die Vernässung von Mooren und den notwendigen Waldum- und -ausbau zu intensivieren. Nach dem Jahr 2050 strebt die Bundesregierung negative Emissionen an, dann soll Deutschland mehr Treibhausgase in natürlichen Senken einbinden, als es ausstößt." (BMU 2021)

Welche Fragen und potenziellen Konfliktfelder der Umweltethik und -nutzung werden hier auftauchen? Auf welche Infrastrukturen treffen diese Maßnahmen? Wie gestaltet sich die Grenze zwischen technischen und natürlichen Senken? Welche möglichen Auseinandersetzungen zeichnen sich in dieser aktuellen Debatte um Senken bereits ab? Zwar ist die heutige Diskussion in eine andere ethische Legitimierung eingebettet, weil das Ziel Klimaneutralität heißt und von unvermeidbaren Restemissionen gesprochen wird. Dennoch sind einige zentrale gesellschaftspolitische Konfliktthemen absehbar, wie Überschneidungen in den zeitlichen Planungshorizonten der Akteure und der Flächennutzung sowie grundsätzliche energiepolitische Fragen.

Literaturverzeichnis

Anderson, Jason; Chiavari, Joana (2009): Understanding and improving NGO position on CCS. In: Energy Procedia 1 (1), S. 4811–4817. DOI: https://doi.org/10.1016/j.egypro.2009.02.308.
Beck, Silke; Böschen, Stefan; Kopp, Cordula; Voss, Martin (2014): Aus dem Schatten der Klimamodellierung – Zur Repolitisierung des Klimawandels durch Sozialwissenschaften. In: Stefan Böschen, Bernhard Gill, Cordula Kropp und Katrin Vogel (Hg.): Klima von unten. Regionale Governance und gesellschaftlicher Wandel. Frankfurt am Main: Campus.
Bellamy, Rob; Geden, Oliver (2019): Govern CO2 removal from the ground up. In: Nat. Geosci. 12 (11), S. 874–876. DOI: https://doi.org/10.1038/s41561-019-0475-7.
Bemmann, Martin; Metzger, Birgit; Detten, Roderich von (Hg.) (2014): Ökologische Modernisierung. Zur Geschichte und Gegenwart eines Konzepts in Umweltpolitik und Sozialwissenschaften. Frankfurt am Main: Campus Verlag.
Berger, Hartwig (2010): Verkehrte Kreisläufe. In: Leviathan 38 (2), S. 143–155. DOI: https://doi.org/10.1007/s11578-010-0086-6.
Bijker, Wiebe E. (1995): Sociohistorical Technology Studies. In: Sheila Jasanoff, Gerald Markle, James Peterson und Trevor Pinch (Hg.): Handbook of Science and Technology Studies. Thousand Oaks: SAGE, S. 229–256.
Bijker, Wiebe E.; Hughes, Thomas P.; Pinch, Trevor J. (Hg.) (1987): The social construction of technological systems. New directions in the sociology and history of technology. Cambridge, Mass.: MIT Press.
Bijker, Wiebe E.; Pinch, T. J. (2002): SCOT Answers, Other Questions: A Reply to Nick Clayton. In: Technology and Culture 43 (2), S. 361–369. DOI: https://doi.org/10.1353/tech.2002.0050.
Böhle, Knud (2015): Desorientierung der TA oder Orientierungsgewinn? Einige Anmerkungen zum Vorschlag, die TA hermeneutisch zu erweitern. DOI: https://doi.org/10.5445/IR/120104110, In: Zeitschrift für Technikfolgenabschätzung in Theorie und Praxis 24 (3), S. 91 97.
Brand, Karl-Werner (Hg.) (2017): Die sozial-ökologische Transformation der Welt. Ein Handbuch. Frankfurt am Main: Campus.
Braun, Carola; Merk, Christine; Pönitzsch, Gert; Rehdanz, Katrin; Schmidt, Ulrich (2018): Public perception of climate engineering and carbon capture and storage in Ger-many:

survey evidence. In: Climate Policy 18 (4), S. 471–484. DOI: https://doi.org/10.1080/146 93062.2017.1304888.

Brock, Ditmar; Junge, Matthias; Diefenbach, Heike; Keller, Reiner; Villányi, Dirk (2009): Soziologische Paradigmen nach Talcott Parsons. Wiesbaden: VS Verlag für Sozialwissenschaften.

Brunnengräber, Achim (2015): Klima-Governance. In: Sybille Bauriedl (Hg.): Wörterbuch Klimadebatte: transcript (Edition Kulturwissenschaft). S. 117–126.

Brunnengräber, Achim (2011): Das Klimaregime. Globales Dorf oder sozial umkämpftes, transnationales Terrain. In: Achim Brunnengräber (Hg.): Zivilisierung des Klimaregimes. NGOs und soziale Bewegungen in der nationalen, europäischen und internationalen Klimapolitik. Wiesbaden: VS Verlag für Sozialwissenschaften/Springer Fachmedien (Energiepolitik und Klimaschutz). S. 17–43.

Brunsting, Suzanne; Desbarats, Jane; Best-Waldhober, Marjolein de; Dütschke, Elisa-beth; Oltra, Christian; Upham, Paul; Riesch, Hauke (2011): The Public and CCS. The importance of communication and participation in the context of local realities. In: Energy Procedia 4, S. 6241–6247. DOI: https://doi.org/10.1016/j.egypro.2011.02.637.

Carton, Wim; Asiyanbi, Adeniyi; Beck, Silke; Buck, Holly J.; Lund, Jens F. (2020): Negative emissions and the long history of carbon removal. In: WIREs Clim Change 11(6). DOI: https://doi.org/10.1002/wcc.671.

Caviezel, Claudio; Revermann, Christoph (2014): Climate Engineering. Kann und soll man die Erderwärmung technisch eindämmen? Berlin: ed. sigma (Studien des Büros für Technikfolgen-Abschätzung beim Deutschen Bundestag, 41).

Clayton, Nick (2002): SCOT: Does It Answer? In: Technology and Culture 43 (2), S. 351–360. DOI: https://doi.org/10.1353/tech.2002.0054.

Corry, Olaf; Reiner, David (2011): Carbon Capture and Storage and the Environmental Movement. Report for The Commonwealth Scientific and Industrial Journal Research Organisation (CSIRO). Cambridge: University Judge Business School.

Corry, Olaf; Riesch, Hauke (2012): Beyond 'for or against': environmental NGO-evaluations of CCS as a climate change solution. In: Nils Markusson, Simon Shackley und Benjamin Evar (Hg.): The social dynamics of carbon capture and storage. Understanding CCS representations, governance and innovation. London: Routledge (Science in society series), S. 91–108.

Doda, Baran; La Hoz Theuer, Stephanie; Cames, Martin; Healy, Sean; Schneider, Lam-bert (2021): Voluntary offsetting: credits and allowances. Hg. v. Umweltbundesamt, German Environment Agency. Dessau-Roßlau. www.umweltbundesamt.de/sites/default/files/med ien/5750/publikationen/2021_01_11_cc_04-2020_voluntary_offsetting_credits_and_all owances_1.pdf

Donnermeyer, Michael (2009): Gegen vorschnelle Gewissheiten – Ein Plädoyer für Carbon Dioxide Capture and Storage (CCS) als Option zum Klimaschutz. In: GAIA – Ecological Perspectives for Science and Society 18 (3), S. 208–210. DOI: https://doi.org/10.14512/gaia.18.3.6.

Dütschke, Elisabeth; Schumann, Diana; Pietzner, Katja; Wohlfarth, Katharina; Höller, Samuel (2014): Does it Make a Difference to the Public Where CO2 Comes from and Where it is Stored? In: Energy Procedia 63, S. 6999–7010. DOI: https://doi.org/10.1016/j.egypro.2014.11.733.

Dütschke, Elisabeth; Schumann, Diana; Pietzner, Katja (2015): Chances for and Limita-tions of Acceptance for CCS in Germany. In: Axel Liebscher und Ute Münch (Hg.): Geological Storage of CO2 – Long Term Security Aspects. Cham: Springer Internatio-nal Publishing (Advanced Technologies in Earth Sciences), S. 229–245.

Dütschke, Elisabeth; Wohlfarth, Katharina; Höller, Samuel; Viebahn, Peter; Schumann, Diana; Pietzner, Katja (2016): Differences in the public perception of CCS in Germany depending on CO 2 source, transport option and storage location. In: International Journal of Greenhouse Gas Control 53, S. 149–159. DOI: https://doi.org/10.1016/j.ijggc.2016.07.043.

Edenhofer, Ottmar; Jakob, Michael (2017): Klimapolitik. Ziele, Konflikte, Lösungen. Sonderausgabe für die Bundeszentrale für politische Bildung. Bonn: bpb (Schriftenreihe, Band 10163).

Ekardt, Felix; van Riesten, Hilke; Hennig, Bettina (2011): CCS als Governance- und Rechtsproblem. In: Zeitschrift für Umweltpolitik und Umweltrecht. S. 409–435.

Engels, Anita (2016): Anthropogenic climate change: how to understand the weak links between scientific evidence, public perception, and low-carbon practices. In: EECT 4,17–26. DOI: https://doi.org/10.2147/EECT.S63005.

Engels, Anita; Marotzke, Jochem (2020): Klimaentwicklung und Klimaprognosen. In: Politikum, S. 4–12.

Engels, Anita; Weingart, Peter (1997): Die Politisierung des Klimas. Zur Entstehung von anthropogenem Klimawandel als politischem Handlungsfeld. In: Petra Hiller und Georg Krücken (Hg.): Risiko und Regulierung. Soziologische Beiträge zu Technikkontrolle und präventiver Umweltpolitik. Frankfurt am Main: Suhrkamp. S. 90–115.

Enquete-Kommission „Zukunft des Bürgerschaftlichen Engagements" des Deutschen Bundestages (Hg.) (2002): Bürgerschaftliches Engagement. Auf dem Weg in eine zukunftsfähige Bürgergesellschaft. Opladen: Leske + Budrich.

Fischedick, Manfred; Görner, Klaus; Thomeczek, Margit (Hg.) (2013): CCS-Technologie. Speicherung und Nutzung von klimaschädlichem CO2. Berlin: Springer VS.

Fischer, Wolfgang (2015): No CCS in Germany Despite the CCS Act? In: Wilhelm Kuckshinrichs und Jürgen-Friedrich Hake (Hg.): Carbon Capture, Storage and Use. Cham: Springer International Publishing, S. 255–286.

Fischer, Wolfgang; Hake, Jürgen-Friedrich; Kuckshinrichs, Wilhelm; Schenk, Olga; Schumann, Diana (2010): Carbon Capture and Storage – Politische und gesellschaftliche Positionen in Deutschland. In: Technikfolgenabschatzung – Theorie und Praxis 19(3), S. 38–46.

Fitzgerald, Jenrose (2012): The Messy Politics of "Clean Coal". In: Organization & Environment 25 (4), S. 437–451. DOI: https://doi.org/10.1177/1086026612466091.

Flick, Uwe; Kardorff, Ernst von; Steinke, Ines (Hg.) (2012): Qualitative Forschung. Ein Handbuch. 9. Aufl., Reinbek bei Hamburg: Rowohlt.

Flyvbjerg, Bent (2006): Five Misunderstandings About Case-Study Research. In: Qualitative Inquiry 12 (2), S. 219–245. DOI: https://doi.org/10.1177/1077800405284363.

Geden, Oliver; Peters, Glen P.; Scott, Vivian (2019a): Targeting carbon dioxide removal in the European Union. In: Climate Policy 19(4), S. 1–8. DOI: https://doi.org/10.1080/14693062.2018.1536600.

Geden, Oliver; Schenuit; Felix (2019b): Konfliktfeld Klimaneutralität – Ausgestaltung des EU-Nullemissionsziels und Folgen für Deutschland. In: Energiewirtschaftliche Tagesfragen 69 (11), S. 28–31.

Geden, Oliver; Schenuit, Felix (2020): Unkonventioneller Klimaschutz. Gezielte CO_2-Entnahme aus der Atmosphäre als neuer Ansatz in der EU-Klimapolitik. Hg. v. Stiftung Wissenschaft und Politik. Berlin (SWP-Studie, 10).

Gerring, John (2004): What Is a Case Study and What Is It Good for? In: The American Political Science Review 98 (2), S. 341–354.

Gough, Clair; O´Keefe, Laura; Mander, Sarah (2014): Public perceptions of CO_2 transportation in pipelines. In: Energy Policy 70, S. 106–114.

Grünwald, Reinhard (2008): Treibhausgas – Ab in die Versenkung? Möglichkeiten und Risiken der Abscheidung und Lagerung von CO_2. Baden-Baden: Nomos.

Haring, Sophie (2010): Herrschaft der Experten oder Herrschaft des Sachzwangs? – Technokratie als politikwissenschaftliches »Problem–Ensemble«. In: Zeitschrift für Politik 57 (3), S. 243–264.

Herrenbrück, Robert (2015): CCS in Deutschland. RWTH Aachen, Institut für politische Wissenschaft. Reihe: Selected Student Papers (Nr. 52).

Häußling, Roger (2010): Techniksoziologie. In: Georg Kneer und Markus Schroer (Hg.): Handbuch Spezielle Soziologien. Wiesbaden: VS Verlag für Sozialwissenschaften/GWV Fachverlage.

Häußling, Roger (2019): Techniksoziologie. Eine Einführung. 2. Auflage. Leverkusen: Barbara Budrich (UTB Soziologie).

Heiser, Patrick (2018): Meilensteine der qualitativen Sozialforschung. Wiesbaden: Springer Fachmedien.

Helfferich, Cornelia (2011): Die Qualität qualitativer Daten – Manual für die Durchführung qualitativer Interviews. Wiesbaden: VS Verlag für Sozialwissenschaften.

Hughes, Thomas P. (1983): Networks of Power: Electrification in Western Society, 1880–1930. Baltimore: Johns Hopkins University Press.

Hughes, Thomas P. (1986): The Seamless Web: Technology, Science, Etcetera, Etcetera. In: Social Studies of Science 16 (2), S. 281–292. DOI: https://doi.org/10.1177/030631278 6016002004.

Hughes, Thomas P. (1987): The evolution of large technological systems. In: Wiebe E. Bijker, Thomas P. Hughes und Trevor J. Pinch (Hg.): The social construction of technological systems. New directions in the sociology and history of technology. Cambridge, Mass.: MIT Press, S. 51–82.

IPCC (2005): Carbon Dioxide Capture and Storage. Report. Hg. v. Bert Metz, Ogunlade Davidson, Heleen de Coninck, Manuela Loos and Leo Meyer. Cambridge: Cambridge University Press. Online unter: www.ipcc.ch/report/carbon-dioxide-capture-and-storage, zuletzt abgerufen am 12. 04. 2021.

IPCC (2014): Climate Change 2014: Synthesis Report. Contribution of Working Groups I, II and III to the Fifth Assessment Report of the Intergovernmental Panel on Climate Change. Hg. v. R.K. Pachauri and L.A. Meyer. IPCC, Geneva. Online unter: www.ipcc.ch/report/ar5/syr, zuletzt abgerufen am 12. 04. 2021.

IPCC (2018): Summary for Policymakers. A Special Report of Working Group III of the Intergovernmental Panel on Climate Change. Online unter: www.ipcc.ch/site/assets/upl oads/2018/03/srccs_summaryforpolicymakers-1.pdf

Kardorff, Ernst von (2012): Zur Verwendung qualitativer Forschung. In: Uwe Flick, Ernst von Kardorff und Ines Steinke (Hg.): Qualitative Forschung. Ein Handbuch. 9. Aufl. Reinbek bei Hamburg: Rowohlt, S. 615–623.

Karimi, Farid; Komendantova, Nadejda (2017): Understanding experts' views and risk perceptions on carbon capture and storage in three European countries. In: GeoJournal 82 (1), S. 185–200. DOI: https://doi.org/10.1007/s10708-015-9677-8.

Keith David W. (2000): Geoengineering the climate: history and prospect. Annual Review of Energy and the Environment, 25. S. 245–84.

Koehrsen, Jens; Dickel, Sascha; Pfister, Thomas; Rödder, Simone; Böschen, Stefan; Wendt, Björn; Block, Katharina; Henkel, Anna (2020): Climate change in sociology: Still silent or resonating? In: Current sociology. La Sociologie contemporaine 68 (6), S. 738–760. DOI: https://doi.org/10.1177/0011392120902223.

Kreibich, Nicolas; Hermwille, Lukas (2020): Caught in between: Credibility and Feasibility of the Voluntary Carbon Market post-2020. Hg. v. Wuppertal Institut für Klima, Umwelt, Energie (JIKO Policy Paper). Online unter: www.carbon-mechanisms.de/VCM/.

Krüger, Timmo (2011): Die Schlüsselrolle von Carbon Capture and Storage (CCS) in der internationalen Klimapolitik. In: SWS-Rundschau 51 (2), S. 326–348. Online unter: https://nbn-resolving.org/urn:nbn:de:0168-ssoar-358574.

Krüger, Timmo (2015): Das Hegemonieprojekt der ökologischen Modernisierung. Die Konflikte um Carbon Capture and Storage (CCS) in der internationalen Klimapolitik. Bielefeld: transcript.

Lindemann, Gesa (2015): Theoriekonstruktion und empirische Forschung. In: Herbert Kalthoff, Stefan Hirschauer und Gesa Lindemann (Hg.): Theoretische Empirie. Zur Relevanz qualitativer Forschung. 2. Aufl. Frankfurt am Main: Suhrkamp. S. 107–128.

Lösch, Andreas (2012): Techniksoziologie. In: Sabine Maasen, Mario Kaiser, Martin Reinhart und Barbara Sutter (Hg.): Handbuch Wissenschaftssoziologie. Wiesbaden: Springer VS, S. 251–264.

MacKenzie, Donald A.; Wajcman, Judy (2011): The social shaping of technology. 2nd Edition. Maidenhead: Open University Press.

MacKenzie, Donald; Wajcman, Judy (1999). Introductory essay: the social shaping of technology. In: MacKenzie, Donald; Wajcman, Judy (Hrsg.): The Social Shaping of Technology. 2nd Edition: Open University Press. S. 3–27.

Mai, Manfred (2011): Technik, Wissenschaft und Politik. Studien zur Techniksoziologie und Technikgovernance. Wiesbaden: VS Verlag für Sozialwissenschaften/Springer Fachmedien.

Markusson, Nils; Shackley, Simon; Evar, Benjamin (Hg.) (2012): The social dynamics of carbon capture and storage. Understanding CCS representations, governance and innovation. London: Routledge (Science in society series).

Matt, Eduard (2012): Darstellung qualitativer Forschung. In: Uwe Flick, Ernst von Kardorff und Ines Steinke (Hg.): Qualitative Forschung. Ein Handbuch. 9. Aufl. Reinbek bei Hamburg: Rowohlt, S. 578–587.

Mayring, Philipp (2010): Qualitative Inhaltsanalyse. 11. Aufl. Weinheim: Beltz.

Mayring, Philipp (2012): Qualitative Inhaltsanalyse. In: Uwe Flick, Ernst von Kardorff und Ines Steinke (Hg.): Qualitative Forschung. Ein Handbuch. 9. Aufl. Reinbek bei Hamburg: Rowohlt, S. 468–475.

Meadowcroft, James R.; Langhelle, Oluf (Hg.) (2009a): Caching the carbon. The politics and policy of carbon capture and storage. Cheltenham, Northampton: Edward Elgar.

Meadowcroft, James R.; Langhelle, Oluf (2009b): The politics and policy of carbon cap-ture and storage. In: James R. Meadowcroft und Oluf Langhelle (Hg.): Caching the car-bon. The politics and policy of carbon capture and storage. Cheltenham, UK, Northampton: Edward Elgar, S. 1–21.

Meyer, Uli; Schulz-Schaefer, Ingo (2006): Three Forms of Interpretative Flexibility. In: Science, Technology & Innovation Studies (Special Issue 1), S. 25–40.

Minx, Jan C.; Lamb, William F.; Callaghan, Max W.; Fuss, Sabine; Hilaire, Jérôme; Creutzig, Felix et al. (2018): Negative emissions – Part 1: Research landscape and synthesis. In: Environmental Research Letter 13 (6), S. 63001. DOI: https://doi.org/10.1088/1748-9326/aabf9b.

Müller, Hans-Peter (2020): Klassiker der Klassiker? Max Weber im 21. Jahrhundert. In: Soziologie 49 (4), S. 395–409.

Oltra, Christian; Upham, Paul; Riesch, Hauke; Boso, Àlex; Brunsting, Suzanne; Dütsch-ke, Elisabeth; Lis, Aleksandra (2012): Public Responses to Co 2 Storage Sites. Lessons from Five European Cases. In: Energy & Environment 23 (2–3), S. 227–248. DOI: https://doi.org/10.1260/0958-305X.23.2-3.227.

Passoth, Jan-Hendrik (2008): Technik und Gesellschaft. Sozialwissenschaftliche Techniktheorien und die Transformationen der Moderne. Wiesbaden: VS Verlag für Sozialwissenschaften/GWV Fachverlage.

Pietzner, Katja (2013): Gesellschaftliche Akzeptanz. In: Manfred Fischedick, Klaus Görner und Margit Thomeczek (Hg.): CCS-Technologie. Speicherung und Nutzung von klimaschädlichem CO2. Berlin: Springer. S. 671–700.

Pietzner, Katja; Schumann, Diana (2012): Akzeptanzforschung zu CCS in Deutschland. Aktuelle Ergebnisse, Praxisrelevanz, Perspektiven. München: oekom.

Pinch, Trevor J. (2009): The Social Construction of Technology (SCOT): The Old, the New, and the Nonhuman. In: Phillip Vannini (Hg.): Material culture and technology in everyday life. Ethnographic approaches. New York: Lang (Intersections in communications and culture, 25). S. 45–58.

Pinch, Trevor J.; Bijker, Wiebe E. (1984): The Social Construction of Facts and Artefacts or How the Sociology of Science and the Sociology of Technology might Benefit Each Other. In: Social Studies of Science 14 (3), S. 399–441. DOI: https://doi.org/10.1177/030631284014003004.

Praetorius, Barbara; Stechow, Christoph von (2009): Electricity gap versus climate change: electricity politics and the potential role of CCS in Germany. In: James R. Meadowcroft und Oluf Langhelle (Hg.): Caching the carbon. The politics and policy of carbon capture and storage. Cheltenham, Northampton: Edward Elgar.

Przyborski, Aglaja; Wohlrab-Sahr, Monika (2014): Qualitative Sozialforschung. Ein Arbeitsbuch. München: De Gruyter.

Reichetseder, Peter; Reinicke, Kurt M. (2018): Erste Eignungsbewertung des Feldes A6/B4 für die Kohlendioxid-Speicherung. Fachliche Stellungnahme.

Reusswig, Fritz; Engels, Anita (2018): Klimawandel in der soziologischen Diskussion. In: Soziologische Revue 41 (1), S. 33–48. DOI: https://doi.org/10.1515/srsr-2018-0004.

Reynolds, Terry S. (1984): Review: Thomas P. Hughes Networks of Power: Electrification in Western Society, 1880–1930. *Technology and Culture* 25 (3), S. 644–47. DOI:https://doi.org/10.2307/3104214.

Rickels, Wilfried; Proelß, Alexander; Geden, Oliver (2020): Negative Emissionen im europäischen Emissionshandelssystem. Hg. v. Friedrich-Naumann-Stiftung für die Frei-heit. Potsdam-Babelsberg (Analyse).

Riesch, Hauke; Oltra, Christian; Lis, Aleksandra; Upham, Paul; Pol, Mariette (2013): Internet-based public debate of CCS. Lessons from online focus groups in Poland and Spain. In: Energy Policy 56, S. 693–702. DOI: https://doi.org/10.1016/j.enpol.2013.01.029.

Rosenstiel, Lutz von (2012): Organisationsanalyse. In: Uwe Flick, Ernst von Kardorff und Ines Steinke (Hg.): Qualitative Forschung. Ein Handbuch. 9. Aufl. Reinbek bei Hamburg: Rowohlt, S. 224–238.

Roth, Roland; Rucht, Dieter (Hg.) (2008): Die sozialen Bewegungen in Deutschland seit 1945. Ein Handbuch. Frankfurt am Main, New York, N.Y.: Campus Verlag.

Scherer, Désirée (2016): Kommunikation als integrativer Teil der Umsetzung von Großprojekten im Energiesektor. Analyse eines partizipativen Verfahrens als mögliches Instrument eines gesellschaftlich akzeptierten Kommunikationsprozesses zur Entscheidungsfindung bei einer Großtechnologie am Beispiel der CO2-Abscheidung und -Speicherung. Hamburg: Verlag Dr. Kovač (Schriftenreihe Innovative betriebswirtschaftliche Forschung und Praxis, 448).

Schindler, Gerhard (2002): Das Programm „Moderner Staat – Moderne Verwaltung". In: Enquete-Kommission „Zukunft des Bürgerschaftlichen Engagements" des Deutschen Bundestages (Hg.): Bürgerschaftliches Engagement. Auf dem Weg in eine zukunftsfähige Bürgergesellschaft. Opladen: Leske + Budrich. S. 161–165.

Schneider, Simon (2017): Der öffentliche Diskurs um die geologische Speicherung von Kohlenstoffdioxid (CCS). Münster: Lit (Kommunikationswissenschaft, 7).

Schreier, Margrit (2014): Varianten qualitativer Inhaltsanalyse: Ein Wegweiser im Dickicht der Begrifflichkeiten. In: Forum Qualitative Sozialforschung/Forum: Qualitative Social Research 15(1), Artikel 18.

Simonis, Udo Ernst (Hg.) (1997): Weltumweltpolitik. Grundriß und Bausteine eines neuen Politikfeldes. Berlin: ed. sigma.

Smid, Karsten (2009): Carbon Dioxide Capture and Storage – eine Fata Morgana. Carbon Dioxide Capture and Storage – a Mirage. In: GAIA – Ecological Perspectives for Science and Society 18 (3), S. 205–207. DOI: https://doi.org/10.14512/gaia.18.3.5.

Stephens, Jennie C.; Verma, Preeti (2006): The Role of Environmental Advocacy Groups in the Advancement of Carbon Capture and Storage (CCS). Hg. v. fifth annual conference on carbon capture and sequestration.

Strefler, Jessica; Bauer, Nico; Kriegler, Elmar; Popp, Alexander; Giannousakis, A-nastasis; Edenhofer, Ottmar (2018): Between Scylla and Charybdis: Delayed mitigation narrows the passage between large-scale CDR and high costs. In: Environmental Research Letters. 13 (4), S. 44015. DOI: https://doi.org/10.1088/1748-9326/aab2ba.

Thomeczek, Margit (2013): Sichtweise der Akteure. In: Manfred Fischedick, Klaus Görner und Margit Thomeczek (Hg.): CCS-Technologie. Speicherung und Nutzung von klimaschädlichem CO2. Berlin: Springer. S. 769–842.

Tuma, René; Wilke, René (2016): Zur Rezeption des Sozialkonstruktivismus in der deutschsprachigen Soziologie. In: Stephan Moebius und Andrea Ploder (Hg.): Hand-buch Geschichte der deutschsprachigen Soziologie. Wiesbaden: Springer Fachmedien, S. 1–29.
Weber, Max (1988): Gesammelte Aufsätze. 7. Taschenbuchbände. 7. Aufl. Tübingen: Mohr.
Wehling, Peter (2012): From invited to uninvited participation (and back?): rethinking civil society engagement in technology assessment and development. In: Poiesis & Praxis: International Journal of Ethics of Science and Technology Assessment 9 (1–2), S. 43–60. DOI: https://doi.org/10.1007/s10202-012-0125-2.
Wehling, Peter; Viehöver, Willy (2013): Uneingeladene Partizipation der Zivilgesell-schaft. Ein kreatives Element der Governance von Wissenschaft. In: Edgar Grande (Hg.): Neue Governance der Wissenschaft. Reorganisation – externe Anforderungen – Medialisierung. Bielefeld: transcript (Science Studies).
Weingart, Peter (1989): „Großtechnische Systeme" – ein Paradigma der Verknüpfung von Technikentwicklung und sozialem Wandel? In: Peter Weingart (Hg.): Technik als sozialer Prozeß. Frankfurt am Main: Suhrkamp, S. 174–195.
Weingart, Peter; Engels, Anita; Pansegrau, Petra; Hornschuh, Tillmann (2008): Von der Hypothese zur Katastrophe. Der anthropogene Klimawandel im Diskurs zwischen Wissenschaft, Politik und Massenmedien. 2. Aufl. Opladen: Barbara Budrich.
Wyatt, Sally (2008): Technological determinism is dead; Long live technological determinism. In: Edward J. Hackett (Hg.): The handbook of science and technology studies. Cambridge, MA: MIT Press, S. 165–180.
Wynne, Brian (2006): Public engagement as a means of restoring public trust in science – Hitting the notes, but missing the music? In: Community Genetics 9 (3), S. 211–220. DOI: https://doi.org/10.1159/000092659.
Wynne, Brian (2007): Public Participation in Science and Technology. Performing and Obscuring a Political–Conceptual Category Mistake. In: East Asian Science 1 (1), S. 99–110. DOI: https://doi.org/10.1007/s12280-007-9004-7.

Quellenverzeichnis

Auflistung der zitierten Dokumente

Acatech (2018): CCU und CCS – Bausteine für den Klimaschutz in der Industrie. Online unter: www.acatech.de/Projekt/ccu-und-ccs-bausteine-fuer-den-klimaschutz-in-der-industrie, zuletzt abgerufen am 10. 01. 2019.
Acatech (2017): Aufruf von Forschung, Verbänden und NGOs: Deutschland braucht eine neue Debatte über CCU und CCS. Pressemitteilung. Online unter www.acatech.de/allgemein/aufruf-von-forschung-verbaenden-und-ngos-deutschland-braucht-eine-neue-debatte-ueber-ccu-und-ccs/, zuletzt abgerufen am 12. 06. 2021.
Agrarzeitung (2011): Landwirte wehren sich gegen CCS-Gesetz. Online unter: Landwirte wehren sich gegen CCS-Gesetz (agrarzeitung.de), zuletzt abgerufen am 24. 05. 2021.
atmosfair (o. J.): Zulassung und Standards. Online unter: www.atmosfair.de/de/standards/zulassung_und_standards, zuletzt abgerufen am 10. 05. 2021.

Literaturverzeichnis

AöW (2010): Stellungnahme zum Referentenentwurf (23.07.2010) für ein Gesetz zur Demonstration und Anwendung von Technologien zur Abscheidung, zum Transport und zur dauerhaften Speicherung von Kohlendioxid (Kohlendioxid-Speicherungsgesetz – KSpG). Online unter: https://aoew.de/umweltschutz/gewaesserschutz/referentenentwurf-23-07-2010-fuer-ein-gesetz-zur-demonstration-und-anwendung-von-technologien-zur-abscheidung-zum-transport-und-zur-dauerhaften-speicherung-von-kohlendioxid-kohlen dioxid-speicherun/, zuletzt abgerufen am 24. 05. 2021.

AöW (2013): Jahresbericht. Online unter: https://aoew.de/themen/verband/jahresbericht/, zuletzt abgerufen am 01. 05. 2021.

Bauernbund Brandenburg (2010): Bauernbund: Landwirtschaft in Brandenburg geschlossen gegen CCS. Pressemitteilung in DBB Rundbrief. Online unter: https://www.bauernbund-brandenburg.de/images/Dokumente/Rundbriefe/rbb_2010-12.pdf, zuletzt abgerufen am 24. 05. 2021.

BBK, Bundesamt für Bevölkerungsschutz und Katastrophenhilfe (2021): Kritische Infrastrukturen. Online unter: www.bbk.bund.de/DE/AufgabenundAusstattung/KritischeInf rastrukturen/kritischeinfrastrukturen_node.html, zuletzt abgerufen am 13. 01. 2021.

BBU (2010): CCS-Anhörung: Bundesverband Bürgerinitiativen Umweltschutz (BBU) fordert gesetzliches Verbot der Kohlendioxid-Endlagerung – Gefährdung der Bevölkerung und der Umwelt durch Carbon Capture and Storage nicht zu verantworten. Pressemitteilung. Online unter: www.bbu-online.de/presseerklaerungen/prmitteilungen/PR%202010/ 26.08.10.htm, zuletzt abgerufen am 21. 05. 2021.

BBU (2010): Stellungnahme zum Entwurf eines Gesetzes zur Demonstration und Anwendung von Technologien zur Abscheidung, zum Transport und zur dauerhaften Speicherung von Kohlendioxid (Carbon Capture and Storage, CCS). Online unter: https:// www.bbu-online.de/stellungnahme/bbustellungnahmen/26.08.10.htm, zuletzt abgerufen am 21. 05. 2021.

BDEW (2010): Stellungnahme der norddeutschen Wasserwirtschaft zur Umsetzung der Richtlinie 2009/31/EG des europäischen Parlaments und des Rates vom 23. April 2009 über die geologische Speicherung von Kohlendioxid und zur Änderung der Richtlinie 85/337/EWG des Rates sowie der Richtlinien 2000/60/EG, 2001/80/EG, 2004/35/EG, 2006/12/EG und 2008/1/EG des Europäischen Parlaments und des Rates sowie der Verordnung (EG) Nr. 1013/2006 in deutsches Recht. Online unter: https://www.keinco2en dlager.de/joomla/downloads/Stellungnahme_nordd_Wasserwirtschaft.pdf, zuletzt abgerufen am 24. 05. 2021.

BDI (2009): BDI zur Speicherung von CO2: Gesetz noch in dieser Legislaturperiode verabschieden – Für Klimaschutz, Rechtssicherheit und Arbeitsplätze – Wirtschaft ist bereit, Technologie weiterzuentwickeln. Pressemitteilung. Online unter: https://www.pressepor tal.de/pm/6570/1380416, zuletzt abgerufen am 24. 05. 2021.

BDI (2010): Stellungnahme zum Referentenentwurf für ein Gesetz zur Demonstration und Anwendung von Technologien zur Abscheidung, zum Transport und zur dauerhaften Speicherung von Kohlendioxid. Öffentlich einsehbar.

BEE (2009): Bundestag berät Gesetz zur CO2-Speicherung, Umweltexperten bestätigen BEE-Kritik: CCS-Gesetz gefährdet Ausbau Erneuerbarer Energien. Pressemitteilung.

Berkel, Manuel (2018, 12. 09.): Umstrittene Klimaschutztechnik. Altmaier lässt unterirdische Abgas-Speicher prüfen. In: Spiegel Online. www.spiegel.de/wissenschaft/technik/co2-speicherung-peter-altmaier-laesst-umstrittene-technik-pruefen-a-1226697.html, zuletzt abgerufen am 11. 01. 2019.

Beyer, Peter; Klasing, Anneke; Charlier, Isabelle, Stracke, Karl; Mutert, Tina; Lamfried, Daniel (2018): Beteiligungsrechte im Umweltschutz: Was bringt Ihnen die Aarhus-Konvention? Hg. v. Bundesumweltamt. Online unter: www.umweltbundesamt.de/sites/default/files/medien/421/publikationen/2018_05_18_uba_fb_aarhuskonvention_bf.pdf, zuletzt abgerufen am 04. 09. 2019.

BMU, Bundesministerium für Umwelt, Naturschutz und nukleare Sicherheit (2017): Kyoto-Mechanismen. Online unter: www.bmu.de/themen/klima-energie/klimaschutz/internationale-klimapolitik/kyoto-protokoll/kyoto-mechanismen/#c9039, zuletzt abgerufen am 04. 09. 2019.

BMU, Bundesumweltministerium (2020): Entwurf eines Gesetzes zur Umsetzung der Abfallrahmenrichtlinie der Europäischen Union. Online unter: www.bmu.de/gesetz/entwurf-eines-gesetzes-zur-umsetzung-der-abfallrahmenrichtlinie-der-europaeischen-union/, zuletzt abgerufen am 23. 05. 2021.

BMU, Bundesumweltministerium (2021): Novelle des Klimaschutzgesetzes beschreibt verbindlichen Pfad zur Klimaneutralität 2045. Pressemitteilung vom 12. 05. 2021. Online unter: www.bmu.de/pressemitteilung/novelle-des-klimaschutzgesetzes-beschreibt-verbindlichen-pfad-zur-klimaneutralitaet-2045, zuletzt abgerufen am 14. 06. 2021.

BUND (2006): CCS – Feigenblatt „saubere Kohle". Online unter: https://www.bund-nrw.de/themen/braunkohle/hintergruende-und-publikationen/braunkohlenkraftwerke/feigenblatt-ccs/, zuletzt abgerufen am 21. 05. 2021.

BUND (2009). Ökologisches Feigenblatt CCS. CO2-Abscheidung ist kein Beitrag zum Klimaschutz. BUNDhintergrund Juni 2009. Online unter: https://www.bund-nrw.de/fileadmin/nrw/dokumente/braunkohle/2009_06_BUNDhintergrund_CCS.pdf, zuletzt abgerufen am 24. 05. 2021.

BUND (2010): Fragwürdiges CCS-Gesetz soll schmutzigem Kohlestrom sauberes Image verschaffen. Verpressung von CO2 birgt enorme Risiken. Pressemitteilung. Online unter: https://www.presseportal.de/pm/7666/1671489, zuletzt abgerufen am 24. 05. 2021.

BVerfG, Bundesverfassungsgericht (2021): Verfassungsbeschwerden gegen das Klimaschutzgesetz teilweise erfolgreich. Pressemitteilung 31/2021 vom 29. April 2021. Online unter: www.bundesverfassungsgericht.de/SharedDocs/Pressemitteilungen/DE/2021/bvg21-031.html, zuletzt abgerufen am 14. 06. 2021.

DGB Schleswig-Holstein Nordwest (2011): DGB kritisiert CCS-Gesetz. Pressemitteilung. Online unter: www.sh-nordwest.dgb.de/presse/++co++1169e1ba-ac7b-11e0-4566-00188b4dc422, zuletzt abgerufen am 19. 01. 2020.

DGB Berlin-Brandenburg (2011): DGB-Positionspapier zur CCS-Technologie Plädoyer für ergebnisoffene Forschung und Industriearbeitsplätze. Mitteilung auf der Webseite des DGB Bezirk Berlin-Brandenburg. Online unter: https://berlin-brandenburg.dgb.de/themen/++co++572c3ed6-c402-11e0-6b52-00188b4dc422, zuletzt abgerufen am 28. 05. 2021.

DGB (2009): Stellungnahme zum CCS-Gesetz-Entwurf. Online unter: https://www.dgb.de/themen/++co++article-mediapool-c808fbb693b7bc2e40ab6ea1297cdfe9, zuletzt abgerufen am 28. 05. 2021.

Literaturverzeichnis

DGB (2010): Stellungnahme des Deutschen Gewerkschaftsbundes zum Entwurf von BMWi und BMU für ein Gesetz zur Demonstration und Anwendung von Technologien zur Abscheidung, zum Transport und zur dauerhaften Speicherung von Kohlendioxid (Carbon Capture and Storage, CCS) vom 26.07.2010. Online unter: https://www.dgb.de/themen/++co++29615e2a-bcb8-11df-4160-00188b4dc422, zuletzt abgerufen am 28. 05. 2021.

DGS, Deutsche Gesellschaft für Soziologie (2017): Ethikkodex der Deutschen Gesellschaft für Soziologie (DGS) und des Berufsverbandes Deutscher Soziologinnen und Soziologen (BDS). Online unter: www.soziologie.de/de/die-dgs/ethik-kommission/ethik-kodex, zuletzt abgerufen am 18. 06. 2018.

Deutscher Bundestag, Parlamentsnachrichten (2018): Transparenz im Gesetzgebungsverfahren. Pressemitteilung vom 18. 12. 2018. Online unter: www.bundestag.de/presse/hib/584 890-584890, zuletzt abgerufen am 06. 11. 2020.

DUH (2009): Stellungnahme der Deutschen Umwelthilfe e. V. zum CCS-Gesetzentwurf der Bundesregierung vom 1. April 2009. Online unter: http://www.duh.de/uploads/media/DUH_zu_CCS_Gesetzentwurf_STN_010409.pdf, zuletzt abgerufen am 21. 05. 2021.

DVGW (2011): DVGW zur möglichen Anrufung des Vermittlungsausschusses zum CO2-Speicherungsgesetz. Strenges Monitoring etwaiger Risiken unterirdischer CO2-Lagerung erforderlich. Pressemitteilung.

Europäisches Parlament (2019): Was versteht man unter Klimaneutralität und wie kann diese bis 2050 erreicht werden? Online unter: www.europarl.europa.eu/news/de/headlines/society/20190926STO62270/was-versteht-man-unter-klimaneutralitat, zuletzt abgerufen am 11. 05. 2021.

Europäische Kommission (o. J.): Implementation of the CCS Directive. Online unter: www.ec.europa.eu/clima/policies/innovation-fund/ccs/implementation_de, zuletzt abgerufen am 01. 03. 2019.

Europäische Kommission (o. J.): Carbon Capture and Geological Storage. Online unter: www.ec.europa.eu/clima/policies/innovation-fund/ccs_de, zuletzt abgerufen am 01. 03. 2019.

Europäische Kommission (o. J.): NER-300-Programm. Online unter: www.ec.europa.eu/clima/policies/innovation-fund/ner300_de, zuletzt abgerufen am 07. 07. 2021.

EUWID Wasser und Abwasser (2013): Maßnahmen der EU zur Förderung von CCS sind abzulehnen. Online unter: https://www.euwid-wasser.de/news/wirtschaft/einzelansicht/Artikel/aoew-massnahmen-der-eu-zur-foerderung-von-ccs-sind-abzulehnen.html, zuletzt abgerufen am 24. 05. 2021.

Fleischhauer, Helmut (2011): CCS-Projekt in Beeskow – Widerspruch gegen die Hauptbetriebsplanzulassung. Zeitungsartikel in Niederlausitz aktuell. Online unter: CCS-Projekt in Beeskow – Widerspruch gegen die Hauptbetriebsplanzulassung – Niederlausitz Aktuell (niederlausitz-aktuell.de), zuletzt abgerufen am 24. 05. 2021.

GDV (2009): Stellungnahme des Gesamtverbands der Deutschen Versicherungswirtschaft e. V. zum Kabinettsentwurf für ein Gesetz zur Regelung von Abscheidung, Transport und dauerhafter Speicherung von Kohlendioxid vom 01. 04. 2009. Öffentlich einsehbar.

Germanwatch (2008): Kohlemoratorium, bis CCS sicher funktioniert. KlimaKompakt Nr. 60/September 2008. Online unter: https://germanwatch.org/de/1261, zuletzt eingesehen am 24.05.2021.

Germanwatch (2010): Brauchen wir langfristig die Option CCS? Germanwatch-Zeitung WEITBLICK Nr. 6/2010. Online unter: https://germanwatch.org/sites/default/files/weitblick/2916.pdf, zuletzt abgerufen am 24. 05. 2021.

Germanwatch (2010). Genese und Scheitern des deutschen CCS-Gesetzgebungsverfahrens (2008–2009). Hintergrundpapier. Online unter: https://germanwatch.org/de/2547, zuletzt abgerufen am 21. 05. 2021.

Germanwatch (2010): CCS im neuen Energiekonzept der Bundesregierung. Bei Prozessemissionen zentral. KlimaKompakt Nr. 68/November 2010. Online unter: https://germanwatch.org/sites/default/files/klima_kompakt/2907.pdf, zuletzt abgerufen am 24. 05. 2021.

Greenpeace (2010): Stellungnahme zum Referentenentwurf für ein Gesetz zur Demonstration und Anwendung von Technologien zur Abscheidung, zum Transport und zur dauerhaften Speicherung von Kohlendioxid (Kohlendioxid-Speicherungsgesetz – KSpG). Stellungnahme, online einsehbar.

GtV-BV (2009): GtV-BV Geothermie fordert Vorrang für erneuerbare Energien: keine Exklusivrechte für CCS zu Lasten der Geothermie. Online unter: https://www.energiefirmen.de/news/presse/pm-3051-gtv-bv-geothermie-fordert-vorrang-fuer-erneuerbare-energien-keine-exklusivrechte-fuer-ccs-zu-lasten-der-geothermie, zuletzt abgerufen am 24. 05. 2021.

Heisterkamp, Ines (2010): Genese und Scheitern des deutschen CCS-Gesetzgebungsverfahren. Germanwatch Hintergrundpapier. Online unter: www.germanwatch.org/klima/ccs-deu10.pdf, zuletzt abgerufen am 15. 07. 2021.

Informationsportal Tiefe Geothermie (2009): Weiterhin Zweifel an CCS-Gesetz. Online unter: https://www.tiefegeothermie.de/news/weiterhin-zweifel-ccs-gesetz, zuletzt abgerufen am 24. 05. 2021.

Informationsportal Tiefe Geothermie (2009): Bundesregierung schützt Kohlekraftwerke vor Geothermie. Online unter: https://www.tiefegeothermie.de/news/bundesregierung-schuetzt-kohlekraftwerke-vor-geothermie, zuletzt abgerufen am 24. 05. 2021.

Informationsdienst Wissenschaft (2009): E.ON gefährdet flächendeckend Geothermiepotenziale – Untersuchungen für CO2-Endlager in Schleswig-Holstein beantragt. Online unter: https://www.tiefegeothermie.de/news/eon-gefaehrdet-flaechendeckend-geothermiepotenziale-untersuchungen-fuer-co2-endlager-schleswig, zuletzt abgerufen am 24. 05. 2021

IG BGE (2010): Kernenergie reicht ohne Kohle nicht aus. Webseiteneintrag. Online unter: https://www.pressebox.de/inaktiv/ig-bce-industriegewerkschaft-bergbau-chemie-energie/Kernenergie-reicht-ohne-Kohle-nicht-aus/boxid/385174, zuletzt abgerufen am 28. 05. 2021.

IG BGE (2012): Ostdeutscher Braunkohlegipfel, Eine Brücke in die Energiezukunft bauen. Webseiteneintrag. Online unter: https://igbce.de/igbce/eine-bruecke-in-die-energiezukunft-bauen-22060, zuletzt abgerufen am 28. 05. 2021.

Klinger, Gerwin (2016): CCS-Lobby. Energiekonzerne lassen IZ Klima fallen. In: Energate Messenger, Online unter: www.energate-messenger.de/news/166044/energiekonzerne-lassen-iz-klima-fallen, zuletzt abgerufen am 25. 06. 2021.

Keimeyer, Friedrich (2021): Verbandsanhörung CCS-Gesetz am 27.08.2010. Protokoll, öffentlich einsehbar.

NABU (2009): Aktualisierte Stellungnahme zum Entwurf eines Gesetzes zur Regelung von Abscheidung, Transport und dauerhafter Speicherung von Kohlendioxid (CO2ATSG) (wie von der Bundesregierung am 01.04.09 beschlossen). Online unter: https://www.nabu.de/imperia/md/content/nabude/klimaschutz/ccs-gesetz.pdf, zuletzt abgerufen am 21. 05. 2021.

NABU (2009): NABU lehnt CCS-Technologie ab. Online unter: https://schleswig-hol stein.nabu.de/politik-und-umwelt/energie/fracking/11527.html, zuletzt abgerufen am 21. 05. 2021.

Rost, Dietmar (2015). Konflikte auf dem Weg zu einer nachhaltigen Energieversorgung – Perspektiven und Erkenntnisse aus dem Streit um die Carbon Capture and Storage-Technologie (CCS). Essen: Kulturwissenschaftliches Institut Essen (KWI). https://nbn-resolving.org/urn:nbn:de:0168-ssoar-424669

Sattler, Karl-Otto (2011): Weiter Streit um CCS-Technik. In: Das Parlament 48, www.dasparlament.de/2011/48/WirtschaftFinanzen/36787276-316280.

Seils, Christoph (2009): https://www.zeit.de/online/2009/14/ccs-kohlendioxid-klimaschutz, zuletzt abgerufen am 13. 07. 2021

Spiegel Online (2012): https://www.spiegel.de/politik/deutschland/einigung-im-vermittlungsausschuss-auf-ccs-technologie-a-841377.html, zuletzt abgerufen am 13. 07. 2021

UBA, Umweltbundesamt (2009): CCS – Rahmenbedingungen des Umweltschutzes für eine sich entwickelnde Technik. Online unter hwww.umweltbundesamt.de/sites/default/files/medien/publikation/long/3804.pdf, zuletzt abgerufen am 18. 06. 2018.

UBA, Umweltbundesamt (2021): Carbon Capture and Storage. Online unter: www.umweltbundesamt.de/themen/wasser/gewaesser/grundwasser/nutzung-belastungen/carbon-capture-storage#ccs-im-clean-development-mechanism-cdm, zuletzt abgerufen am 02. 02. 2021.

UBA, Umweltbundesamt (o. J.): Siegelkunde: The Gold Standard. Online unter: www.umweltbundesamt.de/umwelttipps-fuer-den-alltag/siegelkunde/the-gold-standard, zuletzt abgerufen am 05. 05. 2021.

UNFCCC, United Nations Framework Convention on Climate Change (2021): Fact Sheets. Online unter: www.redd.unfccc.int/fact-sheets.html, zuletzt abgerufen am 10. 05. 2021.

UN, United Nations (2005): Paris Agreement. Online unter: unfccc.int/sites/default/files/english_paris_agreement.pdf, zuletzt abgerufen am 10. 05. 2021.

VDMA (2011): VDMA zum Aus des deutschen CCS-Demoprojektes: Desaster für die Klima-, Energie- und Industriepolitik. Online unter: https://www.pressebox.de/inaktiv/vdma-verband-deutscher-maschinen-und-anlagenbau-ev/VDMA-zum-Aus-des-deutschen-CCS-Demoprojektes-Desaster-fuer-die-Klima-Energie-und-Industriepolitik/boxid/468661, zuletzt abgerufen am 27. 05. 2021.

Verband TÜV e. V. (2010): TÜV präsentieren ihr Portfolio auf der Hannover Messe. Artikel Webseite. Online unter: https://shop.tuev-verband.de/news/tuv-praesentieren-ihr-portfolio-auf-der-hannover-messe, zuletzt abgerufen am 24. 05. 2021.

Verband der TÜV e.V. (2008): Klimaschutz und Kraftwerkstechnik: TÜV NORD CERT bescheinigt E.ON-Kraftwerken Carbon Capture Readiness. Artikel Webseite. Online unter: https://www.tuev-verband.de/mc-2018/vdtuev-startseite/news/Klimaschutz%20und%20Kraftwerkstechnik, zuletzt abgerufen am 24. 05. 2021

VKU (2011): Bundesrat lehnt CCS-Gesetz ab VKU fordert Rechtssicherheit und Gewässerschutz bei CCS. Pressemitteilung, Online unter: https://www.presseportal.de/pm/6556/2117835, zuletzt abgerufen am: 27. 05. 2021.

VKU (2009): Stellungnahme des Verbandes kommunaler Unternehmen e. V. (VKU) zum Kabinettsentwurf eines Gesetzes zur Regelung von Abscheidung, Transport und dauerhafter Speicherung von Kohlendioxid, CO2ATSG.

VKU (2009): KWK-Ziele müssen gesichert bleiben – VKU begrüßt Entwurf für CCS-Gesetz. Pressemitteilung. Online unter: https://www.iwr.de/news/kwk-ziele-muessen-gesichert-bleiben-vku-begruesst-entwurf-fuer-ccs-gesetz-news13891, zuletzt abgerufen am 24. 05. 2021.

WWF (2010): Stellungnahme zum Gesetz zur Regelung von Abscheidung, Transport und dauerhafter Speicherung von Kohlendioxid (CCS). Online unter: https://www.wwf.de/fileadmin/fm-wwf/Publikationen-PDF/Positionspapier_zu_CCS.pdf, zuletzt abgerufen am 21. 05. 2021.

The manufacturer's authorised representative in the EU is Springer Nature Customer Service Centre GmbH, Europaplatz 3, 69115 Heidelberg, Germany. If you have any concerns regarding our products, please contact ProductSafety@springernature.com

Printed and bound by CPI Group (UK) Ltd, Croydon, CR0 4YY
25/03/2026
02078232-0004